U0203241

ARKit原生开发
入门精粹

RealityKit + Swift + SwiftUI

汪祥春 ◎ 编著

清华大学出版社

北京

内 容 简 介

本书采用 RealityKit 框架，对 ARKit 原生开发进行了全面深入的探究，从 ARKit 技术原理、理论脉络到各功能技术点、设计原则、性能优化对 AR 应用开发中涉及的技术进行了全方位的讲述，用语通俗易懂，阐述深入浅出。

本书共分三篇：基础篇包括第 1～3 章，从最基础的增强现实概念入手，简述了 ARKit、RealityKit 技术体系结构、基本使用环境、运动跟踪原理、重要技术术语、基本功能点等基础知识。本篇立意高屋建瓴，带领读者一览 ARKit 全貌，形成整体印象。功能技术篇包括第 4～12 章，对 ARKit 的各功能技术点进行了全面深入的剖析，在讲述功能点时，特别注重技术的实际应用，每个功能点都配有详尽的可执行代码及代码的详细说明。提高篇包括第 13、14 章，主要从高层次对 AR 开发中的原则及性能优化进行讲解，提升开发人员对 AR 开发的整体把握能力。

本书结构清晰、循序渐进、深浅兼顾，实例丰富，每个技术点都有案例，特别注重对技术的实际运用，力图解决读者在项目开发中面临的难点问题，实用性强。

本书可以作为 ARKit 初学者、iOS 开发人员、程序员、科研人员的学习用书，也可以作为各类高校相关专业师生的学习用书，以及培训学校的培训教材。

本书封面贴有清华大学出版社防伪标签，无标签者不得销售。

版权所有，侵权必究。举报：010-62782989，beiqinquan@tup.tsinghua.edu.cn。

图书在版编目（CIP）数据

ARKit 原生开发入门精粹：RealityKit＋Swift＋SwiftUI/汪祥春编著.—北京：清华大学出版社，2021.1
ISBN 978-7-302-56747-9

Ⅰ.①A… Ⅱ.①汪… Ⅲ.①虚拟现实 Ⅳ.①TP391.98

中国版本图书馆 CIP 数据核字(2020)第 212148 号

责任编辑：赵佳霓
封面设计：吴 刚
责任校对：焦丽丽
责任印制：沈 露

出版发行：清华大学出版社
  网 址：http://www.tup.com.cn，http://www.wqbook.com
  地 址：北京清华大学学研大厦 A 座   **邮 编：**100084
  社 总 机：010-62770175   **邮 购：**010-83470235
  投稿与读者服务：010-62776969，c-service@tup.tsinghua.edu.cn
  质量反馈：010-62772015，zhiliang@tup.tsinghua.edu.cn
  课件下载：http://www.tup.com.cn，010-83470236
印 装 者：三河市龙大印装有限公司
经 销：全国新华书店
开 本：210mm×260mm **印 张：**20.5   **字 数：**589 千字
版 次：2021 年 2 月第 1 版   **印 次：**2021 年 2 月第 1 次印刷
印 数：1～2000
定 价：89.00 元

产品编号：090238-01

前言
FOREWORD

自 2017 年以来，AR(Augmented Reality，增强现实)技术发展迅速，已从实验室的科研技术转变为消费型的大众技术，并呈现快速普及爆发态势。在计算机视觉与人工智能技术的推动下，AR 技术无论是跟踪精度、设备性能，还是人机交互自然性，都有了很大提高。据权威机构预测，AR 技术会成为未来十年改变人们生活、工作最重要的技术之一，并在 5G 通信技术的助力下出现应用爆发。

AR 技术是一种将虚拟信息与真实世界融合展示的技术，其广泛运用了人工智能、三维建模、实时跟踪注册、虚实融合、智能交互、传感计算等多种技术手段，将计算机生成的文字、图像、三维模型、音频、视频、动画等虚拟信息模拟仿真后应用到真实世界中。AR 技术同时考虑了真实世界与虚拟信息的相互关系，虚实信息互为补充，从而实现对真实世界的增强。

ARKit 是苹果公司在前沿科技领域的重大技术布局，引领着移动 AR 发展方向，不仅面向 iPhone、iPad，也面向即将面世的 AR 眼镜。RealityKit 是全新的、专为 AR 渲染开发的高级框架，与 ARKit 高度集成，功能强大、界面简洁、高效易用，它与 Reality Composer、Reality Converter 一起组成了 iOS AR 原生开发的三剑客。借助于 ARKit，我们不再需要单独且昂贵的设备就可以体验到 AR 带来的奇妙体验，AR 使移动手机具备了另一种崭新的应用形式。

由于 AR 是一门前沿技术、ARKit 也处于高速发展中，因此当前可供开发者参考的国内外技术资料非常匮乏，更没有成体系的完整学习资料。本书旨在为 ARKit 技术开发人员提供一份相对完善的成体系的学习材料，帮助开发者系统化掌握 AR 开发的相关知识，建立原生 iOS AR 应用开发知识体系。

本书关注对 ARKit 技术的应用，但在讲解技术点的同时对其原理、技术背景进行了较深入的探究，采取循序渐进的方式，使读者知其然，更能知其所以然，一步一步地将读者带入 AR 应用开发的殿堂。

前置知识

本书面向 ARKit 初学者与 iOS 程序员，内容讲述尽力采用通俗易懂的语言、从基础入门，但仍然希望读者能具备以下前置知识。

(1) 熟悉 Swift 高级语言，掌握基本的 Swift 语法及常见数据结构、编码技巧，对利用 SwiftUI 进行界面开发有一定了解。

(2) 熟悉 Xcode 开发环境，能进行基本的开发环境设置、功能调试、资源使用。

(3) 了解图形学。数字三维空间是用数学精确描述的虚拟世界，如果读者对坐标系、向量及基本的代数运算有所了解会对理解 ARKit 工作原理、渲染管线有很大帮助。

预期读者

本书属于技术类书籍，预期读者人群包括：

(1) 高等院校及对计算机技术有浓厚兴趣的专科学校学生。

(2) 对 AR 技术有兴趣的科技工作者。

(3) 向 AR 方向转行的程序员、工程师。

（4）研究讲授 AR 技术的教师。

（5）渴望利用新技术的自由职业者或者其他行业人员。

本书特色

（1）结构清晰。本书共分三篇：基础篇、功能技术篇和提高篇。紧紧围绕 ARKit 原生开发，从各个侧面对其功能特性进行全面的讲述。

（2）循序渐进。本书充分考虑不同知识背景读者的需求，按知识点循序渐进，通过大量配图、实例进行详细讲解，力求使 iOS 初学者能快速掌握 ARKit 原生开发。

（3）深浅兼顾。在讲解 ARKit 技术点时对其技术原理、理论脉络进行了较深入的探究，用语通俗易懂，对技术阐述深入浅出。

（4）实用性强。本书实例丰富，每个技术点都有案例，注重对技术的实际运用，力图解决读者在项目开发中面临的难点问题，实用性非常强。

源代码

扫描书中二维码即可下载本书各章节案例源代码。

读者反馈

尽管我们在本书的编写过程中多次对内容的准确性、语言描述的连贯性和叙述的一致进行审查、校正，但由于作者水平有限，书中仍然难免出现错误，欢迎读者批评指正。

致谢

仅以此书献给我的妻子欧阳女士，孩子妍妍和轩轩，是你们的支持让我勇往直前，永远爱你们。

感谢赵佳霓编辑对本书的大力支持。

汪祥春

2020 年 12 月

本书源代码下载

目 录
CONTENTS

功能技术篇

提 高 篇

基 础 篇

　　增强现实是一门新兴技术，它是三维建模渲染、虚实融合、传感计算、计算机视觉处理等技术发展的结果，也被誉为未来十年最重要的技术之一，是全新的朝阳技术，应用广泛，前景广阔，正呈现蓬勃发展的态势。

　　本篇为基础入门篇，从最基础的增强现实概念入手，简述 ARKit、RealityKit 技术体系结构、基本使用环境、运动跟踪原理、重要技术术语、基本功能点等基础知识，本篇立意高屋建瓴，引领读者一览 ARKit 全貌，形成整体的印象。

　　基础篇包括以下章节。

第 1 章　ARKit 概述

　　介绍 AR 技术原理和 ARKit 概况、基础功能、优劣势，讲述利用 ARKit 开发 AR 应用的环境配置及调试方法。

第 2 章　RealityKit 基础

　　对运动跟踪进行详细分析，介绍 AR 应用生命周期管理、程序执行流、射线检测及常用功能点应用。

第 3 章　渲染基础

　　介绍与渲染相关的材质、网格、模型、动画相关基础知识，演示在 RealityKit 中对这些基础知识的运用，并对影响 AR 渲染效果的 PBR 与清漆技术进行学习。

第 1 章

ARKit 基础

科学技术的发展拓展了人类感知的深度与广度,增强了人类对世界的认知能力。高速的数据流使信息的传递与获取前所未有地便捷,虚实融合技术的出现,开创了人类认知领域新的维度,推动着信息获取向更高效、更直观、更具真实感的方向发展。

1.1 增强现实技术概述

增强现实技术是一种将虚拟信息与真实世界融合展示的技术,其广泛运用了人工智能、三维建模、实时跟踪注册、虚实融合、智能交互、传感计算等多种技术手段,将计算机生成的文字、图像、三维模型、音频、视频、动画等虚拟信息模拟仿真后,应用到真实世界中。增强实现技术同时考虑了真实世界与虚拟信息的相互关系,虚实信息互为补充,从而实现对真实世界的增强。

1.1.1 AR 概述

VR、AR、XR、MR 这些英文术语缩写有时让初学者感到困惑。VR 是 Virtual Reality 的缩写,即虚拟现实,是一种能够创建和体验纯虚拟世界的计算机仿真技术,它利用计算机生成交互式的全数字三维视场,能够营造全虚拟的环境。AR 是 Augmented Reality 的缩写,即增强现实,是采用以计算机为核心的现代科技手段将生成的文字、图像、视频、3D 模型、动画等虚拟信息以视觉、听觉、味觉、嗅觉、触觉等生理感觉融合叠加至真实场景中,从而对使用者感知到的真实世界进行增强的技术。VR 是创建完全数字化的世界,隔离真实与虚拟,而 AR 则是对真实世界的增强,融合了真实与虚拟。近年来,VR 与 AR 技术快速发展,应用越来越广,并且相互关联、相互促进,很多时候二者被统称为 XR。MR 是 Mixed Reality 的缩写,即混合现实,是融合真实和虚拟世界的技术,混合现实概念由微软公司提出,强调物理实体和数字对象共存并实时相互作用,如虚实遮挡、反射等。相对而言,AR 强调的是对真实世界的增强,而 MR 则更强调虚实的融合,但 AR 与 MR 区分并不明显,随着技术的发展,AR 也能够实现环境遮挡、人形遮挡、场景深度等。

本书主要关注 AR 技术,并将详细讲述如何利用 ARKit 技术开发构建移动端 AR 应用,AR 虚实融合效果如图 1-1 所示。

早在 1901 年,作家 L. Frank Baum 就提出将电子数据叠加在实现之上产生虚拟与现实混合的思想,当时他把这种技术称为"字符标识",这是有记载的最早的虚拟现实设想,但是,受之于当时的软硬件技术及整体科技水平,也只能是一种设想。第一个为用户提供沉浸式增强现实体验功能的 AR 系统在 20 世纪 90 年代初出现,其虚拟装置及系统于 1992 年在美国空军阿姆斯特朗实验室开发。在 AR 技术萌芽后,经过几代人的努力,最早将 AR 技术带入普通大众视野的是 Google 公司的 Google Glass 增强现实眼镜,虽然 Google

图 1-1　AR 技术是将虚拟信息叠加在真实环境之上从而达到增强现实的目的

Glass 项目进展并不顺利,但它给整个 AR 行业带来了生机和活力,AR 研究及应用由此进入蓬勃发展时期,微软 HoloLens、Magic Leap 相继推出眼镜产品。特别是 2017 年 Apple 公司的 ARKit 和 Google 公司的 ARCore SDK 的推出,把 AR 从专门的硬件中剥离了出来,使得普通手机也可以体验到 AR 带来的奇妙感受,由此,AR 越来越受到各大公司的重视,技术也是日新月异,百花齐放。

增强现实,顾名思义是对现实世界环境的一种增强,在这种环境中,现实世界中的物体被计算机生成的文字、图像、视频、3D 模型、动画等虚拟信息"增强",甚至可以跨越视觉、听觉、触觉、体感和嗅觉等多种感官模式。叠加的虚拟信息可以是建设性的(即对现实环境的附加),也可以是破坏性的(即对现实环境的掩蔽),并与现实世界无缝地交织在一起,让人产生身临其境、真假难辨的感观体验,分不清虚实。通过这种方式,增强现实可以改变用户对真实世界环境的持续感知,这与虚拟现实将虚实隔离,用虚拟环境完全取代用户真实世界环境完全不一样。

增强现实的主要价值在于它将数字世界带入个人对现实世界的感知中,而不是简单的数据显示,通过与被视为环境自然部分的沉浸式集成实现对现实的增强。借助先进的 AR 技术(例如计算机视觉和物体识别),用户周围的真实世界变得可交互和可操作。简而言之,AR 就是将虚拟信息放在现实中展现,并且让用户和虚拟信息进行互动,AR 通过环境理解、注册等技术手段将现实与虚拟信息进行无缝对接,将在现实中不存在的事物构建在与真实环境一致的同一个三维场景中予以展现、衔接融合。

增强现实技术的发展将改变我们观察世界的方式,想象用户行走或者驱车行驶在路上,通过增强现实显示器(AR 眼镜或者全透明挡风玻璃显示器),信息化图像将出现在用户的视野之内(如路标、导航、提示),这些增强信息将实时更新,并且所播放的声音与用户所看到的场景保持同步,从而引发人类对世界认知方式的变革。

1.1.2　AR 技术

AR 技术是一门交叉综合技术,其涉及数学、物理、工程、信息技术、计算机技术等多领域的知识,相关专业术语、概念也非常多,其中最重要的概念术语主要有以下几个。

1. 硬件

硬件是 AR 的物质基础,增强现实需要的硬件主要包括处理器、显示器、传感器和输入设备。有些场景需要一些特殊的硬件,如深度传感器、眼镜、LiDAR,通常这类 AR 设备价格昂贵,有些则不需要专门的硬件,普通的移动终端如智能手机和平板计算机就能满足要求,它们通常包括 RGB 相机和 MEMS 传感器(Micro-Electro-Mechanical System,微机电系统),如加速计、陀螺仪和固态罗盘等。

2. 显示

在增强现实中叠加的虚拟信息需要借助显示设备反馈到人脑中,这些显示设备包括光学投影系统、显示器、手持设备和佩戴在人体上的显示系统。头显(Head Mounted Display,HMD)是一种佩戴在前额上的显示装置。HMD将物理世界和虚拟物体的图像放置在用户的眼球视场上,现代HMD经常使用传感器进行6自由度监控,允许系统将虚拟信息与物理世界对齐,并根据用户头部运动相应地调整虚拟信息;眼镜是另一种常见的AR显示设备,眼镜相对更便携也更轻巧;移动终端如手机屏幕也是AR常见显示设备。

3. 眼镜

眼镜(Glasses)这里特指类似近视眼镜的AR显示器,但它远比近视眼镜复杂,它使用RGB相机采集真实环境场景,通过处理器对环境进行跟踪并叠加虚拟信息,并将增强的虚拟信息投射在目镜上。

4. HUD

抬头显示器(Head Up Display,HUD)是一种透明的显示器,显示数据而不需要用户远离观点。HUD是增强现实技术的先驱技术,在20世纪50年代首次为飞行员开发,将简单的飞行数据投射到他们的视线中,从而让他们保持"抬头"而不用看仪器设备。因为HUD可以显示数据、信息和图像,同时允许用户查看真实世界,也是一种AR显示设备。

5. SAR

空间增强现实(Spatial Augmented Reality,SAR)利用数字投影仪在物理对象上显示图形信息,SAR系统的虚拟内容直接投影在现实世界中。任何物理表面,如墙体、桌面、泡沫、木块甚至是人体都可以成为可交互的显示屏。随着投影设备尺寸、成本、功耗的降低及3D投影技术的不断进步,SAR也处于快速发展阶段。

6. 跟踪

跟踪是AR实现定位的基础,增强现实系统综合使用以下一种或多种传感器数据实现用户跟踪:RGB相机和/或其他光学传感器、加速度计、GPS、陀螺仪、固态罗盘、RFID、深度相机、结构光、TOF、LiDAR,这些技术提供了不同的测量方法和精度水平。跟踪最重要的是跟踪用户头部或设备的姿态、跟踪用户的手或手持式输入设备,提供6自由度交互。

7. 输入设备

输入设备包括普通的屏幕输入、手柄输入、将声音翻译成计算机指令的语音识别系统、通过视觉检测或从嵌在外围设备中的传感器解析用户身体运动的肢体识别和手势识别系统等,输入设备泛指所有输入技术采用的设备。

8. 处理器

处理器负责与增强现实相关的图形及算法运算、虚实融合、显示等计算处理。处理器接收来自传感器的数据、扫描的环境信息,理解注册跟踪环境,生成图像视频模型等虚拟信息并叠加到合适的位置,最后渲染到显示设备上供用户查看。处理器也从硬盘或者数据库中读取信息,随着处理器技术的进步,处理器的运算速度越快,增强现实能处理的信息就越多,AR体验就越流畅越真实。

9. 软件与算法

AR系统的一个关键度量参数是虚拟信息与真实世界的结合度,AR系统从摄像机图像中获取与摄像机无关的真实世界坐标,这个过程称为图像配准,通常由两个阶段组成:第一阶段是在摄像机图像中检测特征点、基准标记或光流,该步骤可以使用特征检测方法,如角点检测、斑点检测、边缘检测或阈值处理等图像处理方法;第二阶段从第一阶段获得的数据恢复真实世界坐标系,在某些情况下,场景三维结构应预先计算,如果场景是未知的,即时定位和建图(SLAM)可以映射相对位置。第二阶段的数学方法包括射影(极线)几何、几何代数、指数映射旋转表示、卡尔曼滤波和粒子滤波、非线性优化、稳健统计等。在当前的移动 AR 中，算法大多与计算机视觉相关，主要与图像识别跟踪相关，增强现实的许多计算机视觉方法从视觉测径法继承，随着 LiDAR 传感设备在移动端的普及应用，对场景的几何结构构建更加准确高效。

10. 交互

AR 中叠加的虚拟信息应该支持与用户的交互，增强现实技术令人兴奋的原因之一是在真实的世界中引入 3D 虚拟数字信息并可以与之交互。这个交互包括用户操作下的反馈，也包括程序自发的主动交互，如随着距离的不同显示不同的细节信息等。

1.1.3　AR 技术应用

AR 系统具有 3 个突出的特点：

① 真实世界和虚拟信息融合；

② 具有实时交互性；

③ 在三维尺度空间中定位虚拟物体。

AR 技术因为可以将虚拟信息叠加到现实世界之上，从而在很多领域都具有广泛的应用前景，在相当多的领域都具有发展潜力，AR 技术可广泛应用于数字领域。游戏和娱乐是最显而易见的应用领域，在该领域 AR 正处于快速发展中。除此之外，AR 技术在消费、考古、博物、建筑、视觉艺术、零售、应急管理/搜救、教育、工业可视化、工业设计、医学、空间沉浸与互动、飞行训练、军事、导航、旅游观光、虚拟装潢等领域都有着广阔的应用前景。

提示

在本书中，虚拟元素、虚拟对象、虚拟信息、虚拟物体均指在真实环境上叠加的由计算机处理生成的文字、图像、3D 模型、视频等虚拟非真实信息，严格讲它们是有差别的，但在本书中描述时并不严格区分这四者之间的差异。

1.2　AR 技术原理

AR 带给用户奇妙体验的背后是数学、物理学、几何学、人工智能、传感器、工程、计算机科学等基础科学与高新技术的深度融合，对开发人员而言，了解其技术原理有助于理解 AR 整个运行生命周期，理解其优势与不足，更好地服务于应用开发工作。

1.2.1　位置追踪

环境注册与跟踪是 AR 的基本功能，SLAM(Simultaneous Localization And Mapping，即时定位与建图)是在未知环境中确定周边环境的一种通行技术手段，其最早由科学家 Smith、Self、Cheeseman 于 1988 年提出。SLAM 技术解决的问题可以描述为：将一个搭载传感器的机器放入未知环境中的未知位置，想办法让该机器逐步绘制出该环境的完全地图，所谓完全地图(Consistent Map)是指不受障碍进入每个角落的地图。通俗地讲，SLAM 技术就是在未知环境中确定设备的位置与方向，并逐步建立对未知环境的认知(构建环境的数字地图)。

SLAM 作为一种基础技术,从最早的军事用途(核潜艇海底定位就有了 SLAM 的雏形)到今天,逐步走入大众的视野。当前,在室外我们可以利用 GPS、北斗等导航系统实现非常高精度的定位,利用 RTK 实时相位差分技术甚至可以实现厘米级定位精度,基本上解决了室外的定位和定姿问题,但室内定位的发展则缓慢得多,为解决室内的定位和定姿问题,SLAM 技术逐渐脱颖而出。SLAM 一般处理流程包括 Track 和 Map 两部分。所谓 Track 是用来估计相机的位姿,也叫前端,而 Map 部分(后端)则是对场景地图的构建,通过前端的跟踪模块估计得到相机的位姿,采用三角法(Triangulation)计算相应特征点的深度,然后进行当前环境 Map 的重建,重建出的 Map 同时为前端提供更好的姿态估计,并可以用于闭环检测。SLAM 是机器人技术、AR 技术中自主导航的基础技术,近年来发展非常快,图 1-2 是利用 SLAM 技术进行定位与建图的实验图示。

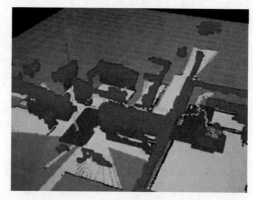

图 1-2　Kumar 实验中的 SLAM

定位与跟踪是 AR 的基础,目前,在技术上解决室内定位与定姿主要采用视觉惯性里程计(Visual Inertial Odometry,VIO)和惯性导航系统。综合使用 VIO 与惯性导航可以通过软件实时追踪用户的空间位置(用户在空间上的 6 自由度姿态)。VIO 在帧刷新之间计算用户的位置,为保持应用流畅,VIO 速度必须达到每秒 30 次及以上,并且这些计算要并行完成两次,通过视觉(摄像机采集的视频图像)系统将现实世界中的一个点与摄像机传感器上的一个像素匹配,从而追踪用户的姿态。惯性导航系统(设备加速度计和陀螺仪统称为惯性测量单元(Inertial Measurement Unit,IMU)也可以追踪用户的姿态,VIO 与惯性导航并行计算,在计算完成之后,使用卡尔曼滤波器(Kalman Filter)或者非线性优化等技术手段结合两个系统的输出结果,评估哪一个系统提供的估测更接近用户的"真实"位置,从而做出选择。定位与跟踪系统追踪用户设备在三维空间中的运动其作用类似于汽车里程表与加速度计。

> **提示**
>
> 自由度(Degrees Of Freedom,DOF)是物理学中描述一个物理状态时,独立对物理状态结果产生影响的变量的数量。运动自由度是确定一个系统在空间中的位置所需要的最小坐标数。在三维坐标系描述一个物体在空间中的位置和朝向信息需要 6 个自由度数据,即 6DOF,指 *XYZ* 方向上的三维运动(移动)加上俯仰/偏转/翻滚。

惯性导航系统最大优势是 IMU 的读取速度大约为 1000 次每秒并且基于加速度(设备移动),可以提供更高的精度,通过航迹推算法(Dead Reckoning)即可快速测量设备运动。航迹推算法是一种估算方法,类似于向前走一步,然后估测行走距离,距离会有误差,这类误差会随时间累积,所以 IMU 帧率越长,惯导系统从视觉系统中复位后的时间越长,追踪位置与真实位置偏差就越大。

VIO 利用摄像头采集的图像信息进行定位计算,设备帧率通常为 30FPS 并且依赖场景复杂度(不同的场景帧率也有所不同)。VIO 系统通常随着距离的增大误差也不断地增大(时间也会有轻度影响),所以用户移动得越远,误差就越大。

惯性导航系统与视觉测量系统各有各的优劣,但视觉测量和惯性导航是基于完全不同的测量方法,它们之间并没有相互依赖关系。这意味着在遮蔽摄像头或者只看到一个具有很少光学特征的场景(例如白墙)时惯性系统照样可以正常工作,或者设备在完全静止的条件下,视觉系统可以呈现出一个比惯性系统更加稳定的姿态。结合这两个系统的输出,卡尔曼滤波器不断地选择最佳姿态,从而实现稳定跟踪。

在具体实现上,为了获得精确定位,VIO需要获取两张有差异的场景图像,然后对当前位置进行立体计算(人眼通过类似原理观察3D世界,一些跟踪器也因此依赖立体相机)。在采用两台相机时就比较好计算,测量两个相机之间的距离,同时捕获帧进行视差计算。在只有一个相机时,可以先捕捉一次画面,然后移动到下一个位置进行第二次捕捉,再进行视差计算。使用IMU航迹推算可以计算两次数据读取位置之间的距离,然后正常进行立体计算(也可以多捕获几次画面使计算更加准确),为了获得较高的精度,系统依赖IMU的精确航迹推算,从IMU读取的加速度和时间测量中,可以计算出速度和获取两次画面之间设备移动的实际距离(即公式 $S=0.5at^2$)。准确使用IMU的困难是从IMU中去除误差以获得精确的加速度测量,在设备移动的几秒之内,一个微小的误差每秒运行1000次,就会造成非常大的误差积累。

深度相机可以帮助提高设备对环境的理解。在低特征场景中,深度相机对提高地面检测、度量标度及边界追踪的精度有很大的帮助。但是深度相机能耗较大,因此只有以非常低的帧率使用深度相机才能降低设备耗能,同时深度相机在户外也不能正常运行,因为来自太阳光的红外散射会过滤掉深度相机中的红外线。移动设备深度相机的拍摄范围比较有限,这意味它们只适合在手机上的短距离范围内使用(几米的范围),另外深度相机在BOM成本(Bill of Materials)方面也比较昂贵,因此在移动设备上大规模使用仍需时日。

LiDAR是另一种精确测量环境的传感器,使用LiDAR可以快速地建立环境的三维数字场景几何。LiDAR探测距离更远,移动设备采用的LiDAR探测距离能达到5～8m,精确度更高,还有更灵敏的响应速度,不受环境光的影响,但LiDAR受空气中扬尘和细微颗粒物的影响。

立体RGB或鱼眼镜头也有助于看到更大范围的场景(因为立体RGB和鱼眼镜头有更宽的镜头范围,例如普通RGB镜头可能只会看到白色的墙壁,但是一个鱼眼设备可以在画面中看到有图案的天花板和地毯),并且相对VIO,它们可以以更低的计算成本获取深度信息,但立体相机测量精度与其基线长度有关,由于移动设备立体相机之间的距离非常近,因此手机上深度计算的精度范围也受到限制(相隔数厘米距离的立体相机在深度计算的误差可以达到数米)。

除此之外,TOF(Time Of Flight)、结构光方式也在快速发展中。但综合设备存量、成本、精度各方面因素,VIO结合IMU进行位置定位与跟踪仍将是未来一段时间内的主流做法。对iPhone与iPad而言,苹果公司正在推动移动端LiDAR传感器的普及。

1.2.2　视觉校准

为了使软件能够精确地匹配摄像机传感器上的像素与现实世界中的点,摄像机系统需要进行精密地校准。

几何校准:使用相机的针孔模型校正镜头的视野和镜筒效果。由于镜头的形状、安装工艺的缘故所有采集到的图像都会产生变形,软件开发人员可以在没有OEM帮助的情况下使用棋盘格和公开的相机规格进行几何校正,如图1-3所示。

光度校准:光度校准涉及相机底层技术,通常要求OEM厂商参与。因为光度校准涉及图像传感器本身的细节特征及内部透镜所用的涂层材料特性等,光度校准一般用于处理色彩和强度的映射。例如,正在拍摄遥远星星的望远镜连接的摄像机需要知道传感器上一个像素光强度的轻微变化是否确实是源于星星的光强变化或者仅仅来源于传感器或透镜中的像差。光度校准对于AR跟踪的好处是提高了传感器上的像素和真实世界中点的匹配度,因此可使视觉跟踪具有更强的鲁棒性及更少的错误。

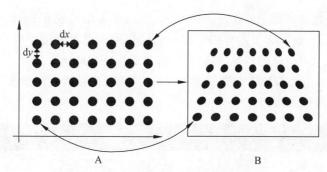

图 1-3 对图像信息进行几何校准示意图

1.2.3 惯性校准

当我们考虑 IMU 测量时,一定要记住 IMU 是用来测量加速度而不是测量距离或速度,距离是时间的二次方,IMU 数据读取误差造成的计算结果会随着时间的推移快速累积,校准和建模的目标就是确保距离测量具有足够的精度。理想情况下,使用 IMU 可以使 VIO 具有足够长的时间来弥补由于用户覆盖镜头或者场景中发生其他意外所造成视频图像帧跟踪丢失。使用 IMU 测量距离的航迹推算是一种估测,但是通过对 IMU 行为建模,找出产生误差的所有因素,然后通过编写滤波器减少这些错误,可以使这个估测更加精确。想象一下,用户向前走一步,然后猜测用户走了几米这样的场景,仅凭一步估算距离会有很大的误差,但是如果重复上千步,那么对用户每步的估测与实际行走距离的估测最终会变得非常准确,这就是 IMU 校准和建模的原理。

在 IMU 中会有很多产生错误的来源,这都需要分析捕获并过滤。假设一个机械臂以完全相同的方式重复地移动物品,通过对其 IMU 的输出不断进行采集和过滤,直到 IMU 的输出能够和机械臂的实际真实移动十分精确地匹配,这就是 IMU 校准与建模的过程。从 IMU 中获得非常高的精度很困难,对于设备生产商而言,需要想办法消除所有引起这些误差的因素。

1.2.4 3D 重建

3D 重建(3D Reconstruction)系统能够采集或者计算出场景中真实物体的形状和结构,并对真实环境进行三维重构,因此可以允许虚拟对象与真实物体发生碰撞及遮挡,如图 1-4 所示。要将虚拟对象隐藏在真实物体之后,前提是必须对真实物体进行识别与重建。精确的视觉 3D 重建目前来看还有很多难点需要克服,计算量大、存储要求高,实时重建仍很困难,表现在使用者层面就是 AR 中的虚拟对象会一直浮在真实物体的前面。

图 1-4 使用 LiDAR 进行场景重建后实现遮挡

视觉 3D 重建原理是通过从场景中捕获密集的点云(使用深度相机或者 RGB 相机),将其转换为网格,并将隐形网格传递给 3D 引擎(连同真实世界的坐标),然后将真实世界网格精准地放置在相机所捕获的场景上。使用 LiDAR 时,由于 LiDAR 的特性,可以快速构建真实环境的场景几何,实现真实环境的 3D 重建。

3D 重建是实现真实物体与虚拟物体碰撞与遮挡关系的基础,在对真实环境进行 3D 重建后虚拟对象就可以与现实世界互动,实现碰撞及遮挡。

提示

3D 重建在 HoloLens 术语中叫空间映射,在 Tango 术语中叫深度感知,在 ARKit 中叫场景重建。在 AR 中的 3D 重建并不要求完全重建整个现实世界,而只重建设备能"看"到的场景,如在正面观看时,椅子背面就无法重建。

1.3 ARKit 概述

2017 年,在 WWDC(World Wide Developers Conference,苹果全球开发者大会)上,苹果公司正式推出了增强现实开发套件 ARKit。ARKit 一推出即在科技圈引发极大关注,一方面是苹果公司在科技界的巨大影响力,另一方面更重要的是 ARKit 在移动端实现的堪称惊艳的 AR 效果。ARKit 的面世,直接将 AR 技术带到了亿万用户眼前,更新了人们对 AR 的印象,苹果公司也因此成为移动 AR 技术的引领者。

1.3.1 什么是 ARKit

如此神奇,那么什么是 ARKit? 苹果公司官方对 ARKit 的描述是:通过整合设备摄像头图像信息与设备运动传感器(包括 LiDAR)信息,在应用中提供 AR 体验的开发套件。对开发人员而言,更通俗的理解即 ARKit 是一种用于开发 AR 应用的 SDK(Software Development Kit,软件开发工具包)。

从本质上讲,AR 是将 2D 或者 3D 元素(文字、图片、模型、音视频等)放置于设备摄像头所采集的图像中,营造一种虚拟元素真实存在于现实世界中的假象。ARKit 整合了设备运动跟踪、摄像头图像采集、图像视觉处理、场景渲染等技术,提供了简单易用的 API(Application Programming Interface,应用程序接口)以方便开发人员开发 AR 应用,开发人员不需要再关注底层的技术实现细节,从而大大降低了 AR 应用的开发难度。

ARKit 通过移动设备(包括手机与平板计算机)单目摄像头采集的图像信息(包括 LiDAR 采集的信息),实现了平面检测识别、场景几何、环境光估计、环境光反射、2D 图像识别、3D 物体识别、人脸检测、人体动作捕捉等高级功能,在此基础上就能够创建虚实融合的场景。如将一个虚拟的数字机器人放置在桌面上,虚拟机器人将拥有与现实世界真实物体一样的外观、物理效果、光影效果,并能依据现实世界中的照明条件动态地调整自身的光照信息以便更好地融合到环境中,如图 1-5 所示。

得益于苹果公司强大的软硬件整合能力及其独特的生态,ARKit 得以充分挖掘 CPU/GPU 的潜力,在跟踪精度、误差消除、场景渲染等方面做到了同时期的最好水平,表现在用户体验上就是 AR 跟踪稳定性好、渲染真实度高、人机交互自然。

ARKit 出现后,数以亿计的 iPhone、iPad 设备一夜之间拥有了最前沿的 AR 功能,苹果公司 iOS 平台也一举成为最大的移动 AR 平台。苹果公司还与 Unity、Unreal 合作,进一步扩大 AR 开发平台,拓宽 iOS AR 应用的开发途径,奠定了其在移动 AR 领域的领导者地位。

图 1-5 在桌面上放置虚拟机器人的 AR 效果

1.3.2 ARKit 功能

从技术层面讲,ARKit 通过整合 AVFoundation、CoreMotion、CoreML 3 个框架,在这基础上融合扩展而成,如图 1-6 所示。其中,AVFoundation 是处理基于时间的多媒体数据框架,CoreMotion 是处理加速度计、陀螺仪、LiDAR 等传感数据信息框架,CoreML 则是机器学习框架。ARKit 融合来自 AVFoundation 的视频图像信息与来自 CoreMotion 的设备运动传感数据,再借助于 CoreML 计算机图像处理与机器学习技术,提供给开发者稳定的三维数字环境。

AVFoundation　　CoreMotion　　CoreML　　ARKit

图 1-6 ARKit 通过融合扩展了多个框架

自 ARKit 1.0 发布以来,ARKit 技术日渐完善,功能也日益拓展,到目前,ARKit 主要提供如表 1-1 所示功能。

表 1-1 ARKit 主要功能

功 能	描 述
特征点检测 (Feature Point)	检测并跟踪从摄像头采集图像中的特征点信息,并利用这些特征点构建对现实世界的理解
平面检测 (Plane Detect)	检测并跟踪现实世界中的平整表面,ARKit 支持水平平面与垂直平面检测
图像检测识别跟踪 (Image Tracking)	检测识别并跟踪预扫描的 2D 图像,ARKit 最大支持同时检测 100 张图像
3D 物体检测跟踪 (Object Tracking)	检测识别并跟踪预扫描的 3D 物体
光照估计 (Light Estimation)	利用从摄像头图像采集的光照信息估计环境中的光照,并依此调整虚拟物体的光照效果

续表

功　能	描　述
环境光反射 (Environment Probes & Environment Reflection)	利用从摄像头图像中采集的信息生成环境光探头(Environment Probe),并利用这些图像信息反射真实环境中的物体,以达到更真实的渲染效果
世界地图 (WorldMap)	支持保存与加载世界空间的空间映射数据,以便在不同设备之间共享体验
人脸检测跟踪 (Face Tracking)	检测跟踪摄像头图像中的人脸,ARKit 支持同时跟踪 3 张人脸。ARKit 还支持眼动与舌动跟踪,并支持人脸 BlendShape 功能,可以驱动虚拟人像模型
射线检测 (Ray Casting & Hit Testing)	从设备屏幕发射射线检测虚拟对象或者平面
人体动作捕捉 (Motion Capture)	检测跟踪摄像头图像中的人形,捕获人形动作,并用人形动作驱动虚拟模型,ARKit 支持 2D 和 3D 人形捕捉跟踪
人形遮挡 (People Occlusion)	分离摄像头图像中的人形区域,并能估计人形区域深度,以实现与虚拟物体的深度对比,从而实现正确的遮挡关系
多人协作 (Collaborative Session)	多设备间实时通信以共享 AR 体验
同时开启前后摄像头 (Simultaneous Front and Rear Camera)	允许同时开启设备前后摄像头,并可利用前置摄像头采集到的人脸检测数据驱动后置摄像头图中的模型
3D 音效 (3D Audio)	模拟真实空间中的 3D 声音传播效果
景深 (Scene Depth)	模拟照相机采集图像信息时的景深效果,实现焦点转移
相机噪声 (Camera Noise)	模拟照相机采集图像时出现的不规则噪声
运动模糊 (Motion Blur)	模拟摄像机在拍摄运动物体时出现的模糊拖尾现象
自定义渲染 (Custom Display)	支持对所有 ARKit 特性的自定义渲染
场景几何 (Scene Geometry)	使用 LiDAR 实时捕获场景深度信息并转化为场景几何网格
场景深度 (Depth API)	使用 LiDAR 实时捕获场景深度信息
视频纹理 (Video Texture)	采用视频图像作为纹理,可以实现视频播放、动态纹理功能
地理位置锚点 (Geographical Location Anchor)	利用 GPS 与地图在特定的地理位置上放置虚拟物体

除了表 1-1 中我们所能看到的 ARKit 提供的功能,ARKit 还提供了我们看不见但对渲染虚拟物体和营造虚实融合异常重要的尺寸度量系统,ARKit 的尺寸度量系统非常稳定、精准,ARKit 尺度空间中的 1 单位等于真实世界中的 1m,因此,我们能在 ARKit 虚拟空间中营造与真实世界体验一致的物体尺寸,并能正确地依照与现实空间中近大远小视觉特性同样的规律渲染虚拟物体尺寸。

需要注意的是,ARKit 并不包含图形渲染 API,即 ARKit 没有图形渲染能力,它只提供设备的跟踪和真实物体表面检测功能。对虚拟物体的渲染由第三方框架提供，如 RealityKit、SceneKit、SpriteKit、Metal 等，这提高了灵活性，同时降低了 ARKit 的复杂度，减小了包体大小。

1.3.3　ARKit 支持的设备

ARKit 需要运行在 iOS 11 及以上的 iPhone 与 iPad 上。AR 应用是计算密集型应用，对计算硬件要求较高，就算在应用中什么虚拟对象都不渲染，AR 也在对环境、特征点跟踪进行实时解算，因此设备需要拥有足够强大的 CPU 整合软硬件，才能确保达到优秀的性能和高效的实时计算渲染能力。为了提供良好的用户体验，运行 ARKit 的设备最低需要 A9 处理器，因此 iPhone 6S 以前的设备将无法使用 ARKit，另外由于移动端硬件设备资源限制，一些高级 AR 特效只能在最新的处理器（包括 CPU 和 GPU）上才能运行，如人形遮挡与人体动捕功能、景深、运动模糊需要 A13 处理器，在使用某一项特定功能出现不能运行的情况时最好先检测设备是否支持该功能。

具体支持 ARKit 的 iPhone 和 iPad 型号如表 1-2 所示。

表 1-2　支持 ARKit 的设备

类型	最低操作系统版本	型　号
手机	iOS 11	iPhone 6S、iPhone 6S Plus、iPhone SE
		iPhone 7、iPhone 7 Plus
		iPhone 8、iPhone 8 Plus
		iPhone X
	iOS 12	iPhone Xr、iPhone Xs、iPhone Xs Max
	iOS 13	iPhone 11、iPhone 11 Pro、iPhone 11 Pro Max
	iOS 13	iPhone SE2
	iOS 14	iPhone 12mini、iPhone 12、iPhone 12 Pro、iPhone 12 Pro Max
平板	iPadOS 11	iPad Air 第 3 代
	iPadOS 11	iPad mini 第 5 代
	iPadOS 11	iPad 第 5 代、第 6 代、第 7 代
	iPadOS 11	iPad Pro 12.9 英寸第 1 代、第 2 代、第 3 代、第 4 代（iPad OS13.4 以上版本）
		iPad Pro 11 英寸
		iPad Pro 10.5 英寸
		iPad Pro 9.7 英寸

表 1-2 是一张动态更新的表，理论上，苹果公司新发布的所有 iPhone 都会支持 ARKit，高端的 iPad 肯定也会支持 ARKit，但在购买或者使用时，最好先查询相关产品的规格参数。

1.3.4　ARKit 的不足

ARKit SDK 是同时期所有移动端 AR SDK 中表现最好的（主要得益于苹果公司的软硬件生态），它提供了稳定精准的运动跟踪与强大的计算机视觉处理与机器学习能力。但从 ARKit 使用的 VIO 和 IMU 技术可以推测出（后文会详细论述 ARKit 的运动跟踪原理），ARKit 的跟踪在以下情况下会失效。

1. 在运动中做运动跟踪

假设用户在火车上使用 ARKit，这时 IMU 获取的数据不仅包括用户的移动数据（实际是加速度），也包括火车的移动数据（实际是加速度），这样将导致跟踪误差，从而引起漂移甚至完全失败。

2. 跟踪动态的环境

假设用户将设备对着波光粼粼的湖面,这时从摄像头获取的图像信息是不稳定的,这将引起特征点提取匹配问题进而导致跟踪失败。

3. 热漂移

相机感光元器件与IMU都是对温度敏感的元器件,前文我们讨论过相机和IMU的光度校准,这个校准通常都会在某一个或者几个特定温度下进行,但用户在设备使用过程中,随着时间的延长会导致设备发热,发热会影响相机获取图像的颜色信息和IMU测量的加速度信息的准确性,表现出来就是跟踪的物体出现漂移。

4. 昏暗环境

基于VIO的跟踪效果与环境中光照条件有很大关系,昏暗的环境采集的环境图像信息对比度低,这对提取特征点信息非常不利,因此会大大影响跟踪的准确性,这也会导致基于VIO的跟踪失败。

除运动跟踪问题外,由于移动设备资源限制或其他问题,ARKit也存在以下不足。

1)表面检测需要时间

ARKit虽然对真实世界物体表面特征点提取与平面检测进行了非常好的优化,但还是需要一个相对比较长的过程,在这个过程中,ARKit需要时间收集环境信息构建对现实世界的理解。这是一个容易让不熟悉AR的使用者产生困惑的地方,因此,应用开发中必须设计良好的引导,指导使用者更好地检测平面或者特征点。

2)运动处理有滞后

当用户设备移动过快时会导致摄像头采集的图像模糊,从而影响ARKit对环境特征点的提取,进而表现为跟踪不稳定或者虚拟物体漂移。

3)弱纹理表面检测问题

ARKit使用的VIO技术很难在光滑、无纹理、反光的表面提取所需的特征值,因而无法构建对环境的理解和检测识别平面,如很难检测识别光滑大理石地面和白墙。

4)鬼影现象

虽然ARKit在机器学习的辅助下对平面边界预测做了很多努力,但由于现实世界环境的复杂性,检测到的平面边界仍然不够准确,因此,添加的虚拟物体可能会出现穿越墙壁的现象。所以对开发者而言,应当鼓励使用者在开阔的空间或干净的地面使用AR应用程序。

> **提示**
>
> 本节讨论的ARKit不足为不使用LiDAR传感器时存在的先天技术劣势,在配备LiDAR传感器的设备上,由于LiDAR传感器并不受弱纹理、灯光等影响,因此ARKit能实时精准高效地重建场景几何,可以大大弥补由于VIO原因给ARKit带来的不足。但LiDAR只对场景重建有帮助,并不能解决如昏暗环境跟踪失效、热漂移、运动中跟踪等问题,对开发人员而言,了解ARKit的优劣势才能更好地扬长避短,在适当的时机通过适当的引导最佳化用户体验。

1.4 ARKit 原理

ARKit提供如此出众的AR体验的背后是苹果公司强大的软硬件整合能力和做到极致的用户体验,苹果公司的生态拥有其他企业无法比拟的优势,这不仅包括强大的硬件资源,还包括精细健壮的软件技术和追求完美的场景渲染。本节,我们主要学习了解 ARKit 的核心功能及 ARSession、ARAnchor、ARFrame 在 AR 应用开发中的关键作用,更具体的内容会在后续学习中进一步了解。

1.4.1 ARKit 三大基础能力

ARKit 整合了 SLAM、计算机视觉、机器学习、传感器融合、表面估计、光学校准、特征匹配、非线性优化等大量低层技术,提供给开发者简洁易用的程序界面。ARKit 提供的功能总体可以分为 3 个部分:运动跟踪、场景理解、渲染,如图 1-7 所示,在这三大基础功能之上,构建了形形色色的附加功能。

运动跟踪　　　　场景理解　　　　渲染

图 1-7　ARKit 三大基础核心功能

1. 运动跟踪

运动跟踪可以实时跟踪用户设备在现实世界中的运动,是 ARKit 的核心功能之一,利用该功能可以实时获取用户设备的姿态信息。在运动跟踪精度与消除误差积累方面,ARKit 控制得非常好,表现在使用层面就是加载的虚拟元素不会出现漂移、抖动、闪烁。ARKit 的运动跟踪整合了 VIO 和 IMU,即图像视觉跟踪与运动传感器跟踪,提供 6DOF(Degree Of Freedom,自由度)跟踪能力,不仅能跟踪设备位移,还能跟踪设备旋转。

更重要的是,ARKit 运动跟踪没有任何前置要求,不需要对环境的先验知识,也没有额外的传感器要求,仅凭现有的移动设备就能满足 ARKit 运动跟踪的所有要求。

2. 场景理解

场景理解建立在运动跟踪、计算机视觉、机器学习等技术之上。场景理解提供了关于设备周边现实环境的属性相关信息,如平面检测功能,提供了在现实环境中物体表面(如地面、桌面等)检测平面的能力,如图 1-8 所示。从技术上讲,ARKit 通过检测特征点和平面不断改进它对现实世界环境的理解。ARKit 可以检测看起来位于常见水平或垂直表面(例如桌子或墙)上的成簇特征点,并允许将这些表面用作应用程序的工作平面,ARKit 也可以确定每个平面的边界,并将该信息提供给应用,使用此信息可以将虚拟物体放置于平坦的表面上而不超出平面的边界。场景理解是一个渐进的过程,随着设备探索的环境不断拓展而不断加深,并可随着探索的进展不断修正误差。

图 1-8　ARKit 对平坦表面的检测识别

ARKit 通过 VIO 检测特征点识别平面,因此它无法正确检测像白墙一样没有纹理的平坦表面。当加入 LiDAR 传感器后,ARKit 对环境的感知能力得到大幅度提高,不仅可以检测平坦表面,也可以检测非平坦有起伏的表面,由于 LiDAR 的特性,其对弱纹理、光照不敏感,可以构建现实环境的高精度几何网格。

场景理解还提供了射线检测功能,利用该功能可以与场景中的虚拟对象、检测到的平面、特征点交互,如放置虚拟元素到指定位置、旋转移动虚拟物体等。场景理解还对现实环境中的光照信息进行评估,并利用这些光照估计信息修正场景中的虚拟元素光照。除此之外,场景理解还实现了反射现实物理环境功能以提供更具沉浸性的虚实融合体验。

3. 渲染

严格意义上讲,ARKit 并不包含渲染功能,AR 的渲染由第三方框架提供。但除提供场景理解能力之外,ARKit 还提供连续的摄像头图像流,这些图像流可以方便地融合任何第三方渲染框架,如 RealityKit、SceneKit、SpriteKit、Metal 或者是自定义的渲染器。ARKit 与渲染器之间的关系如图 1-9 所示。

图1-9　ARKit与各渲染框架的关系

运动跟踪、场景理解、渲染紧密协作，形成了稳定、健壮、智能的ARKit，在这三大基础功能之上，ARKit还提供了诸如2D图像识别跟踪、3D物体识别跟踪、物理仿真等实用功能。

在苹果公司的强力推动下，ARKit正处于快速发展中，更好的硬件和新算法的加入，提供了更好更快的检测速度（如平面检测、人脸检测、3D物体检测等），更多更强的功能特性（如人形遮挡、人体运动捕捉、人脸BlendShapes、场景几何等）。ARKit适用的硬件范围也在拓展，可以预见，ARKit适用的硬件一定会拓展到苹果公司的AR眼镜产品中。

1.4.2　ARSession

ARSession（AR会话）是ARKit中最重要的概念之一，其主要的功能是管理AR应用的状态和整个生命周期，是ARKit API的主要入口。

ARSession整合了底层的所有技术并为开发者提供程序界面，这些技术包括从设备运动传感器硬件中读取数据、捕获摄像头图像数据并进行分析、控制虚拟场景摄像机与硬件设备摄像头的对齐、执行Session空间与AR世界空间的转换等。ARSession综合所有这些信息，在设备所处的现实空间和虚拟空间之间建立联系。每一个ARKit应用都需要且仅需要一个ARSession，由其向上提供服务。

ARKit提供了非常多的功能特性，每一个功能特性对软硬件都有其独特的要求（如进行人脸检测的功能与进行2D图像检测识别的功能对硬件及前置需求均不一样），因此当应用程序需要使用某项功能时应当在运行前进行配置。负责功能配置的为配置信息类（ARConfiguration），配置信息决定了ARKit如何跟踪设备、使用硬件、可以使用的功能集及更多其他细节。如ARWorldTrackingConfiguration允许用户使用后置摄像头以6DOF的模式开启运动跟踪，而ARFaceTrackingConfiguration则要求使用设备的前置摄像头检测跟踪人脸。

利用ARSession可以检测设备是否支持ARKit及支持的功能子集，可以在运行时检测ARKit的运行跟踪状态，并可根据需要暂停、停止、重启ARSession进程。

1.4.3　ARAnchor

ARAnchor（AR锚点）也是ARKit中最重要概念之一，任何需要锚定到现实空间、现实2D图像、现实3D物体、人体、人脸的虚拟对象都需要通过特定的锚点连接，另外，共享AR体验也必须通过ARAnchor才能实现。在后续的学习中，还会详细讲述ARAnchor，现在需要知道的是，不通过锚点就无法将虚拟元素、虚拟对象添加到场景中。

1. 锚点

锚点（Anchor）的原意是指不让船舶漂移的固定锚，这里用来指将虚拟物体固定在AR空间上的一种技术。由于跟踪使用的陀螺仪传感器的特性，误差会随着时间积累，所以需要通过图像检测技术修正误差，此时，如果已存在于空间中的虚拟对象不同步进行校正则会出现偏差，锚点的功能即是绑定虚拟物体与AR空间位置。被赋予锚点的对象将被视为固定在空间上的特定位置，并自动进行位置校正，锚点可以确保物体在空间中看起来保持相同的位置和方向,将虚拟物体固定在 AR 场景中,如图 1-10 所示。

图 1-10 连接到锚点上的虚拟对象会像固定在现实世界空间中一样

2. 锚点的工作原理

AR 应用中,摄像头和虚拟物体在现实世界空间中的位置会在帧与帧之间更新,即虚拟物体在现实世界空间中的姿态每帧都会更新,由于陀螺仪传感器的误差积累,虚拟物体会出现漂移现象,为解决这个问题,需要使用一个锚点将虚拟对象固定在现实空间中。如前所述,这个锚点的姿态信息偏差必须能用某种方式消除以确保锚点的姿态不会随着时间而发生变化。消除这个偏差的就是视觉校准技术,通过视觉校准能让锚点保持相同的位置与方向,这样,连接到该锚点的虚拟对象也就不会出现漂移。一个锚点上可以连接一个或多个虚拟对象,锚点和连接到它上面的物体看起来会待在它们在现实世界中的放置位置,随着锚点姿态在每帧中进行调整以适应现实世界空间更新,锚点也将相应地更新虚拟物体姿态,确保这些虚拟物体能够保持它们的相对位置和方向,即使在锚点姿态调整的情况下也能如此。

3. 使用锚点

使用锚点的基本步骤:第一步在可跟踪对象(例如平面、场景几何、人脸、人形、2D 图像、3D 物体)上创建锚点(也可以在检测到的特征点上创建锚点),第二步将一个或多个虚拟物体连接到该锚点。在与表 1-3 所描述情形相吻合时我们需要使用锚点。

表 1-3 需要使用锚点的场合

使用场景	连接目标
让虚拟对象看起来像"焊接"到可跟踪对象上,并与可跟踪对象具有相同的旋转效果。包括:看起来黏在物体表面,保持相对于可跟踪对象的位置,例如漂浮在可跟踪对象的上方或前方	ARScene
在整个用户体验期间看起来以相同姿态固定在现实世界空间中	ARScene
保持两个或多个虚拟对象的相对位置。在这种情况下,可以将两个或多个虚拟物体连接到同一个锚点上,这样,锚点会使用相同的矩阵更新连接到其上的虚拟对象,因此可以保持虚拟物体之间的位置关系不受其他因素影响	ARScene
保证虚拟物体的独立性。如保持一盏台灯固定在桌面上,而不想让该台灯受到其他虚拟物体位移、旋转的影响,在这种情况下,将虚拟物体连接到锚点上就能保持虚拟物体的独立性	ARScene
提高跟踪稳定性。使用锚点即对通知跟踪系统需要独立跟踪该点从而提高连接在该锚点上的虚拟物体的空间稳定性	ARScene

一般来说,虚拟对象之间、虚拟对象与可跟踪对象之间、虚拟对象与现实世界空间之间存在相对位置关系时,可以将一个或多个物体连接到一个锚点以保持它们之间的相对位置关系。

有效使用锚点可以提升 AR 应用的真实性和沉浸感,连接到锚点的虚拟对象会在整个 AR 体验期间保持它们的位置和彼此之间的相对位置关系,而且借助于锚点有利于减少 CPU 开销。

使用锚点的注意事项:

(1) 尽可能复用锚点。在大多数情况下,应当让多个相互靠近的虚拟物体使用同一个锚点,而不是为每个虚拟物体创建一个新锚点。如果虚拟物体需要保持与现实世界空间中的某个可跟踪对象或位置之间独特的空间关系,则需要为该物体创建新锚点。因为锚点将独立调整姿态以响应 ARKit 在每一帧中对现实世界空间的估算,如果场景中的每个虚拟物体都有自己的锚点则会带来很大的性能开销。另外,独立锚定的虚拟对象可以相对平移或旋转,从而破坏虚拟物体的相对位置应保持不变的 AR 场景体验。

例如,假设 AR 应用可以让用户在房间内布置虚拟家具。当用户打开应用时,ARKit 会以平面形式开始跟踪房间中的桌面和地板。用户在桌面上放置一盏虚拟台灯,然后在地板上放置一把虚拟椅子,在此情况下,应将一个锚点连接到桌面平面,将另一个锚点连接到地板平面。如果用户向桌面添加另一盏虚拟台灯,此时我们可以重用已经连接到桌面平面的锚点。这样,两个台灯看起来都黏在桌面平面上,并保持它们之间的相对空间关系,椅子也会保持它相对于地板平面的位置。

(2) 保持物体靠近锚点。锚定物体时,最好让需要连接的虚拟对象尽量靠近锚点,避免将虚拟物体放置在离锚点几米远的地方,以防止由于 ARKit 更新世界空间坐标而产生意外的旋转运动。如果确实需要将虚拟物体放置在离现有锚点几米远的地方,应该创建一个更靠近此位置的新锚点,并将物体连接到新锚点。

(3) 分离未使用的锚点。为提升应用的性能,通常需要将不再使用的锚点分离并销毁。因为每个可跟踪对象都会产生一定的 CPU 开销,ARKit 不会释放具有连接锚点的可跟踪对象,从而造成无谓的性能损失。

4. 锚点的种类

为更好地表达锚点的性质及其附带信息,ARKit 将 ARAnchor 分为 9 类,如表 1-4 所示,各类 ARAnchor 的具体使用将在后续的学习中详细介绍。

表 1-4　ARKit 中的 ARAnchor 分类

锚 点 种 类	描　　述
ARPlaneAnchor	ARKit 检测到的物理环境中的平面 Anchor
ARImageAnchor	在世界跟踪中检测到的 2D 图像 Anchor,用于表示该 2D 图像的姿态
ARObjectAnchor	在世界跟踪中检测到的 3D 物体 Anchor,用于表示该 3D 物体的姿态
ARFaceAnchor	ARKit 检测到的设备摄像头图像中的人脸 Anchor,包含人脸姿态及表情信息
ARBodyAnchor	ARKit 检测到的设备摄像头图像中的 3D 人体 Anchor
ARParticeipantAnchor	在多人共享的 AR 体验中表示其他参与方的 Anchor
AREnvironmentProbeAnchor	用于表示环境光探头的 Anchor,ARKit 使用环境光探头进行环境反射
ARMeshAnchor	使用 LiDAR 重建场景后每一个场景几何网格的 Anchor
ARGeoAnchor	用于表示地理位置信息的 Anchor

1.4.4　ARFrame

运行中的 ARSession 会从设备摄像头中采集视频图像流,并利用这些视频图像流进行分析以评估用户设备的姿态和进行其他视觉计算,这些视频图像流会以帧(Frame)的形式进行更新,ARKit也以ARFrame的形式向用户提供这些信息。

ARFrame(AR帧)最直观的理解是摄像头获取的一帧图像,ARKit背景渲染的画面就来自摄像头获取的图像帧。但在ARKit中,ARFrame还包含更丰富的内容,它提供了某一个时刻的AR状态,这些状态包括:当前Frame中的环境光照信息(如在渲染虚拟物体的时候根据光照控制虚拟物体绘制的颜色,使其更真实);WorldMap状态;当前场景的参数;当前Frame中检测到的特征点云及其姿态;当前Frame中包含的Anchors和检测到的平面集合;手机设备当前的姿态、帧获取的时间戳、AR跟踪状态和摄像头的视矩阵等。

ARFrame也构成了AR应用使用者可见的场景,是ARKit与使用者交互的窗口。

1.5 RealityKit概述

通过前面章节的学习我们知道,ARKit本身并不直接提供渲染功能,在ARKit 3.0之前,AR场景渲染依托于SceneKit、SpriteKit、Metal或自定义渲染框架。这些第三方渲染框架并不是为AR应用开发而设计的,如SceneKit设计处理3D渲染、SpriteKit设计处理2D渲染、Metal则是更底层的图形API,设计之初均未考虑AR应用,因此使用这些框架并非最合适的选择。

AR应用开发跟普通2D/3D应用开发最大的不同在于AR应用需要实时地与现实环境交互,如放置一盏台灯到桌面,这是以往2D/3D应用未曾遇到过的问题。除此之外,AR应用比普通2D/3D应用对虚拟元素渲染要求更高,如景深、相机噪声、运动模糊、PBR(Physically Based Rendering,基于物理的渲染)渲染、环境光估计、环境反射等,不真实的渲染会让放置于现实环境中的虚拟元素看起来很假,从而破坏AR的沉浸体验。

在2019年,苹果公司从头开始为AR开发量身打造了一个全新的Swift渲染框架,这就是RealityKit,所以RealityKit是完全面向AR开发的,其重点解决的问题也是现实环境中的虚拟元素PBR渲染及精准的行为模拟,包括物理仿真、环境反射、环境光估计等。RealityKit专为真实环境中虚拟元素渲染而设计,所有的特性都围绕营造真实感更强、代入感更好的AR体验。另外,借助于Swift语言的强大能力,RealityKit程序接口界面简洁、使用简单,大大地方便了AR开发者使用。

RealityKit与ARKit的关系可以用图1-11表示,它们并非相互竞争关系,RealityKit构建于ARKit之上。

图1-11 ARKit与RealityKit的关系

1.5.1 RealityKit主要功能

RealityKit定位于为ARKit提供直接的渲染支持,对下与ARKit紧密结合,对上提供简洁接口。但除此之外,为更好地模拟虚拟元素与真实世界之间的交互、营造虚实难辨的AR体验、方便开发人员使用,

RealityKit 还提供以下功能：动画、物理模拟、网络同步、实体组件系统、3D 音效等，甚至是完全自动处理的景深、运动模糊、相机噪声模拟，如图 1-12 所示。

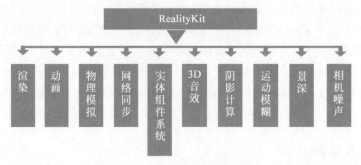

图 1-12　RealityKit 主要功能

1. 渲染

渲染是 RealityKit 最重要的功能，其目标是确保渲染出来的虚拟元素真实可信，能最大限度地模拟真实物体的行为特性（如反射、阴影），为达到这一目标，RealityKit 采用 PBR 渲染模型，精确地模拟光照与材质的交互。

RealityKit 渲染功能构建于 Metal 框架之上，针对硬件与 AR 渲染特性进行过深度优化，同时支持多线程渲染及其他低级图形 API 功能。RealityKit 专为 AR 开发打造，渲染作为 RealityKit 的核心功能得到高度重视，因此，RealityKit 渲染能力极为出色，利用 RealityKit 渲染出来的虚拟元素可信度高、真实感强，大大提高了 AR 的渲染效果。

2. 动画

RealityKit 支持骨骼动画（Skeletal Animation）和变换动画（Transform Animation）两种动画模式。变换动画一般支持简单的平移、旋转、缩放或者程序化的动画效果，更复杂的动画通常采用骨骼绑定的方式生成骨骼动画，这两种动画都可以由 USDZ（Universal Scene Description Zip）文件或者 Reality 格式（Reality Composer）文件导入。除此之外，变换动画也可以直接由程序代码生成，骨骼动画也可以由程序驱动（如由摄像头采集的 3D 人体骨骼数据驱动）。

3. 物理模拟

物理模拟又叫物理仿真，是利用计算机系统模拟虚拟元素之间、虚拟元素与现实环境之间的复杂相互作用，包括力、质量、摩擦、碰撞等，如模拟一只皮球从桌子上掉落到地面并弹起的过程。RealityKit 物理系统内建碰撞检测功能，支持立方体、球体、胶囊体和更复杂的自定义包围盒（Bounding Box），可以快速检测不同形状物体之间的碰撞。除此之外，物理系统还可以模拟虚拟物体之间的物理效果，如惯性、阻力等。

使用了物理系统后，虚拟物体之间、虚拟物体与现实环境之间的相互作用不需要进行硬编码，而是按照牛顿运动定律进行实时计算模拟，由于牛顿运动定律的客观性，这种模拟出来的效果与真实物体间相互作用效果可以做到完全一致，因此可以大大地增强虚拟物体的可信度。

4. 网络同步

RealityKit 完全整合了 Multipeer Connectivity 近距离通信框架，对 AR 应用提供内建的数据同步、体验共享支持。利用该功能，现实世界数据信息与整个场景虚拟元素信息能够在所有参与方实时共享，任何用户可以在任何时间加入这个共享圈中而无须开发人员干预参与，任何用户也可以在任何时间退出共享圈而不影响其他用户继续体验。RealityKit 对网络同步的良好设计，使构建实时互联的 AR 应用变得十分简单和自动化。

5. 实体组件系统

RealityKit 完全采用组件设计模式，引入了完整的实体组件系统（Entity Component System），即插即用的组件风格极大地避免了多层继承和完全杜绝了多继承（Swift 不支持多继承）带来的维护问题，同时在内存布局与多线程方面也带来了巨大的优势，基于实体——组件的设计模式让开发变得更加强大和灵活。

6. 3D 音效

音效也是影响 AR 沉浸感的另一个重要方面，RealityKit 提供了 3D 音效功能用于模拟声音在 3D 空间中的传播特性。利用 RealityKit，使用简单的代码就能实现身临其境的立体环绕音效。

除此之外，RealityKit 还提供阴影计算、运动模糊、景深、相机噪声等功能，而且，很多功能可以完全自动处理，无须开发人员设置开发，RealityKit 会综合硬件性能与 AR 应用运行时的软硬件环境自动选择最合适的效果，最大程度地营造沉浸式 AR 体验。

1.5.2 RealityKit 体系架构

RealityKit 是一个高级的程序框架，提供了非常丰富的功能，但使用其进行 AR 应用开发却有着非常清晰的层次结构体系，如图 1-13 所示。

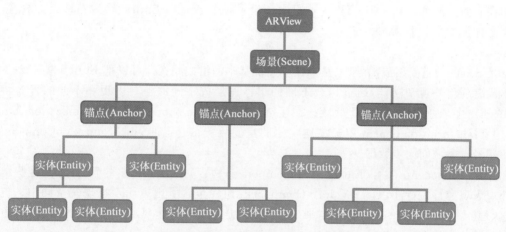

图 1-13 RealityKit 层次结构开发体系

从图 1-13 可以看到，RealityKit 中包含 4 类实体：ARView、Scene、Anchor、Entity，由这 4 类实体可以构建出所有 AR 功能。利用 RealityKit 进行 AR 应用开发，所有的虚拟元素在场景中都以实体的形式存在，虚拟元素的功能则由该实体上挂载的组件共同决定。RealityKit 中的实体可以有一个父实体和若干个子实体，众多的实体相互关联组成整个场景的层次结构。RealityKit 这种层次结构设计能非常方便地进行对象组合，同时也非常有利于进行空间位置关系解算。

1. ARView

ARView 在 RealityKit 中处于核心地位，是进入 AR 虚拟世界的入口，也是将渲染的场景呈现给用户的窗口，每一个 ARView 都包含一个 Scene 类实例。在开发中，通常只会设置一个 ARView，RealityKit 会自动创建并添加一个 Scene 实例到这个 ARView 上，通过 Scene 就可以添加各种各样的实体和 Anchor 了。

除了作为 AR 应用层次结构的根节点，ARView 还负责设置渲染特性、环境检测选项、摄像机渲染模式，ARView 还处理各类输入交互，利用 RealityKit 的层次结构，也可以使用 ARView 查询特定实体对象。

2. Scene

Scene 中文直译为场景，顾名思义，Scene 是放置所有实体对象的容器，所有需要渲染或者不需要渲染的实体对象最终都需要关联到 Scene 上。在 RealityKit 中，不需要手动创建 Scene 类的实例，在创建 ARView 时会自动创建，因此，我们可以通过 ARView 的属性访问与其关联的 Scene 实例。

在 Scene 中添加虚拟元素,首先需要在 Scene 的 anchors 集合中添加一个或者多个 AnchorEntity 实例,AnchorEntity 用于在现实空间与虚拟元素之间建立关联关系,将虚拟元素绑定到现实空间中的特定对象上(如平面、2D 图像、3D 物体、人脸等);在添加 AnchorEntity 实例后再将实体对象添加到 AnchorEntity 上形成层级关联关系。

3. AnchorEntity

只有 AnchorEntity 实例能添加到 Scene 的 anchors 集合中,AnchorEntity 也是所有其他实体的根节点,通过 AnchorEntity,RealityKit 就能将所有虚拟元素正确地放置到现实世界中,形成正确的虚实关联关系。

从技术上讲,AnchorEntity 继承自 Entity 类,AnchorEntity 因拥有 AnchoringComponent 组件而遵循 HasAnchoring 协议,因此 AnchorEntity 实例能添加进 Scene 的 anchors 集合的原因是遵循了 HasAnchoring 协议。在实际开发中,也可以自定义实体类,只要其遵循 HasAnchoring 协议就可以直接添加到 Scene 的 anchors 集合中,这并未破坏图 1-13 的层次结构,只是将 Entity 与 Anchor 进行了进一步的整合。

在一个 Scene 中,可以添加一个或多个 AnchorEntity 对象,每一个 AnchorEntity 都可以有其独立的层次结构。如在桌面上放置一只水杯,可以为这只水杯设置一个 AnchorEntity,然后在地板上放置一个足球,可以为这个足球设置另一个 AnchorEntity。

4. Entity

Entity 是 Scene 的重要组成部分,也是 AR 应用最基本的组成元素。可以把 Entity 想象成一个容器,这个容器原本没有任何外观和功能,通过挂载不同的组件而形成不同的外观表现和不同的行为特性。事实上,在 RealityKit 中,所有的 Entity 都默认挂载了 TransformComponent 和 SynchronizationComponent 两个组件,其中 TransformComponent 用于描述实体的空间位置信息,而 SynchronizationComponent 则用于在不同的使用者设备之间同步数据。

Entity 包含 components 集合(Entity 遵循 Component 协议)用于挂载各类组件,正是这些组件决定了 Entity 的外观表现和行为特性,如 TransformComponent 组件包含了虚拟元素在现实空间中的位置、旋转、缩放等信息,ModelComponent 组件使用材质、纹理渲染虚拟元素的外观,CollisionComponent 组件则定义了虚拟元素与其他物体发生碰撞的细节。

Entity 包含的 components 集合可以挂载很多不同种类的组件,但每一类特定的组件只能挂载一次。在图 1-14 中,AnchorEntity 是挂载了 AnchoringComponent 组件的 Entity 实例,而 ModelEntity 则是同时挂载了 ModelComponent、CollisionComponent、PhysicsBodyComponent 和 PhysicsMotionComponent 组件的 Entity 实例。

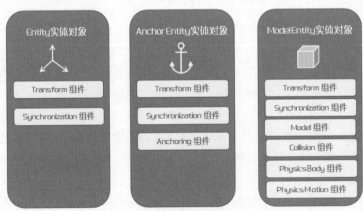

图 1-14　实体组件系统示意图

Entity的层次结构可以保存到文件中,因此,可以从程序包(App Bundle)或者文件中加载Entity结构,这极大提高了模块的复用性,也是RealityKit与Reality Composer得以紧密交互的基础。当然,Entity层次结构也可以在运行时通过程序的方式构建。

RealityKit定义了16类组件,合理组合这些组件可以实现各类功能特性需求,各组件具体如表1-5所示。

表1-5 RealityKit定义的各类组件

组 件 名	描 述
AnchoringComponent	定义了虚拟元素锚定到现实世界的方式
BodyTrackingComponent	在ARSession中检测跟踪人体
CollisionComponent	添加碰撞组件的虚拟物体可以与其他虚拟物体或者真实场景表面发生碰撞
DebugModelComponent	用于分层输出渲染结果,方便对渲染情况进行检查
DirectionalLightComponent	定义了方向光源
DirectionalLightComponent.Shadow	定义了方向光源阴影特性
ModelComponent	定义了实体的模型资源
PerspectiveCameraComponent	透视虚拟摄像头及其控件
PhysicsBodyComponent	定义了在物理仿真中实体的物理行为
PhysicsMotionComponent	控制在物理仿真中实体的运动
PointLightComponent	点光源
SceneUnderstandingComponent	定义了场景几何(在带有LiDAR传感器的设备上可用)
SpotLightComponent	聚光源
SpotLightComponent.Shadow	聚光源阴影特性
SynchronizationComponent	定义了实体网络同步
TransformComponent	定义了实体的位置、旋转、缩放

利用Entity和Component的这种组件式开发模式,开发者可以快速构建出符合要求的有着独特外观表现和行为特性的Entity实例,同时,为方便开发人员使用,RealityKit也预定义了图1-15所示的8类Entity,可以直接使用。

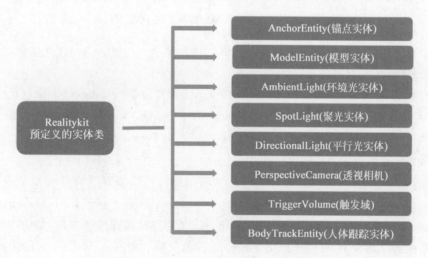

图1-15 RealityKit预定义的8类Entity

1.6 ARKit 初体验

通过前面的学习我们知道,为更好地帮助开发者进行 AR 应用开发,苹果公司推出了全新的 RealityKit 框架,该框架也已经集成到 Xcode 11 及以上版本中。在本书中,我们只使用 RealityKit+Swift+SwiftUI 进行 AR 应用开发,因此需要将 Xcode 版本升级到 11 以上,MacOS 版本升级到 Catalina 10.15.3 以上。

本节,我们将使用 Xcode 内置模板创建第一个 ARKit 应用,带领读者熟悉创建 AR 应用的过程。

启动 Xcode 应用开发 IDE(Integrated Development Environment,集成开发环境),如图 1-16 所示,在菜单中依次选择 File→New→Project 或者使用快捷键 Shift+Command+N 或者在打开的 Xcode 引导面板中选择 Create a new Xcode project,进入创建工程模板选择面板。

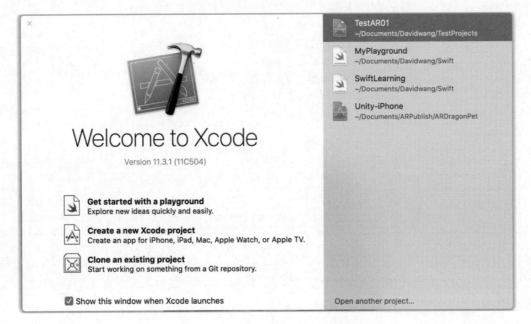

图 1-16　启动 Xcode 应用开发 IDE

打开的工程创建模板选择面板如图 1-17 所示,依次选择 iOS→Application→Augmented Reality App,然后单击 Next 按钮进入工程设置面板。

新打开的工程设置面板如图 1-18 所示,在该面板中,需要设置 Product Name、Organization Name、Organization Identifier。其中,Product Name、Organization Name 可以根据需要自由设置,Organization Identifier 一般设置为公司或者企业的反向域名。Xcode 会根据 Product Name 和 Organization Identifier 自动生成 Bundle Identifier,该值为应用的唯一标识。

Team 可以选择已添加的 Team 名(如果以前开发时添加过),如果暂时没有可以选择 None,Language 选择 Swift,Content Technology 选择 RealityKit,User Interface 选择 SwiftUI,不勾选 Include Unit Tests 和 Include UI Tests 两个复选框,然后单击 Next 按钮进入工程存储路径选择面板,如图 1-19 所示。

在工程存储路径选择面板中,可以选择指定路径或者单击左下角的 New Folder 按钮创建新文件夹,选择之后单击 Create 按钮进入 Xcode 工程主界面,如图 1-20 所示。

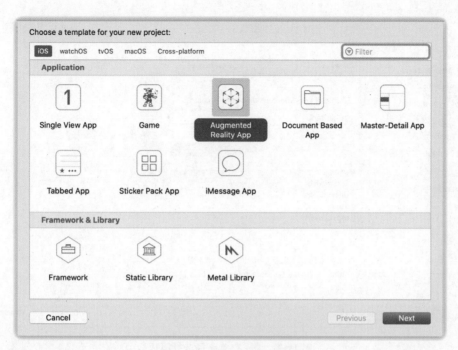

图 1-17　工程模板选择面板

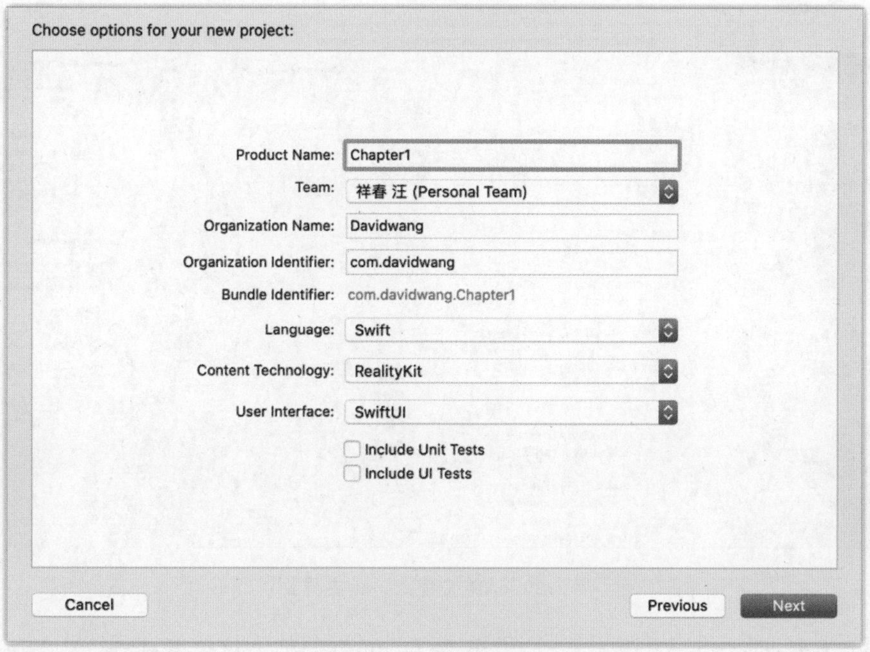

图 1-18　工程设置面板

在 Xcode 工程主界面左侧工程导航栏面板中,选择工程名 Chapter1,然后在主面板中选择 Signing & Capabilities,在展开后的 Signing 卷展栏中选择 Team(如果在工程创建时选择的 Team 正确可以跳过这一步),如图 1-21 所示。

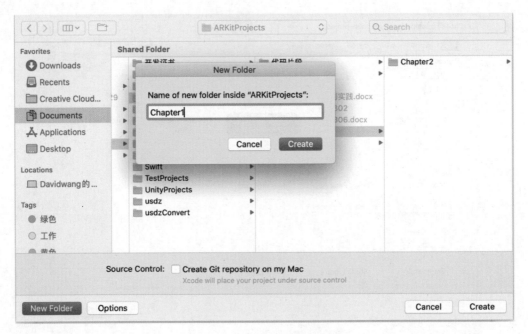

图 1-19   工程存储路径选择面板

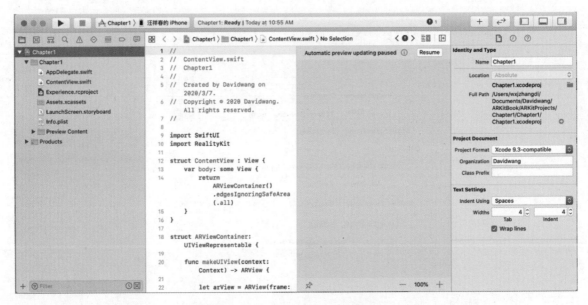

图 1-20   AR 工程 Xcode 主界面

如果下拉菜单为空,即还没有开发者账号,可单击 Team 框后的下拉菜单,选择 Add an Account 项创建一个开发者账号,创建过程如图 1-22、图 1-23 所示,具体操作参见官方说明文档。

如果下拉菜单中已有开发者账号,选择可用的账号。设置完成后回到工程主界面,不修改工程中的任何代码。

连接 iPhone 或者 iPad 到开发计算机上,在 Xcode 工程导航栏上依次选择"工程"→"发布的设备"

图 1-21　配置 Team 面板

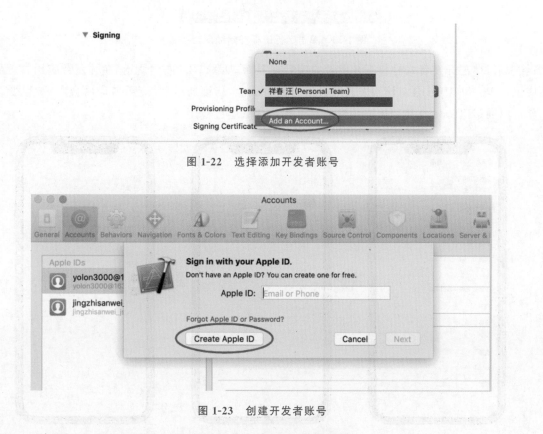

图 1-22　选择添加开发者账号

图 1-23　创建开发者账号

(iPhone/iPad)，如图 1-24 所示，因为 AR 应用只能在真机上进行测试。

在 Xcode 配置完后，单击 Xcode IDE 左上角的编译运行图标开始编译、发布、部署、运行，如图 1-25 所示。

如果 iPhone 或者 iPad 设备是第一次运行、调试 Xcode 应用，还需要进行简单的设置。在移动设备中，打开"设置"→"通用"，如图 1-26 左图所示，单击"设备管理"栏打开"设备管理"页面，如图 1-26 中图所示，进

图 1-24　选择真机设备

图 1-25　单击运行图标开始编译运行程序

入设备管理后,单击开发者账号打开开发者应用管理界面,如图 1-26 右图所示,在开发者应用管理界面单击"验证应用",iPhone/iPad 会对该开发者账号进行网络认证,认证通过后,应用名称后会出现"已验证"字样。至此,就可以通过 Xcode 直接部署应用到移动设备并调试运行应用。

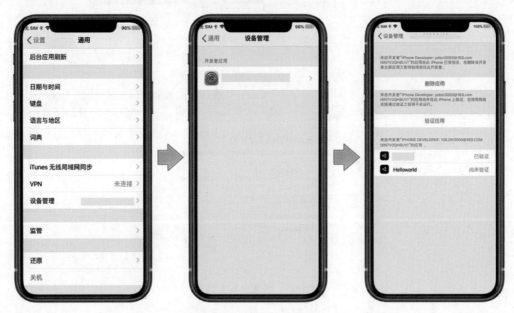

图 1-26　验证应用程序

若整个过程没有出现问题,在 AR 应用启动后,找一个相对平坦且纹理比较丰富的平面左右缓慢移动手机(或平板)进行平面检测,在检测到平面后,应用会自动在该平面上加载一个立方体,如图 1-27 所示,如果读者能看到类似图 1-27 所示效果图,说明第一个 AR 应用已开发成功。

图 1-27 程序运行效果图

> **提示**
>
> 在 iOS 13 及以下版本中最多只能同时授权 3 个调试应用,因此,如果多于 3 个应用程序需要真机调试则需要删除暂时不调试的应用。iOS 13 以后,设置→通用中默认不会出现"设备管理"栏,在使用受信任的 Mac 计算机调试应用时也无须进行任何设置,并且调试的应用数没有限制。
>
> 目前,所有的 AR 应用调试、运行都必须使用真机设备,ARKit 无法在模拟器上运行。在第一次运行时应用会请求摄像头权限,所有 AR 应用都需要使用摄像头。

1.7 调试 AR 应用

AR 应用运行时需要采集来自设备摄像头的图像信息、设备运动传感器信息,并以此为基础构建环境感知和估计设备姿态。AR 应用目前无法在模拟器中进行测试,而必须采用真机进行测试,这导致 AR 应用的测试工作非常缓慢低效,特别是对需要进行现场验证的应用,如导航、实景增强类应用,需要亲自到现场测试,除了天候影响,这还是一个非常烦琐且费时费力的工作。

为解决这个问题,ARKit 3 引入了录制与重放会话的功能(Record & Replay Sessions),利用该功能可以预先录制场景数据信息(包括视频图像信息、运动传感器信息、平面检测信息、设备姿态信息),在调试 AR 应用时可以重放这些场景数据并进行相应操作,因此可以对录制的会话进行重用,加速调试过程。

录制会话需要在移动设备端进行,苹果公司提供了 Reality Composer App 应用,读者可以在 AppStore 中下载、安装。利用 Reality Composer 进行会话录制的具体过程如下:

(1) 在移动设备端(iPhone 或 iPad)打开 Reality Composer,打开后界面如图 1-28 左 1 所示,单击右上角的"十"号新建一个项目,进入"选取锚定"界面,如图 1-28 左 2 所示。

(2) 在"选取锚定"界面中,选择锚定类型,可根据测试需求选择不同的锚定类型,本示例我们选择水平锚定方式,选定后打开场景如图 1-28 右 2 所示。

(3) 在当前场景中删除默认的虚拟元素,如图 1-28 右 1 所示,然后单击右上角"…"符号打开图 1-29 左图所示"更多"菜单。

(4) 在图 1-29 左图打开的"更多"菜单中选择"开发者",打开"开发者"页面,如图 1-29 左 2 所示。

(5) 在"开发者"页面选择"录制 AR 会话",打开场景信息录制界面,如图 1-29 右 2 所示。

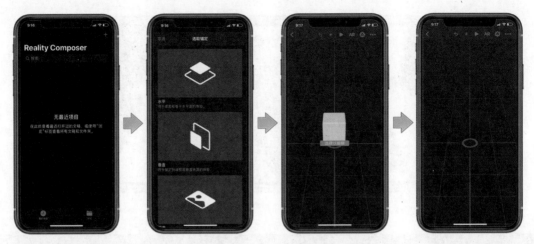

图 1-28　录制 Session 界面之一

（6）单击场景信息录制界面下方的开始录制按钮进行场景录制，在录制过程中平稳缓慢地移动设备，当检测到平面后，录制界面中会出现相应的平面检测框提示用户当前平面的检测情况。在采集到足够信息后单击录制界面下方结束按钮，这时会打开"捕捉完成"界面，如图 1-29 右 1 所示。用户可以根据情况选择"重播""共享""删除"，通过"共享"可以将录制的 AR 会话发送到计算机端。

图 1-29　录制 Session 界面之二

将录制好的会话数据发送到计算机端后，启动 Xcode IDE，选择调试设备为真机，如图 1-30 左图所示。然后在 Xcode 菜单中依次选择 Product→Scheme→Edit Scheme，如图 1-30 右图所示，这将打开 Scheme 设置对话框，如图 1-31 所示。

在 Scheme 设置对话框中，勾选 ARKit 项中 Replay data 前的复选框，单击其后的下拉框选择 Add Replay Data to Project（如果下拉菜单中已有录制好的会话，直接选择所要的会话即可），在打开的选择文件对话框中选择录制好的会话，然后关闭 Scheme 设置对话框。

至此已完成所有会话录制及设置工作，按正常调试 AR 应用程序流程启动调试，当应用部署到真机设备后会自动重放录制的会话，虽然此时真机设备保持不动，但重放的会话就跟使用真机扫描环境一样，同样也可以与场景进行交互，如放置虚拟物体等。

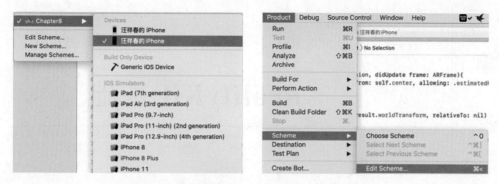

图 1-30 选择调试设备、打开 Scheme 设置对话框

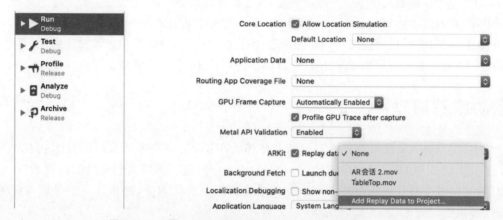

图 1-31 设置 ARKit 项的 Replay Data 为录制好的 Session

使用录制与重放会话的功能可以更方便地调试 AR 应用,例如,我们可以录制并保存几个不同的场景会话,利用这些场景会话,就可以调试 AR 应用在不同场景中的表现而不用亲自到实际场景中测试。

提示

在使用 Xcode 进行 ARKit 开发时,不能使用模拟器,所以需要将调试设备选择为真机设备,如果不选择真机设备,Xcode 代码编辑器中的 ARKit 相关代码会报错,同时,也无法设置录制的会话。

第 2 章

RealityKit 基础

RealityKit 是一个全新的高级 AR 应用开发框架,由于其专为 AR 应用开发服务的定位及与 ARKit 的紧密结合,RealityKit 具有高度内聚的集成,这使得利用其开发 AR 应用变得非常高效。RealityKit 具有 PBR 渲染,支持环境反射、地面阴影、运动追踪、物理模拟等技术特性,由其渲染的虚拟元素真实感强、可信度高、与环境融合好,通过对人眼和相机特性如景深、相机噪声、运动模糊的模拟,可以营造沉浸感非常强的 AR 体验。

2.1 运动跟踪原理

在第 1 章中,我们对 AR 技术原理进行过简单学习,ARKit 运动跟踪所采用的技术与其他移动端 AR SDK 一样,也采用 VIO 与 IMU 结合的方式进行 SLAM 定位跟踪。本节我们将更加深入地学习 ARKit 运动跟踪原理,通过学习会很自然地理解 ARKit 在运动跟踪方面的优劣势,并在开发中尽量避免劣势或者采取更加友好的方式扬长避短。

2.1.1 ARKit 坐标系

实现虚实融合最基本的要求是实时跟踪用户(设备)的运动,始终保持虚拟摄像机与设备摄像头的对齐,并依据运动跟踪结果实时地更新虚拟元素状态,这样才能在现实世界与虚拟世界之间建立稳定精准的联系。运动跟踪的精度与质量直接影响 AR 整体效果,任何延时、误差都会造成虚拟元素抖动或者漂移,从而破坏 AR 的真实感和沉浸性。

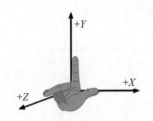

图 2-1 ARKit 采用右手坐标系

在进一步学习运动跟踪之前,我们先了解一下 ARKit 空间坐标系,在不了解 AR 坐标系的情况下,阅读或者实现代码可能会感到困惑。ARKit 采用右手坐标系(包括世界坐标系、摄像机坐标系、投影坐标系,这里的摄像机指渲染虚拟元素的摄像机),如图 2-1 所示。右手坐标系 Y 轴正向朝上,Z 轴正向指向观察者自己,X 轴正向指向观察者右侧。

当用户在实际空间中移动时,AR 坐标系上的距离增减遵循表 2-1 所示规律。

表 2-1 ARKit 采用的坐标系

移动方向	描述	移动方向	描述
向右移动	X 增加	向下移动	Y 减少
向左移动	X 减少	向前移动	Z 减少
向上移动	Y 增加	向后移动	Z 增加

2.1.2　ARKit 运动跟踪分类

ARKit 运动跟踪分为 3DOF 和 6DOF 两种运动跟踪模式,3DOF 只跟踪设备的旋转,因此是一种受限的运动跟踪方式。通常,我们不会使用这种运动跟踪方式,但在一些特定场合或者 6DOF 跟踪失效的情况下,也有可能会使用到。

DOF(Degree Of Freedom,自由度)与刚体在空间内的运动相关,可以解释为"刚体运动的不同基本方式"。在客观世界或者虚拟世界中,我们采用三维坐标系来精确定位一个物体的位置。

假如一个有尺寸的刚体放置在坐标系的原点,那么这个物体的运动整体上可以分为平移与旋转两类(刚体不考虑缩放),同时,平移又可以分为 3 个度:前后(沿 Z 轴移动)、左右(沿 X 轴移动)、上下(沿 Y 轴移动);旋转也可以分 3 个度:俯仰(围绕 X 轴旋转)、偏航(围绕 Y 轴旋转)、翻滚(围绕 Z 轴旋转)。通过分析计算,刚体的任何运动方式均可由这 6 个基本运动方式表达,即 6DOF 的刚体可以完成所有的运动方式,具有 6DOF 的刚体物体在空间中的运动是不受限的。

具有 6DOF 的刚体可以到达三维坐标系的任何位置并且可以朝向任何方向。平移相对来说比较好理解,即刚体沿 X、Y、Z 3 个轴之一运动,旋转其实也是以 X、Y、Z 3 个轴之一为旋转轴进行旋转。在计算机图形学中,常用一些术语表示特定的运动,这些术语如表 2-2 所示。

表 2-2　刚体运动术语

术　语	描　　述	术　语	描　　述
Down	向下	Picth	围绕 X 轴旋转,即上下打量,也叫俯仰角
Up	向上	Rotate	围绕 Y 轴旋转,即左右打量,也叫偏航角(yaw)
Strafe	左右	Roll	围绕 Z 轴旋转,即翻滚,也叫翻滚角
Walk	前进后退		

在 AR 中跟踪物体的位置和方向时经常使用姿态这个术语,姿态的数学表示为矩阵,既可以用矩阵表示物体平移,也可以用矩阵表示物体的旋转。为了更好地平滑及优化内存使用,通常还会使用四元数操作旋转,四元数允许我们以简单的形式定义 3D 旋转的所有方面。

1. 方向跟踪

在 ARKit 中,使用 AROrientationTrackingConfiguration 类配置 ARSession 可以实现 3DOF 运动跟踪,即只跟踪设备在 X、Y、Z 轴上的旋转运动,如图 2-2 所示,表现出来的效果类似于站立在某个点上下左右观察周围环境。由于缺少位置信息,无法从后面观察放置在地面上的桌子,方向跟踪只跟踪方向变化而不跟踪设备位置变化,因此这是一种受限的运动跟踪方式。在 AR 中采用这种跟踪方式时虚拟元素会一直漂浮在摄像头图像之上,即不能固定于现实世界中。

俯仰　　　　　　偏航　　　　　　翻滚

图 2-2　ARKit 中 3DOF 跟踪示意图

采用 3DOF 进行运动跟踪时,无法使用平面检测功能,也无法使用射线检测功能。

2. 世界跟踪

在 ARKit 中,使用 ARWorldTrackingConfiguration 类配置 ARSession 可实现 6DOF 运动跟踪,既跟踪设备在 X、Y、Z 轴上的旋转运动,也跟踪设备在 X、Y、Z 轴上的平移运动,能实现对设备姿态的完全跟踪,如图 2-3 所示。

图 2-3　ARKit 中 6DOF 跟踪示意图

6DOF 的运动跟踪方式(世界跟踪)可以营造完全真实的 AR 体验,通过世界跟踪,能从不同距离、方向、角度观察虚拟物体,就好像虚拟物体真正地存在于现实世界中一样。在 ARKit 中,我们通常通过世界跟踪方式创建 AR 应用。

在 ARKit 中使用世界跟踪时,支持平面检测、射线检测,还支持检测识摄像头采集图像中的 2D 图像、3D 物体,如:

(1)使用 planeDetection 可以检测识别水平和垂直平面,在检测到平面后会以 ARPlaneAnchor 的形式将其添加到 ARSession 中。

(2)使用 detectionImages 可以检测识别 2D 图像,在检测到预定义图像后会以 ARImageAnchor 的形式将其添加到 ARSession 中。

(3)使用 detectionObjects 可以检测识别 3D 物体,在检测到预定义 3D 物体后会以 ARObjectAnchor 的形式将其添加到 ARSession 中。

(4)使用 ARFrame、ARSCNView、ARView 提供的射线检测(Ray Casting)方法检测虚拟元素、平面、特征点。

2.1.3　ARKit 运动跟踪

ARKit 使用 VIO(Visual Inertial Odometry,视觉惯性里程计)和 IO(Inertial Odometry,惯性里程计)进行运动跟踪。在技术上,AVCaptureSession 负责处理 VIO 相关信息,CMMotionManager 负责处理 IO 信息,如图 2-4 所示。

IO 的数据来自 IMU(Inertial Measurement Unit,惯性测量单元),IMU 包括加速度计与陀螺仪两种运动传感器,分别用于测量设备的实时加速度与角速度,运动传感器非常灵敏,每秒可进行 1000 次以上数据检测,能在短时间跨度内提供非常及时准确的运动信息。但是,运动传感器也存在测量误差,由于检测速度

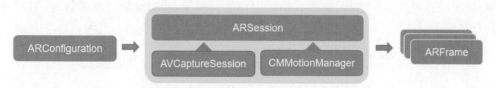

图 2-4 ARKit 运动跟踪技术结构示意图

快,这种误差累积效应就会非常明显(微小的误差以每秒 1000 次的速度累积会迅速变大),因此,在较长的时间跨度后,跟踪就会变得完全失效。

ARKit 为了消除 IO 存在的误差累积漂移,还采用 VIO 的方式进行跟踪,VIO 基于计算机视觉计算,该技术可以提供非常高的计算精度,但付出的代价是计算资源与计算时间。ARKit 为提高 VIO 精度采用了机器学习方法,因此,VIO 处理速度相对于 IMU 要慢得多,另外,计算机视觉处理对图像质量要求非常高,对相机运行速度非常敏感,因为快速的相机运动会导致采集的图像模糊。

ARKit 充分吸收利用了 VIO 与 IO 各自的优势,利用 IO 的高更新率和高精度进行较小时间跨度的跟踪,利用 VIO 对较长时间跨度的 IO 跟踪进行补偿,融合跟踪数据向上提供运动跟踪服务。

IO 信息来自运动传感器的读数,精度取决于传感器本身。VIO 信息来自于计算机视觉处理结果,因此精度受到较多因素的影响,下面主要讨论 VIO,VIO 进行空间计算的原理如图 2-5 所示。

图 2-5 VIO 进行空间计算原理图

在 AR 应用启动后,ARKit 会不间断地捕获从设备摄像头采集的图像信息,并从图像中提取出视觉差异点(特征点),ARKit 会标记每一个特征点(每一个特征点都有 ID),并会持续地跟踪这些特征点,当设备从另一个角度观察同一空间时(即设备移动了位置或者进行了旋转),特征点就会在两张图像中呈现视差,如图 2-5 所示,利用这些视差信息和设备姿态偏移量就可以构建三角测量,从而计算出特征点缺失的深度信息,换言之,可以通过从图像中提取的二维特征进行三维重建,进而实现跟踪用户设备的目的。

从 VIO 工作原理可以看到,如果从设备摄像头采集的图像不能提供足够的视差信息,则无法进行空间三角计算,从而无法解算出空间信息。因此,若要在 AR 应用中使用 VIO,则设备必须要移动位置(X、Y、Z 方向均可),但无法仅仅通过旋转达到目的。

在通过空间三角计算后,特征点的位置信息被解算出来,这些位置信息会存储到这些特征点上。随着用户在现实世界中探索的进行,一些不稳定的特征点被剔除,一些新的特征点被加入,并逐渐形成稳定的特征点集合,这个特征点集合在 ARKit 中被称为世界地图(World Map),世界地图的坐标原点为 ARKit 初始化时的设备位置,世界地图就是现实世界在 ARKit 中的数字表示。

VIO 跟踪的流图如图 2-6 所示,从流图可以看到,为了优化性能,计算机视觉计算并不是每帧都执行。

VIO 跟踪主要用于校正补偿 IO 在时间跨度较长时存在的误差累积,每帧执行视觉计算不仅会消耗大量计算资源,而且没有必要。

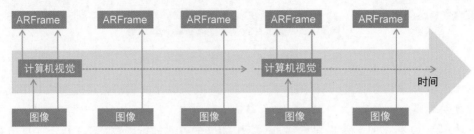

图 2-6　VIO 跟踪流程示意图

VIO 也存在误差,这种误差随着时间的积累也会变得很明显,表现出来就是放置在现实空间中的虚拟元素会出现一定的漂移。为抑制这种漂移,ARKit 会实时地对设备摄像头采集的图像进行匹配计算(在 SLAM 中称为回环检测),如果发现当前采集的图像与之前某个时间点采集的图像匹配(即用户在同一位置以同一视角再次观察现实世界时),ARKit 就会对特征点的信息进行修正,从而优化跟踪。

ARKit 综合了 VIO 与 IO 各自的优势,提供了非常稳定的运动跟踪能力,也正是因为稳定的运动跟踪使得利用 ARKit 制作的 AR 应用体验非常好。

2.1.4　ARKit 使用运动跟踪的注意事项

通过对 ARKit 运动跟踪原理的学习,我们现在可以很容易地理解第 1 章中所列的 ARKit 的不足。因此,为了得到更好的跟踪质量,需要注意以下事项。

(1) 运动跟踪依赖于不间断输入的图像数据流与传感器数据流,某一种方式短暂地受到干扰不会对跟踪造成太大的影响,如用手偶尔遮挡摄像头图像采集不会导致跟踪失效,但如果中断时间过长,跟踪就会变得很困难。

(2) VIO 跟踪精度依赖于采集图像的质量,低质量的图像(如光照不足、纹理不丰富、模糊)会影响特征点的提取,进而影响跟踪质量。

(3) VIO 数据与 IO 数据不一致时会导致跟踪问题,如视觉信息不变而运动传感器数据变化(如在运动的电梯里),或者视觉信息变化而运动传感器数据不变(如摄像头对准波光粼粼的湖面),这都会导致数据融合障碍,进而影响跟踪效果。

开发人员很容易理解以上内容,但这些信息,使用者在进行 AR 体验时可能并不清楚,因此,必须实时地给予引导和反馈,以免使用者困惑。ARKit 为辅助开发人员了解 AR 运动跟踪状态提供了实时的状态监视,将运动跟踪状态分为受限(limited)、正常(normal)、不可用(not available) 3 种,分别指示运动跟踪状态质量不佳、正常、当前不可用 3 种情况,并在跟踪受限时给出原因。这些状态信息可以通过 ARCamera. TrackingState 获取,为提升用户的使用体验,应当在跟踪受限或者不可用时给出明确的原因和操作建议,引导使用者提高运动跟踪的精度和稳定性。

2.2　ARSession 管理

ARSession 管理 AR 应用的全生命周期,包括采集处理运动传感器数据、控制虚拟摄像机与设备摄像头的对齐、执行计算机视觉图像处理等,汇总整合所有信息后建立虚拟数字世界与现实世界的对应关系,处理

AR 应用开启、运行、停止全生命周期各项基础工作。

2.2.1 创建 ARSession

每一个 AR 应用都必须包含一个 ARSession,且只能包含一个 ARSession,一般 ARSession 创建方法如代码清单 2-1 所示。

代码清单 2-1

```
1. let session = ARSession()
2. session.delegate = self
```

采用这种方法会直接以手工方式创建一个 ARSession,但如果使用 ARKit 的标准渲染框架(ARView、ARSCNView、ARSKView),这些渲染器会自动创建 ARSession,并不需要我们手工创建。可以使用代码清单 2-2 所示代码获取 ARSession。

代码清单 2-2

```
1.  let session = myView.session
```

创建后的 ARSession 并不会马上运行,需要进行功能配置。ARKit 提供的功能非常多,不同的功能有不同的配置要求,并且为了优化性能,每一个 ARSession 运行时都需要设置一个配置文件(ARConfiguration),配置文件的作用就是通知 ARKit 需要运行的功能和所需的硬件资源,因此配置文件决定了 AR 应用的类型(如人脸检测类型、世界跟踪类型、人体跟踪类型等)。需要了解的是,我们可以在运行时动态地设置配置文件,可以从一种应用类型切换到另一种应用类型,因此不用担心应用配置运行后无法实现功能的问题。

运行 ARSession 的方法原型如代码清单 2-3 所示。

代码清单 2-3

```
1.  func run(_ configuration: ARConfiguration, options: ARSession.RunOptions = [])
```

该方法有两个参数,configuration 参数指定运行的配置文件,options 为选项,指定 ARSession 启动时需要执行的操作,在重置或者切换配置时这些选项非常有用。options 选项由 ARSession.RunOptions 枚举定义,该枚举各选项如表 2-3 所示。

表 2-3　ARSession.RunOptions 枚举

功 能 项	描 述
resetTracking	重置设备位置,重新开始跟踪
removeExistingAnchors	移除上一次 ARSession 中的所有 ARAnchor
stopTrackedRaycasts	停止跟踪所有投射的射线
resetSceneReconstruction	重置场景几何网格

2.2.2 ARConfiguration

如前文所述,ARConfiguration 决定了 AR 应用的特性,定义了 AR 的功能。在 ARKit 中,预定义了 8

种 ARConfiguration(定义了 8 个继承 ARConfiguration 的子类)配置类,每一种配置实现一类特定的功能,在进行 AR 应用开发时,可以根据功能需求选择一种设置到 ARSession,具体如表 2-4 所示。

表 2-4　ARKit 定义的 ARConfiguration 配置文件类

名　　称	描　　述
ARWorldTrackingConfiguration	使用后置摄像头,跟踪设备的位置与方向(姿态),检测识别场景中的物体表面、人体、2D 图像、3D 物体,进行场景重建,是最常用的一种配置
ARBodyTrackingConfiguration	使用后置摄像头,跟踪设备的位置与方向(姿态),跟踪场景中的人体、2D 图像和物体表面。对人体跟踪有专门的优化,可以获取更详细的人体跟踪信息
AROrientationTrackingConfiguration	使用后置摄像头,仅跟踪设备的方向,无法检测物体表面
ARImageTrackingConfiguration	使用后置摄像头,跟踪设备的位置与方向(姿态),检测跟踪通过 trackingImages 设置的图像库中的图像
ARFaceTrackingConfiguration	使用前置摄像头,跟踪人脸运动和表情
ARObjectScanningConfiguration	使用后置摄像头,跟踪设备的位置与方向(姿态),扫描收集特定 3D 物体的空间特征点高保真信息,用于后续的 3D 物体检测识别
ARPositionalTrackingConfiguration	使用后置摄像头,只跟踪设备的位置,无法检测物体表面
ARGeoTrackingConfiguration	使用后置摄像头,跟踪地理位置信息,跟踪设备的位置与方向(姿态),可以检测识别场景中的物体表面、2D 图像、3D 物体

选择好配置类后,通过 ARSession.run(with:)方法即可启用 ARSession,运行相应功能。在 ARKit 中有 8 种配置类,但 ARSession 运行时只允许有一种配置起作用,即无法同时运行多个配置文件。以 ARWorldTrackingConfiguration 为例,典型的启动 ARSession 的代码如代码清单 2-4 所示。

代码清单 2-4

```
1.  func makeUIView(context: Context) -> ARView {
2.      arView = ARView(frame: .zero)
3.      let config = ARWorldTrackingConfiguration()
4.      if ARWorldTrackingConfiguration.isSupported {
5.          config.planeDetection = .horizontal
6.          arView.session.run(config, options:[ ])
7.      }
8.      return arView
9.  }
```

另外,通过表 2-4 可以看到,ARWorldTrackingConfiguration 可以执行物体表面、人体、2D 图像、3D 物体检测识别多种功能,是最常用的一种配置类。虽然其可以进行 2D 图像、人体检测识别,但需要这两项功能时,通常我们会创建使用更具体和优化的 ARImageTrackingConfiguration、ARBodyTrackingConfiguration 针对 2D 图像和人体检测识别的专用配置文件类,这些具体的配置文件类对特定功能(2D 图像、人体)进行了专门的优化,更适合进行专门的工作。

一些配置文件类支持子特性,如 ARBodyTrackingConfiguration 支持与帧相关的子特性,可通过设置配置文件类的 frameSemantics 属性实现更详细的子特性指定。ARBodyTrackingConfiguration 支持 3 类子特性,如表 2-5 所示,关于该配置类的更详细内容将在第 7 章讲解。

表 2-5　ARBodyTrackingConfiguration 配置类的子特性

名　称	描　述
bodyDetection	检测跟踪人体
personSegmentation	检测跟踪人形，常用于人形提取与人形遮挡
personSegmentationWithDepth	检测跟踪人形，并评估人体与设备相机的深度

提示

　　在设置配置文件时，可以先通过 isSupported 属性检查当前设备是否支持指定的配置文件，另外，并不是所有机型都支持子特性，因此使用子特性时，一般应先通过 supportsFrameSemantics(_:) 检查设备是否支持 ARConfiguration. FrameSemantics 设定的子特性。

　　在 ARSession 运行后，可以随时动态地切换配置文件，如在使用中需要关闭平面检测、关闭 2D 图像检测、开启人体检测子特性时，可以通过在 ARSession. run(with:)方法中设置新的配置文件进行切换。默认情况下，ARKit 会保持当前的 Session 的状态，包括检测到的环境特征点信息、物体表面信息和所有的 Anchor 集合（进行前后摄像头切换时状态会丢失，如从人脸检测状态切换到世界跟踪状态时），但也可以通过 options 选项重置部分或全部功能。

2.2.3　设备可用性检查和权限申请

　　运行 ARKit 需要 A9 或以上处理器及 iOS 11 或以上操作系统，某些特定功能对处理器及操作系统要求更高，如人体跟踪、人形遮挡需要 A12 或以上处理器和 iOS 13 或以上操作系统，因此，在运行这些功能之前应当先检查当前设备是否支持。为确保设备可用，一般通过以下 4 个方面进行功能确认。

　　(1) AR 应用开发部署时，首先确保设备支持 ARKit。在 ARKit 工程创建后，打开工程中的 Info. plist 文件，确保在 Required device capabilities 中有 arkit 这一项，如图 2-7 所示。当添加这个需求项之后，不支持 ARKit 的设备将无法安装 AR 应用，也无法从 AppStore 下载 AR 应用。

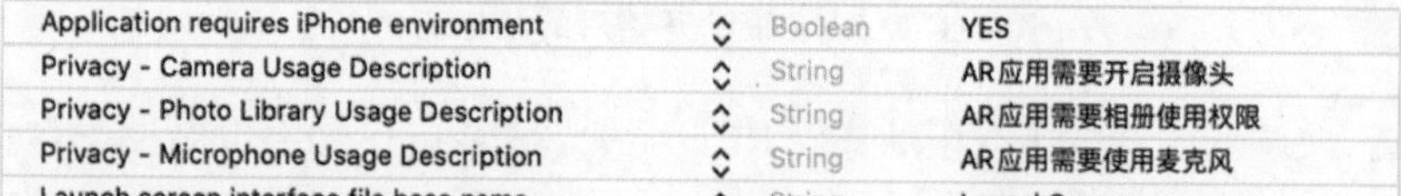

Application requires iPhone environment	◇	Boolean	YES
Privacy - Camera Usage Description	◇	String	AR应用需要开启摄像头
Privacy - Photo Library Usage Description	◇	String	AR应用需要相册使用权限
Privacy - Microphone Usage Description	◇	String	AR应用需要使用麦克风
Launch screen interface file base name	◇	String	LaunchScreen
▼ Required device capabilities	◇	Array	(2 items)
Item 0		String	armv7
Item 1		String	arkit
Status bar is initially hidden	◇	Boolean	YES
▶ Supported interface orientations	◇	Array	(3 items)
▶ Supported interface orientations (iPad)	◇	Array	(4 items)

图 2-7　配置硬件能力需求和使用权限

　　(2) 在 ARSession 运行前，使用 ARConfiguration. isSupported 属性检查当前设备是否支持即将运行的配置文件类，确保特定的 ARConfiguration 可以执行，如代码清单 2-4 中代码所示。

　　(3) 人脸检测需要使用设备前置摄像头，并且硬件需要支持深度相机（TrueDepth），即只支持 iPhone X 以上型号，在使用人脸检测功能时可以通过 ARFaceTrackingConfiguration. isSupported 检查设备支持情况。

（4）ARBodyTrackingConfiguration 有子功能特性，应当通过 supportsFrameSemantics(_:)方法检查设备是否支持 ARConfiguration. FrameSemantics 设定的子特性。

> **提示**
>
> 为提升用户体验，一般应当在 UI 中对设备功能的可用性进行视觉化显示，如果设备不支持人脸检测，就应当将人脸检测的按钮置灰或者隐藏。

AR 应用一定会使用设备摄像头，因此，我们应当获取摄像头权限，填写摄像头使用说明，告知用户使用摄像头的原因，以便用户授权确认，如图 2-7 所示，应当配置 Privacy-Camera Usage Description 信息。如果应用还需要使用话筒和相册，应当设置 Privacy-Microphone Usage Description 和 Privacy-Photo Library Usage Description 信息，更多的授权项需查阅官方文档。

2.2.4 ARSession 生命周期管理与跟踪质量

ARSession 整合运动传感器数据与计算机视觉处理数据跟踪用户设备姿态，为得到更好的跟踪质量，ARSession 需要持续的运动传感器数据和视觉计算数据。在启动 ARSession 后，ARKit 需要一些时间收集足够多的视觉特征点信息，在这个过程中，ARSession 是不可用的。在 AR 应用运行过程中，由于一些异常情况（如摄像头被覆盖），ARSession 的跟踪状态也会发生变化，可以使用 ARSessionObserver 代理方法和 ARCamera 类的属性捕捉到这些状态变化信息，在需要时进行必要的处理（如显示 UI 信息）。

1. ARSession 生命周期

ARSession 的基本生命周期如图 2-8 所示，在刚启动 ARSession 时，ARKit 还未收集到足够多的特征点和运动传感器数据信息，无法计算设备的姿态，这时的跟踪状态是不可用状态。提供给帧（frame）的状态信息是 ARCamera. TrackingState. notAvailable。

不可用　受限　　　　　正常
（设备初始化）

图 2-8　ARKit 跟踪开始后的状态变化

在经过几帧之后，跟踪状态会变为受限状态 ARCamera. TrackingState. limited(_:)，这个状态表明设备姿态已可用但精确度可能有问题，同时，ARKit 会提供状态受限的原因，在图 2-8 中的原因是 ARCamera. TrackingState. Reason. initializing，说明设备正在进行初始化。

再经过一段时间后，跟踪状态会变为正常状态 ARCamera. TrackingState. normal，这时说明 ARKit 已准备好，所有的功能都可用了。

2. 提供跟踪质量的反馈

在 AR 应用运行过程中，由于环境的变化或者其他异常情况，ARKit 的跟踪状态会发生变化，如图 2-9 所示。

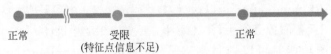

正常　　　　　受限　　　　　　正常
（特征点信息不足）

图 2-9　ARKit 跟踪状态会受到设备及环境的影响

在 ARKit 状态受限时,基于环境映射的功能将不可用,如平面检测、射线检测、场景几何等。在 AR 应用运行过程中,由于用户环境变化或者其他异常情况,ARKit 可能在任何时间进入跟踪受限状态,如当用户将摄像头对准一面白墙或者房间中的灯突然关闭,这时 ARKit 就会进入跟踪受限状态,且受限原因为 ARCamera.TrackingState.Reason.insufficientFeatures。

我们可以通过使用 ARCamera.TrackingState.Reason 枚举获取跟踪状态受限的原因,然后引导用户进行下一步操作,以便恢复到正常跟踪状态(ARCamera.TrackingState.normal)。

3. 中断恢复

在 AR 应用运行过程中,ARSession 也有可能会被迫中断,如在使用 AR 应用的过程中突然来电话,这时 AR 应用将被切换到后台。当 ARSession 被中断后,虚拟元素与现实世界将失去关联。在 ARKit 中,ARSessionDelegate 协议定义了 3 个可选(optional)方法,如表 2-6 所示,利用这个 3 方法可以获知 ARSession 中断状态,并定义中断后执行的操作。

表 2-6 **ARSessionDelegate** 有关 **ARSession** 跟踪状态的方法

名 称	描 述
sessionWasInterrupted(_ session：ARSession)	通知代理 ARSession 暂停执行图像处理和设备跟踪
sessionInterruptionEnded(_ session：ARSession)	通知代理 ARSession 已重新开始执行图像处理和设备跟踪
sessionShouldAttemptRelocalization(_ session：ARSession) —> Bool	询问代理是否执行重定位操作

在中断发生后,ARKit 会通过 ARSessionDelegate 协议的 sessionShouldAttemptRelocalization()方法询问用户是否尝试恢复 AR 体验,ARKit 尝试恢复世界跟踪的过程称为重定位(Relocalization),重定位如果成功,虚拟元素与现实世界的关联关系会恢复到中断前的状态,包括虚拟元素的姿态及虚拟元素与现实世界之间的相互关系,如果重定位失败,则虚拟元素与现实世界的原有关联关系被破坏。

ARSessionDelegate 协议的 sessionShouldAttemptRelocalization()方法是个可选方法,因此,该方法执行时有以下几种可能性:

(1) 如果开发者没有执行 sessionShouldAttemptRelocalization()方法,ARKit 将自动尝试重定位,如果在指定时间内未能重定位成功,则重启 ARSession。

(2) 如果开发者执行了 sessionShouldAttemptRelocalization()方法并返回 false,ARKit 立即重启 ARSession 而不尝试重定位。

(3) 如果开发者执行了 sessionShouldAttemptRelocalization()方法并返回 true,ARKit 执行重定位操作,如果重定位失败,ARKit 也不会自动重启 ARSession(即 AR 应用会卡在重定位状态),所以,在执行 sessionShouldAttemptRelocalization()方法后,开发人员需要自行负责处理重定位失败后的操作,通常在重定位失败后,可以选择手动重启 ARSession,方法是调用 ARSession.run(_:options:)方法,并设置 options 为 resetTracking。

在重定位过程中,ARSession 的运动跟踪状态保持为受限状态,而受限的原因为 ARCamera.TrackingState.Reason.relocalizing。重定位成功的前提条件是使用者必须返回 ARSession 中断前的环境,如果使用者已经离开中断前的环境,则重定位永远也不会成功(环境无法匹配),重定位失败后,ARSession 会一直处在 ARCamera.TrackingState.Reason.relocalizing 导致的受限状态中。整个过程如图 2-10 所示。

图 2-10　ARKit 跟踪中断及重定位时的状态变化

提示

　　重定位是一件容易让使用者困惑的操作,特别是对不熟悉 AR 应用、没有 AR 应用使用经验的使用者而言,重定位会让他们感到迷茫,所以在进行重定位时,应当通过 UI 或者其他视觉信息告知使用者,并引导使用者完成重定位操作。

　　ARSession 状态 ARCamera.TrackingState 枚举如表 2-7 所示。

表 2-7　ARCamera.TrackingState 枚举

枚 举 项	描　　述
notAvailable	跟踪不可用,设备姿态未知
limited	跟踪可用,但质量无法保证
normal	设备姿态跟踪正常,功能可用

　　当跟踪状态为受限时的理由(Reason)ARCamera.TrackingState.Reason 枚举如表 2-8 所示。

表 2-8　ARCamera.TrackingState.Reason 枚举

枚 举 项	描　　述
initializing	设备跟踪正在进行初始化操作
relocalizing	ARSession 正在进行重定位
excessiveMotion	设备移动过快
insufficientFeatures	从设备摄像头采集的图像的特征点太少

2.3　ARSession 执行流

　　在 ARSession 启动后,ARKit 会为其提供不间断的视频图像流、视觉计算数据流、运动传感器数据流。在 AR 应用运行期间,不管用户有没有操作,ARSession 都在执行其命令循环,我们称为 ARSession 执行流,就像打开水龙头开关,水流就会源源不断地从水管中流出,不管有没有人使用,不管水杯有没有溢出。

　　在 ARKit 中,很多时候我们需要了解和监视特定事件的发生,以便进行相应处理。以水杯接水为例,在打开水龙头后,我们随时需要了解水杯中的水位以防止水过满而溢出,现实中我们的处理方式是实时观察水杯中的水位。与水杯接水的处理方式完全一致,在 ARKit 中,也使用同样的方式监视 ARSession 的运行,通过设置一个观察者(Observer),我们就可以执行相应方法随时了解 ARSession 运行状态的方方面面。从技术上讲,通过采用观察者模式,ARKit 已经为我们设置了这样一个观察者,这就是 ARSessionObserver 协议,通过遵循并执行协议中的方法,就能在 ARsession 发生特定事件时得到通知。ARSessionObserver 协议是一个高层次的协议,可以在 RealityKit、SceneKit、SpriteKit 中使用,除此之处,RealityKit 创建了另一个代理协议 ARSessionDelegate,该协议遵循 ARSessionObserver 协议,并提供了额外的方法。在 RealityKit 中,对 ARSession 运行状况监视结构如图 2-11 所示。

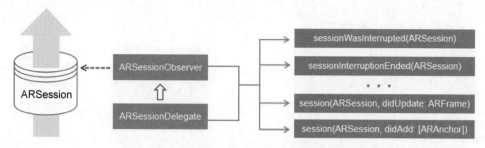

图 2-11　RealityKit 对 ARSession 监视结构示意图

扩展 ARView 类使其遵循 ARSessionDelegate 和 ARSessionObserver 协议后就可以很方便地获取 ARSession 运行状态信息。那么通过这两个协议可以监视 ARSession 哪些运行状态呢？我们可以通过这两个协议提供的方法了解其功能特性，ARSessionObserver 协议提供方法如表 2-9 所示。

表 2-9　ARSessionObserver 协议方法

处理类型	方　　法	描　　述
跟踪质量	session(ARSession, cameraDidChangeTrackingState: ARCamera)	设备运动跟踪状态发生变化时
中断处理	sessionWasInterrupted(ARSession)	设备运动跟踪中断
	sessionInterruptionEnded(ARSession)	设备运动跟踪恢复
	sessionShouldAttemptRelocalization(ARSession)	询问代理是否执行重定位
音频数据	session(ARSession, didOutputAudioSampleBuffer: CMSampleBuffer)	新音频数据可用
错误处理	session(ARSession, didFailWithError: Error)	ARSession 发生错误
协作数据	session(ARSession, didOutputCollaborationData: ARSession. CollaborationData)	协作数据可用

ARSession 执行流从 AR 应用启动开始会一直不间断地执行，直到使用者关闭 AR 应用或者遇到错误被迫退出。ARSessionDelegate 协议提供的方法如表 2-10 所示。

表 2-10　ARSessionDelegate 协议方法

处理类型	方　　法	描　　述
摄像头图像帧	session(ARSession, didUpdate: ARFrame)	图像帧数据更新时
虚拟内容更新	session(ARSession, didAdd: [ARAnchor])	添加 ARAnchor 时
	session(ARSession, didUpdate: [ARAnchor])	ARAnchor 更新时
	session(ARSession, didRemove: [ARAnchor])	移除 ARAnchor 时

下面以错误处理为例，学习如何通过使用上述协议捕获 ARSession 运行状态，示例代码如代码清单 2-5 所示。

代码清单 2-5

```
1.  struct ARViewContainer: UIViewRepresentable {
2.      func makeUIView(context: Context) -> ARView {
3.          arView = ARView(frame: .zero)
4.          let config = ARWorldTrackingConfiguration()
5.          config.planeDetection = .horizontal
```

```
 6.         arView.session.run(config, options:[ ])
 7.         arView.session.delegate = arView
 8.         arView.createPlane()
 9.         return arView
10.     }
11.     func updateUIView(_ uiView: ARView, context: Context) {
12.     }
13. }
14.
15. extension ARView :ARSessionDelegate{
16.     public func session(_ session: ARSession, didFailWithError error: Error) {
17.         guard let arError = error as? ARError else {return}
18.         let isRecoverable = (arError.code == .worldTrackingFailed)
19.         if isRecoverable{
20.             print("由于运动跟踪失败的错误可恢复")
21.         }
22.         else{
23.             print("错误不可恢复,失败 Code = \(arError.code),错误描述: \(arError.localizedDescription)")
24.         }
25.     }
26. }
```

使用 ARSessionDelegate 代理协议的第一步是使用 arView. session. delegate ＝ arView 语句将 ARSession 代理设置为 ARView;第二步扩展 ARView,使其遵循 ARSessionDelegate 协议;第三步是执行协议的相应方法,如本例执行 session(ARSession,didFailWithError:Error)方法(ARSessionDelegate 协议的所有方法都是可选的,既可以执行也可以不执行),在执行的对应方法中进行事件处理。

在代码清单 2-5 的错误处理示例中,我们只处理由 ARSession 引起的错误,通过将 error 类型转换成 ARError 可以获取更多有价值的信息,如可以获取错误码(code),错误码由 ARError. Code 枚举定义,包含 cameraUnauthorized、fileIOFailed、insufficientFeatures 等 11 种错误情况,通过错误码可以非常方便地区分引发错误的原因并依据该原因执行后续操作。

ARSessionObserver 和 ARSessionDelegate 协议中所有方法均可采用类似的方法进行处理,默认所有方法均在主队列(main queue)中执行,我们也可以在开发时指定方法执行队列。另外,需要注意的是,这两个协议中的方法执行频率并不相同,有的每帧都需要执行,有的只在需要的时候执行,而有的则可能永远都不会执行。

2.4 平面检测

平面检测是很多 AR 应用的基础,无论是 ARKit、ARCore 还是 Huawei AREngine、SenseAR 等 SDK,都提供平面检测功能。在 SDK 底层中,计算机视觉算法根据摄像头图像输入检测特征点,并依据特征点三维信息构建空间环境,将符合特定规律的特征点划归为平面。

ARKit 检测平面的原理:ARKit 对从设备摄像头获取的图像进行分析处理,提取分离图像中的特征点(这些特征点往往是图像中明暗、强弱、颜色变化较大的点,因此,特征点通常都是边角位置点),利用 VIO 和 IMU 计算并跟踪这些特征点的三维空间信息,在跟踪过程中,对特征点信息进行处理,并尝试将空间中位置相近或者符合一定规律的特征点构建成平面,如果成功就是检测出了平面。平面有位置、方向和边界信息,ARKit 负责检测平面及管理这些被检测到的平面,但它并不负责渲染平面。

根据需求,我们可以设置平面检测的方式,如水平平面(horizontal)、垂直平面(vertical)、水平平面 & 垂直平面(horizontal&vertical)或者不检测平面(nothing)。在运行 ARSession 前,需要在 ARConfiguration 中指定平面检测方式,如代码清单 2-6 所示,在示例代码中我们设置了既进行水平平面检测,又进行垂直平面检测。需要注意的是,检测平面是一个消耗性能的工作,应当根据应用需求选择合适的检测方式并在适当的时机关闭平面检测以优化应用性能。

代码清单 2-6

```
1.  let config = ARWorldTrackingConfiguration()
2.  config.planeDetection = [.horizontal,.vertical]
```

在进行平面检测时,ARKit 每帧都会进行平面检测计算,会添加新检测到的平面、更新现有平面、移除过时平面,因此这是一个动态的过程。随着 ARKit 对现实世界探索的进行,ARKit 对环境的理解会更加准确,检测出来的平面也会更加稳定。

在对检测到的平面可视化之前,先了解一下 ARView.debugOptions 属性,通过设置 debugOptions 属性可以以可视化方式查看 ARKit 运行时的状态信息,如特征点、平面、场景几何网格、世界坐标原点等,具体可使用的属性由 ARView.DebugOptions 枚举定义,如表 2-11 所示。

表 2-11 ARView.DebugOptions 枚举值

功 能	描 述	功 能	描 述
none	禁止显示所有调试内容	showAnchorGeometry	显示 ARAnchor 的几何形状
showPhysics	绘制碰撞器(包围盒)和所有刚体	showWorldOrigin	显示世界坐标系原点位置和坐标轴
showStatistics	显示性能统计信息	showFeaturePoints	显示特征点云
showAnchorOrigins	显示 ARAnchor 位置		

因此,我们可以通过设置 ARView.debugOptions 属性查看 ARKit 运行情况,可视化显示特征点、世界坐标原点、检测到的平面等信息。使用代码清单 2-7 所示代码显示特征点与检测到的平面信息。

代码清单 2-7

```
1.  func makeUIView(context: Context) -> ARView {
2.      let arView = ARView(frame: .zero)
3.      let config = ARWorldTrackingConfiguration()
4.      config.planeDetection = [.vertical,.horizontal]
5.      arView.session.run(config, options:[ ])
6.      arView.debugOptions = [.showAnchorGeometry,.showAnchorOrigins,.showFeaturePoints]
7.      return arView
8.  }
```

效果如图 2-12 所示,在图中可以看到 ARKit 检测到的特征点、ARAnchor 的位置、检测到平面形状等信息。

ARView.debugOptions 属性指定的枚举项在生产环境中不会产生效果,在实际应用中,一般情况下

图 2-12　ARKit 可视化检测到的特征点与平面

也不会将这些调试信息显示出来。但有时我们又需要可视化检测到的平面,给用户提供视觉化的检测进度和可用平面信息反馈,当然,也需要使用更个性化、更美观的界面,而不是采用纯色显示,这时可以通过遵循 ARSessionDelegate 代理协议,使用 session(_ session:ARSession,didAdd anchors:[ARAnchor])和 session(_ session:ARSession,didUpdate anchors:[ARAnchor])方法跟踪并可视化 ARKit 检测到的平面,如代码清单 2-8 所示。

代码清单 2-8

```
1.    struct ARViewContainer: UIViewRepresentable {
2.      func makeUIView(context: Context) -> ARView {
3.        let arView = ARView(frame: .zero)
4.        let config = ARWorldTrackingConfiguration()
5.        config.planeDetection = .horizontal
6.        arView.session.run(config, options:[ ])
7.        arView.session.delegate = arView
8.        arView.createPlane()
9.        return arView
10.     }
11.
12.     func updateUIView(_ uiView: ARView, context: Context) {
13.     }
14.   }
15.
16. var planeMesh = MeshResource.generatePlane(width: 0.15, depth: 0.15)
17. var planeMaterial = SimpleMaterial(color:.white,isMetallic: false)
18. var planeEntity  = ModelEntity(mesh:planeMesh,materials:[planeMaterial])
19. var planeAnchor = AnchorEntity()
```

```
20.
21.  extension ARView :ARSessionDelegate{
22.      func createPlane(){
23.          let planeAnchor = AnchorEntity(plane:.horizontal)
24.          do {
25.              planeMaterial.baseColor = try .texture(.load(named: "Surface_DIFFUSE.png"))
26.              planeMaterial.tintColor = UIColor.yellow.withAlphaComponent(0.9999)
27.              planeAnchor.addChild(planeEntity)
28.              self.scene.addAnchor(planeAnchor)
29.          } catch {
30.              print("找不到文件")
31.          }
32.      }
33.
34.      public func session(session: didAdd anchors: ){
35.          guard let pAnchor = anchors[0] as? ARPlaneAnchor else {
36.              return
37.          }
38.          DispatchQueue.main.async {
39.          planeEntity.model?.mesh = MeshResource.generatePlane(
40.              width: pAnchor.extent.x,
41.              depth: pAnchor.extent.z
42.          )
43.          planeEntity.setTransformMatrix(pAnchor.transform, relativeTo: nil)
44.          }
45.      }
46.      public func session(session: didUpdate anchors: ){
47.          guard let pAnchor = anchors[0] as? ARPlaneAnchor else {
48.              return
49.          }
50.          DispatchQueue.main.async {
51.          planeEntity.model?.mesh = MeshResource.generatePlane(
52.              width: pAnchor.extent.x,
53.              depth: pAnchor.extent.z
54.          )
55.          planeEntity.setTransformMatrix(pAnchor.transform, relativeTo: nil)
56.          }
57.      }
58.  }
```

在上述代码中,我们首先加载了个性化的界面图片,然后在 session(session：didAdd anchors：)和 session(session：didUpdate anchors：)这两个方法中实时地对检测到的平面进行修正,将当前检测到的平面大小、位置等信息以图形化的形式展示。效果如图 2-13 所示。

提示

　　RealityKit 目前不支持自定义网格,也不支持对网格进行修改,所以代码中使用了创建平面网格的方法修改平面大小。RealityKit 目前只能以四边形的形式渲染检测到的平面网格,无法自定义形状。

图 2-13   以个性化的方式可视化检测到的平面

在 A12 及以上处理器的设备上,ARKit 还支持平面分类,可以在创建平面 AnchorEntity 时指定检测的平面类型,还可以指定需要的最小平面尺寸,这对一些 AR 应用来讲非常有用,如我们希望虚拟桌椅放置在地面上而不能放置在天花板上,并且可以指定需要的最小平面尺寸,如果平面尺寸小于桌椅尺寸则不进行任何放置操作。利用 ARKit 的平面分类和最小平面尺寸功能可以更加准确、以更加符合客观认知的方式添加虚拟物体到场景中。指定平面分类与最小平面尺寸的代码如代码清单 2-9 所示。

代码清单 2-9

```
1.  let planeAnchor = AnchorEntity(plane:.horizontal,classification: .floor, minimumBounds:[0.2,0.2])
```

上述代码指定了需要检测的平面为水平平面,平面分类为地面,最小尺寸为 $0.2m×0.2m$。当前 ARKit 支持 8 种平面分类,平面分类由枚举 ARPlaneClassification 定义,该枚举包含的值如表 2-12 所示。

表 2-12   **ARPlaneClassification 枚举值**

功　　能	描　　述
ARPlaneClassificationNone	ARKit 暂未明确分类
ARPlaneClassificationWall	检测现实世界中的墙或类似的垂直平面
ARPlaneClassificationFloor	检测现实世界中的地面或类似的水平平面
ARPlaneClassificationCeiling	检测现实世界中的屋顶水平面或者类似的比用户设备高的水平平面
ARPlaneClassificationTable	检测现实世界中的桌面或者类似的水平平面
ARPlaneClassificationSeat	检测现实世界中的椅子或者类似水平平面
ARPlaneClassificationDoor	检测现实世界中的各类门或者类似垂直平面
ARPlaneClassificationWindow	检测现实世界中的各类窗或者类似垂直平面

ARKit 平面分类功能在底层使用了机器学习方法,因此是一个对计算资源要求很高的操作,在不需要时应当及时关闭以提高性能。在不确定用户设备是否支持平面分类时,最好的方式是先进行可用性检查,根据检查结果再进行相应处理,如代码清单 2-10 所示。

代码清单 2-10

```
1.  if ARPlaneAnchor.isClassificationSupported {
2.      let planeAnchor = AnchorEntity(plane:.horizontal,classification: .floor, minimumBounds: [0.2,0.2])
3.  }
```

```
4.    else{
5.        let planeAnchor = AnchorEntity(plane:.horizontal)
6.    }
```

2.5　射线检测

Ray casting,直译为射线投射,通常我们根据它的作用称为射线检测。射线检测是在3D数字世界选择某个特定物体常用的一种技术,如在3D、VR游戏中检测子弹命中敌人情况或者从地上捡起一支枪,这都要用到射线检测,射线检测是在3D数字空间中选择虚拟物体最基本的方法。

在AR中,当检测并可视化一个平面后,如果需要在平面上放置虚拟物体,就会碰到在平面上什么位置放置虚拟物体的问题,因为检测到的平面是三维的,而手机/平板显示屏幕却是二维的,如何在二维平面上选择三维放置点呢?解决这个问题的通常做法就是射线检测。

射线检测的基本思路是在三维空间中从一个点沿一个方向发射出一条无限长的射线,在射线的方向上,一旦与添加了碰撞器的物体发生碰撞,则产生一个碰撞检测对象。因此,可以利用射线实现子弹击中目标的检测,也可以用射线检测发生碰撞的位置,例如,我们可以从屏幕中用户单击点的位置,利用摄像机(AR中就是我们的眼睛)的位置来构建一条射线,与场景中的平面进行碰撞检测,如果发生碰撞,则返回碰撞的位置,这样就可以在检测到的平面上放置虚拟物体了,射线检测原理如图2-14所示。

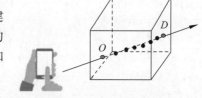

图2-14　射线检测示意图

在图2-14中,对AR应用来说,使用者操作的是其手机设备屏幕,射线检测的具体做法是检测用户单击屏幕的操作,以单击的位置为基准,连接该位置与摄像机就可将两点构成一条直线。从摄像机位置出发,通过单击点就可以构建一条射线,利用该射线与场景中的物体进行碰撞检测,如果发生碰撞则返回碰撞对象,这就是AR中射线检测的技术原理。

2.5.1　ARKit中的射线检测

ARKit在ARView、Scene、ARSession类中都提供了射线检测方法,这些方法灵活多样,不仅可以满足对场景中虚拟物体的检测,也可以实现对检测到的平面、特征点、场景几何网格的碰撞检测,极大地方便了开发者的使用。

ARView中提供的射线检测方法如表2-13所示。

表2-13　ARView中提供的射线检测方法

射线检测方法	描　　述
makeRaycastQuery(from：CGPoint, allowing：ARRaycastQuery. Target，alignment：ARRaycastQuery. TargetAlignment）—> ARRaycastQuery?	这是一个射线检测辅助方法,用于构建一个ARView射线检测请求
raycast(from:CGPoint,allowing:ARRaycastQuery. Target,alignment: ARRaycastQuery. TargetAlignment）—>［ARRaycastResult］	投射一条从摄像机到场景中的射线,返回射线检测结果
trackedRaycast(from：CGPoint, allowing：ARRaycastQuery. Target, alignment：ARRaycastQuery. TargetAlignment, updateHandler: （［ARRaycastResult］）—> Void) —> ARTrackedRaycast?	投射一条从摄像机到场景中的射线,进行射线检测并返回结果。与raycast()方法不同的是,该方法会对投射的射线进行跟踪以便优化检测结果

表 2-13 提供的射线方法中，from 参数为屏幕单击位置；allowing 参数为 ARRaycastQuery.Target 类型，可以为 estimatedPlane（ARKit 估计的平面，但此时位置与尺寸都不稳定）、existingPlaneGeometry（位置与尺寸都稳定的平面）、existingPlaneInfinite（稳定平面所在的无限平面）3 个值中的一个或者几个（多个时使用或（|）连接）；alignment 参数为 ARRaycastQuery.TargetAlignment 类型，可以为 horizontal（水平平面）、vertical（垂直平面）、any（水平平面、垂直平面、场景几何）。

进行射线检测后，检测结果为 ARRaycastResult 数组。当没有发生碰撞时，该数组为 nil，如果发生碰撞，则所有发生碰撞的信息（碰撞位置、碰撞对象名、距离等）都会存储在这个数组中。在大多数情况下，数组序号为 0 的结果为我们所需要的结果（即离使用者最近的碰撞对象）。

ARView 中提供的射线检测方法以当前设备屏幕中的 2D 坐标为起始点向场景中发射射线进行碰撞检测，因此非常方便手势操作使用。

Scene 中提供的射线检测方法如表 2-14 所示。

表 2-14　Scene 中提供的射线检测方法

射线检测方法	描　述
raycast(origin：SIMD3 < Float >, direction：SIMD3 < Float >, length：Float, query：CollisionCastQueryType, mask：CollisionGroup, relativeTo：Entity?) → [CollisionCastHit]	在场景中指定起始点、方向、长度构建射线，并可指定碰撞类型等其他属性的射线检测方法
raycast(from：SIMD3 < Float >, to：SIMD3 < Float >, query：CollisionCastQueryType, mask：CollisionGroup, relativeTo：Entity?) → [CollisionCastHit]	在场景中两点之间构建射线，可指定碰撞类型等其他属性的射线检测方法
convexCast (convexShape：ShapeResource, fromPosition：SIMD3 < Float >, fromOrientation：simd_quatf, toPosition：SIMD3 < Float >, toOrientation：simd_quatf, query：CollisionCastQueryType, mask：CollisionGroup, relativeTo：Entity?) → [CollisionCastHit]	在两个物体之间构建射线，可实现更复杂的射线检测操作

从射线检测方法参数可以看出，Scene 中的射线检测方法更侧重于在场景中通过指定位置、指定方向、指定物体、指定碰撞器等构建更复杂的射线检测需求，实现更具体的射线检测。因此，Scene 中的射线检测方法特别适合于在 AR 场景中一个虚拟物体向另一个虚拟物体进行碰撞检测的场合，如在 AR 场景中，一个机器人向一个怪物发射子弹。

ARSession 中提供的射线检测方法如表 2-15 所示。

表 2-15　ARSession 中提供的射线检测方法

射线检测方法	描　述
raycast(ARRaycastQuery) → [ARRaycastResult]	根据射线检测请求执行射线检测操作
trackedRaycast(ARRaycastQuery, updateHandler:([ARRaycastResult]) → Void) → ARTrackedRaycast?	根据射线检测请求执行射线检测操作。与 raycast()方法不同的是，该方法会对投射的射线进行跟踪以便优化检测结果

与 ARView 中的射线检测方法类似，ARSession 中的射线检测方法也主要处理从屏幕到场景的射线检测，但更简单易用。

除了在 ARView 中构建射线检测请求外，在 ARFrame 中也可以构建射线检测请求，如表 2-16 所示。

表 2-16　在 ARFrame 中构建射线检测请求

构建射线检测请求方法	描　　述
raycastQuery（from：CGPoint，allowing：ARRaycastQuery.Target，alignment：ARRaycastQuery.TargetAlignment）-> ARRaycastQuery	从屏幕单击位置构建射线检测请求

　　通过本节的学习可以看到，ARKit 提供了非常多进行射线检测的方法，可以实现不同的射线检测需求。另外，在 ARView 和 ARFrame 类中还提供了 hit-Testing 方法，但官方已不建议使用，保留这些方法也仅是为了向前兼容，在此不详述。

提示

　　trackedRaycast()方法的使用需要非常谨慎，该方法会实时跟踪发射出去的射线，即发射的射线会一直存在，该方法不应当在 session(_ session：ARSession，didUpdate frame：ARFrame)、session(_ session：ARSession，didUpdate anchors：[ARAnchor])等执行频率非常高的方法中使用。

2.5.2　射线检测实例

　　通过 2.5.1 节的学习，我们已经了解了足够多的信息进行射线检测，下面以 ARView 中的射线检测为例，典型的代码如代码清单 2-11 所示。

代码清单 2-11

```
1.  struct ARViewContainer: UIViewRepresentable {
2.    func makeUIView(context: Context) -> ARView {
3.      let arView = ARView(frame: .zero)
4.      let config = ARWorldTrackingConfiguration()
5.      config.planeDetection = .horizontal
6.      arView.session.run(config, options:[ ])
7.      arView.session.delegate = arView
8.      arView.createPlane()
9.      return arView
10.   }
11.
12.   func updateUIView(_ uiView: ARView, context: Context) {
13.   }
14. }
15.
16. var planeMesh = MeshResource.generatePlane(width: 0.15, depth: 0.15)
17. var planeMaterial = SimpleMaterial(color:.white,isMetallic: false)
18. var planeEntity : ModelEntity? = ModelEntity(mesh:planeMesh,materials:[planeMaterial])
19. var planeAnchor = AnchorEntity()
20.
21. extension ARView : ARSessionDelegate{
22.   func createPlane(){
23.     let planeAnchor = AnchorEntity(plane:.horizontal)
24.     do {
```

```
25.          planeMaterial.baseColor = try .texture(.load(named: "AR_Placement_Indicator.png"))
26.          planeMaterial.tintColor = UIColor.yellow.withAlphaComponent(0.9999)
27.          planeAnchor.addChild(planeEntity!)
28.          self.scene.addAnchor(planeAnchor)
29.       } catch {
30.          print("找不到文件!")
31.       }
32.    }
33.    public func session(_ session: ARSession, didUpdate frame: ARFrame){
34.       guard let result = self.raycast(from: self.center, allowing: .estimatedPlane, alignment:
    .horizontal).first else {
35.          return
36.       }
37.       planeEntity!.setTransformMatrix(result.worldTransform, relativeTo: nil)
38.    }
39. }
```

在上述代码中,实现了一个在检测到的平面上指示放置虚拟物体位置的功能。实现思想是从屏幕中心点(width/2,height/2)位置发射一条射线,与已检测到的平面进行碰撞检测,并在检测到碰撞时放置指示图标并实时校正指示图标位置。由于 session(_ session:ARSession,didUpdate frame:ARFrame)方法每帧都会执行,所以可以实时地看到指示图标姿态变化。实现的效果如图 2-15 所示。

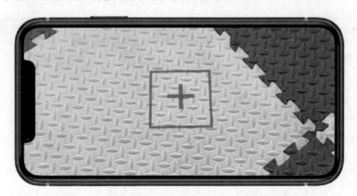

图 2-15   在检测到的平面上放置指示图标效果图

在代码清单 2-11 中,我们直接使用了 ARView 的 raycast()方法进行射线检测,当然,也可以结合makeRaycastQuery()方法使用,实现效果完全一样,代码如代码清单 2-12 所示。

代码清单 2-12

```
1.  public func session(_ session: ARSession, didUpdate frame: ARFrame){
2.     guard let raycastQuery = self.makeRaycastQuery(from: self.center,
3.                                   allowing: .estimatedPlane,
4.                                   alignment: .horizontal) else {
5.        return
6.     }
7.
8.     guard let result = self.session.raycast(raycastQuery).first else {
```

```
9.            return
10.        }
11.        planeEntity!.setTransformMatrix(result.worldTransform, relativeTo: nil)
12. }
```

Tracked Ray Casting 射线检测方法的使用操作也基本一致,示例代码如代码清单 2-13 所示。

代码清单 2-13

```
1.  let _ = arView.trackedRaycast(from: arView.center, allowing: .existingPlaneInfinite, alignment:
    .horizontal, updateHandler: { results in
2.    guard let result = results.first else { return }
3.    let anchor = AnchorEntity(raycastResult: result)
4.    anchor.addChild(entity)
5.    self.arView.scene.addAnchor(anchor)
6.  })
```

ARKit 提供的射线检测方法种类繁多,但操作方法基本一致,只是具体细节有所差异,在使用时,可根据需求选择不同的实现方法,查阅官方文档了解具体参数。

2.6　手势检测

智能移动设备的手势操作是使用者接受并已习惯的操作方式,在移动端 AR 应用中,对虚拟物体的操作也基本通过手势操作完成,本节我们将学习一些手势检测基础知识。需要注意的是,本节描述的手势检测是指用户在手机屏幕上的手指操作检测,不是指利用图像技术对使用者手部运动的检测。

2.6.1　手势检测定义

手势检测是指通过检测使用者在手机屏幕上的手指触控运动判断其操作意图的技术,如单击、双击、缩放、滑动等,常见的手势操作如图 2-16 所示。

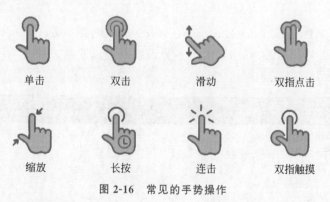

单击　　　　双击　　　　滑动　　　　双指点击

缩放　　　　长按　　　　连击　　　　双指触摸

图 2-16　常见的手势操作

2.6.2　ARKit 中的手势检测

ARKit 提供了对触控设备底层 API 的访问权限和高级手势检测功能,可以满足不同的手势定制需求。

底层 API 访问能够获取手指单击的原始位置、压力值、速度信息,高级手势检测功能则借助手势识别器(Gesture Recognizer)识别预设手势(包括单击、双击、长按、滑动、缩放、平移等)。

在 AR 应用中,对虚拟物体最常见的 3 种操控方式分别为平移、缩放、旋转,为简化手势使用难度,RealityKit 使用 installGestures()方法对单物体操控提供快捷支持,该方法的原型为

```
@discardableResult func installGestures(_ gestures: ARView.EntityGestures = .all, for entity: HasCollision) ->
[EntityGestureRecognizer]
```

其中,参数 gestures 为 ARView.EntityGestures 枚举类型,用于指定可执行的手势操作,entity 指定需要使用手势操作的实体(Entity)。ARView.EntityGestures 枚举包含 all、rotation、scale、translation 4 个枚举值,涵盖了最常见的旋转、缩放、平移操作。使用 installGestures()方法为 entity 添加手势操作时,entity 需要遵循 HasCollision 协议,简单讲就是虚拟物体必须有碰撞器(CollisionShapes),因为本质上手势操作也首先要用射线检测进行碰撞检查,不带碰撞器的虚拟元素无法参与碰撞检测。在代码清单 2-14 中,我们创建了一个正方体,然后通过程序的方式生成碰撞器,再调用 installGestures()方法,允许用户对该立方体进行操控。

代码清单 2-14

```
1.  func createPlane(){
2.      let planeAnchor = AnchorEntity(plane:.horizontal)
3.      do {
4.          let cubeMesh = MeshResource.generateBox(size: 0.1)
5.          var cubeMaterial = SimpleMaterial(color:.white, isMetallic: false)
6.          cubeMaterial.baseColor = try .texture(.load(named: "Box_Texture.jpg"))
7.          let cubeEntity = ModelEntity(mesh:cubeMesh, materials:[cubeMaterial])
8.          cubeEntity.generateCollisionShapes(recursive: false)
9.          planeAnchor.addChild(cubeEntity)
10.         self.scene.addAnchor(planeAnchor)
11.         self.installGestures(.all, for:cubeEntity)
12.     } catch {
13.         print("找不到文件")
14.     }
15. }
```

RealityKit 还定义了 EntityRotationGestureRecognizer、EntityScaleGestureRecognizer、EntityTranslationGestureRecognizer 3 个专门用于实体操作的手势识别器,利用这 3 个手势识别器可以非常方便地对实体进行旋转、缩放、平移操作,如代码清单 2-15 所示。

代码清单 2-15

```
1.  var cubeEntity:ModelEntity?
2.  var gestureStartLocation:SIMD3 < Float >?
3.
4.  extension ARView:ARSessionDelegate{
5.      func createPlane(){
6.          let planeAnchor = AnchorEntity(plane:.horizontal)
7.          do {
8.              let cubeMesh = MeshResource.generateBox(size: 0.1)
```

```
9.          var cubeMaterial = SimpleMaterial(color:.white,isMetallic: false)
10.         cubeMaterial.baseColor = try .texture(.load(named:"Box_Texture.jpg"))
11.         cubeEntity = ModelEntity(mesh:cubeMesh,materials:[cubeMaterial])
12.         cubeEntity!.generateCollisionShapes(recursive: false)
13.         cubeEntity?.name = "this is a cube"
14.         planeAnchor.addChild(cubeEntity!)
15.         self.scene.addAnchor(planeAnchor)
16.         self.installGestures(.all,for:cubeEntity!).forEach{
17.             $0.addTarget(self, action: #selector(handleModelGesture))
18.         }
19.     } catch {
20.         print("找不到文件")
21.     }
22.   }
23.
24.   @objc func handleModelGesture(_ sender:Any) {
25.       switch sender {
26.       case let rotation as EntityRotationGestureRecognizer:
27.           print("Rotation and name:\(rotation.entity!.name)")
28.           rotation.isEnabled = false
29.       case let translation as EntityTranslationGestureRecognizer:
30.           print("translation and name \(translation.entity!.name)")
31.           if translation.state == .ended || translation.state == .cancelled {
32.               gestureStartLocation = nil
33.               return
34.           }
35.           guard let gestureCurrentLocation = translation.entity?.transform.translation else { return }
36.           guard let _ = gestureStartLocation else {
37.               gestureStartLocation = gestureCurrentLocation
38.               return
39.           }
40.           let delta = gestureStartLocation! - gestureCurrentLocation
41.           let distance = ((delta.x * delta.x) + (delta.y * delta.y) + (delta.z * delta.z)).squareRoot()
42.           print("startLocation:\(String(describing:gestureStartLocation)),currentLocation:
    \(gestureCurrentLocation),the distance is \(distance)")
43.
44.       case let Scale as EntityScaleGestureRecognizer:
45.           Scale.removeTarget(nil, action: nil)
46.           Scale.addTarget(self, action: #selector(handleScaleGesture))
47.       default:
48.           break
49.       }
50.   }
51.
52.   @objc func handleScaleGesture(_ sender:EntityScaleGestureRecognizer){
53.       print("in scale")
54.   }
55. }
```

在代码清单 2-15 中,演示了如何取消原手势的执行,如何获取实体对象真实移动距离,以及如何将手势处理转发到另一个处理方法中。

除了 RealityKit 自定义的 EntityGestureRecognizer,所有的 UIGestureRecognizer 也都可以使用,包括 UITapGestureRecognizer(轻点手势识别器)、UIPinchGestureRecognizer(捏合手势识别器)、UIRotationGestureRecognizer(旋转手势识别器)、UISwipeGestureRecognizer(滑动手势识别器)、UIPanGestureRecognizer(拖动手势识别器)、UIScreenEdgePanGestureRecognizer(屏幕边缘拖动手势识别器)、UILongPressGestureRecognizer(长按手势识别器)等。但因为这类手势并非专为实体操作而设计,因此开发者需要自行处理手势操作对象行为。

在 RealityKit 中,手势识别器一般都会提供手势操作不同状态的方法或者事件,方便开发者调用,具体如表 2-17 所示。

表 2-17　GestureRecognizer 状态方法

功　　能	描　　述
touchesBegan(Set＜UITouch＞, with: UIEvent)	当用户用一个或几个手指触控屏幕时
touchesMoved(Set＜UITouch＞, with: UIEvent)	当用户用一个或几个手指在屏幕上滑动时
touchesCancelled(Set＜UITouch＞, with: UIEvent)	当用户在进行操作时,一个系统事件的发生中断了用户的操作(如突然来电话)时
touchesEnded(Set＜UITouch＞, with: UIEvent)	当用户一个或多个手指从屏幕上抬起时

2.7　ARCoaching

通过第 1 章的学习,我们知道 ARKit 建立环境理解需要一定时间,这个时间长短取决于用户设备摄像头采集的图像质量(可信的特征点数量)和空间计算结果,在这个过程中,使用者可能并不知道 ARKit 正在进行这个工作,特别是对没有 AR 应用使用经验的人而言,会让他们感到困惑和迷茫。因此,为消除使用者的焦虑,同时更快地建立环境跟踪,应该给予使用者视觉或者文字引导,指导他们进行下一步操作。

ARKit 提供了一个名为 ARCoachingOverlayView 的视图用于引导使用者进行操作,该视图共包括 4 种类型:指导使用者移动设备、指导使用者继续移动设备、指导使用者放慢设备移动速度和指导使用者如何重定位。在 ARSession 初始化时或者跟踪受限时,会显示如图 2-17 所示视图,引导用户移动设备检测水平平面或者垂直平面。

如果 ARKit 收集的环境信息还不足以检测平面,会显示如图 2-18(a)所示视图,引导用户通过继续移动设备以便 ARKit 收集更多环境信息,如果在这个过程中,用户移动设备速度过快,会造成采集的图像质量下降,这时会显示如图 2-18(b)所示视图,引导用户降低设备移动速度。

当 ARKit 收集到足够信息时,引导视图就会自动消失,AR 进入正常跟踪状态。

重定位(relocalization)也是容易让使用者困惑的操作,如果不按照 ARKit 设定的方式进行特定环境扫描,重定位可能永远都无法成功。因此,引导使用者回到原工作环境中进行环境扫描非常重要,在进行重定位时,会显示如图 2-19 所示视图,引导使用者返回 ARSession 中断前的环境中以便更好地重定位。

图 2-17　指导使用者进行平面检测视图

(a)　　　　　　　　　　　　　　　　　　(b)

图 2-18　指导使用者继续移动设备进行平面检测视图

　　ARCoachingOverlayView 提供了一个标准的引导程序,在 ARSession 初始化或者跟踪受限时引导使用者进行下一步操作。在使用 ARCoachingOverlayView 时需要提供一个目标(goal),即在什么情况下引导结束,这个目标可以是检测到水平平面、垂直平面或者是跟踪建立。在 ARKit 中,这个目标由 ARCoachingOverlayView. Goal 枚举定义,该枚举的各枚举项如表 2-18 所示。

图 2-19   指导使用者返回中断前环境中视图

表 2-18   ARCoachingOverlayView.Goal 枚举值

枚 举 项	描 述
anyPlane	任何平面,即包括垂直平面和水平平面
horizontalPlane	水平平面
tracking	建立世界跟踪
verticalPlane	垂直平面

ARCoachingOverlayView 的基本工作方式是,在达到开发人员指定的目标前,会显示引导视图并指导使用者进行下一步操作,在达到指定目标后,引导视图则会自动消失。如果在 AR 应用运行过程中,由于某些原因导致跟踪受限或者需要重定位,也会显示引导视图。

在 RealityKit 中,使用 ARCoachingOverlayView 的基本步骤如下:

(1)设置 ARCoachingOverlayView.goal 为指定的目标。

(2)设置 ARCoachingOverlayView.sesseion 为当前使用的 ARSession。

(3)根据需要使用代理方法。一般情况下会使用代理方法,因为我们不希望在引导视图未消失前出现 UI 元素或者虚拟元素,通过使用代理方法,在引导视图完成目标后才会在场景中加载虚拟元素。典型的使用 ARCoachingOverlayView 的方法如代码清单 2-16 所示。

代码清单 2-16

```
1.  struct ARViewContainer: UIViewRepresentable {
2.      func makeUIView(context: Context) -> ARView {
3.          let arView = ARView(frame: .zero)
4.          let config = ARWorldTrackingConfiguration()
5.          config.planeDetection = .horizontal
6.          arView.session.run(config, options:[ ])
7.          arView.addCoaching()
8.          return arView
9.      }
10.
11.     func updateUIView(_ uiView: ARView, context: Context) {
12.     }
13. }
```

```
14.
15.  extension ARView: ARCoachingOverlayViewDelegate{
16.      func addCoaching() {
17.          let coachingOverlay = ARCoachingOverlayView()
18.          coachingOverlay.autoresizingMask = [.flexibleWidth, .flexibleHeight]
19.          self.addSubview(coachingOverlay)
20.          coachingOverlay.goal = .horizontalPlane
21.          coachingOverlay.session = self.session
22.          coachingOverlay.delegate = self
23.      }
24.      public func coachingOverlayViewDidDeactivate(_coachingOverlayView:ARCoachingOverlayView){
25.          self.placeBox()
26.      }
27.      @objc func placeBox(){
28.          let boxMesh = MeshResource.generateBox(size: 0.15)
29.          var boxMaterial = SimpleMaterial(color:.white,isMetallic: false)
30.          let planeAnchor = AnchorEntity(plane:.horizontal)
31.          do {
32.              boxMaterial.baseColor = try .texture(.load(named: "Box_Texture.jpg"))
33.              boxMaterial.tintColor = UIColor.white.withAlphaComponent(0.9999)
34.              let boxEntity  = ModelEntity(mesh:boxMesh,materials:[boxMaterial])
35.              planeAnchor.addChild(boxEntity)
36.              self.scene.addAnchor(planeAnchor)
37.          } catch {
38.              print("找不到文件")
39.          }
40.      }
41.
42.  }
```

上述代码使用 ARCoachingOverlayView 对使用者的操作进行引导,并使用了代理方法 coachingOverlayViewDidDeactivate(),在达到目标后在场景中加载一个立方体。

使用 ARCoachingOverlayView 的代理方法,必须要遵循 ARCoachingOverlayViewDelegate 协议,该协议定义了 3 个可选(optional)方法,如表 2-19 所示。

表 2-19　ARCoachingOverlayViewDelegate 代理方法

方　　法	描　　述
coachingOverlayViewWillActivate(ARCoachingOverlayView)	在 ARCoachingOverlayView 激活时调用
coachingOverlayViewDidDeactivate(ARCoachingOverlayView)	在 ARCoachingOverlayView 完成目标消失时调用
coachingOverlayViewDidRequestSessionReset(ARCoachingOverlayView)	在重定位时,当用户单击 Start Over 按钮要求重置 ARSession 时调用

ARCoachingOverlayView 有一个布尔型的 activatesAutomatically 属性(该属性默认为 true),用于指示 ARCoachingOverlayView 是否自动激活(如在跟踪受限时或者需要重定位时),默认情况下会自动激活,在激活前,我们可以通过 coachingOverlayViewWillActivate(_:)代理方法执行一些必要操作,如隐藏 UI、暂停 AR 进程等。

在允许重定位时,ARKit 会在 ARSession 中断后尝试重新建立虚实联系,在这种情况下, ARCoachingOverlayView 也会激活,并且会出现一个 Start Over 按钮,该按钮允许使用者直接重置 ARSession

而不是重定位。如果使用者单击 Start Over 按钮,coachingOverlayViewDidRequestSessionReset(_:)代理方法就会执行,因此可以在该方法里执行一些 ARSession 重置的操作,典型的代码如代码清单 2-17 所示。

代码清单 2-17

```
1.  func coachingOverlayViewDidRequestSessionReset(_ coachingOverlayView: ARCoachingOverlayView) {
2.      //重置 session
3.      let configuration = ARWorldTrackingConfiguration()
4.      configuration.planeDetection = [.horizontal, .vertical]
5.      session.run(configuration, options: [.resetTracking])
6.      //其他操作
7.  }
```

如果我们没有执行该方法,那么 ARKit 会自动执行 ARSession 重置,并清除所有 ARAnchor。

2.8 RealityKit 中的事件系统

苹果公司在 2019 年推出了一个名为 Combine 的声明性异步事件处理框架,通过采用 Combine 框架,可以集成事件处理代码并消除嵌套闭包和基于约定的回调,使代码更易于阅读和维护。Combine 框架 API 都是使用类型安全的泛型实现,可以无缝接入已有工程,用于处理各类事件。

在 Combine 框架中,最重要的 3 个组成部分是:Publisher(发布者)、Subscriber(订阅者)和 Operator(操作符),它们之间的关系如图 2-20 所示。

图 2-20　Combine 框架核心架构

Combine 事件处理机制是典型的观察者模式(与 RxSwift 中的 Observable、Observer 几乎完全一致),RealityKit 中的事件处理机制完全借用了 Combine,也包括 Publisher、Subscriber、Operator 3 个组成部分,并且所有 Publisher 都遵循 Event 协议。目前,RealityKit 所有的事件如表 2-20 所示。

表 2-20　RealityKit 中的所有事件

所属事件类型	事　　件	描　述　说　明
场景	SceneEvents. AnchoredStateChanged	当场景中的 ARAnchor(包括所有遵循 HasAnchoring 协议的实体)状态发生改变时触发
	SceneEvents. Update	该事件每帧都会触发,因此可以执行自定义帧更新逻辑

续表

所属事件类型	事 件	描 述 说 明
动画	AnimationEvents. PlaybackCompleted	当动画播放完毕时触发
	AnimationEvents. PlaybackLooped	当动画循环播放时触发
	AnimationEvents. PlaybackTerminated	当动画被中止时触发,包括播放完毕或者被中断
音频	AudioEvents. PlaybackCompleted	当音频播放完毕时触发
碰撞	CollisionEvents. Began	当两个带碰撞器的对象碰撞开始时触发,每次碰撞只触发一次
	CollisionEvents. Updated	当两个带碰撞器的对象碰撞接触后每帧都会触发
	CollisionEvents. Ended	当两个带碰撞器的对象发生碰撞后脱离接触时触发,每次碰撞只触发一次
网络同步	SynchronizationEvents. OwnershipChanged	当一个实体对象的所有权属性发生改变时触发
	SynchronizationEvents. OwnershipRequest	当一个网络参与者申请对某个实体对象的所有权时触发

RealityKit 中的所有事件都可以通过 subscribe(to:on:_:)方法订阅监听,并且所有的事件处理遵循相同的步骤与流程,因此只要理解并掌握一种事件处理方法就可以推广到所有其他类型事件的处理中。

下面以碰撞事件(Collision Events)为例讲解 RealityKit 事件的一般处理方法。通常,在需要处理某类事件之前需先订阅(subscribe)该事件,在 RealityKit 中,我们使用 scene 完成订阅操作,典型代码如代码清单 2-18 所示。

代码清单 2-18

```
1.  let beginSubscribe = self.scene.subscribe(
2.      to: CollisionEvents.Began.self
3.  ) { event in
4.          print("碰撞开始")
5.      }
```

通过这种方式订阅,场景中任何实体对象与其他实体对象发生碰撞时都会触发该事件,因此,同一次碰撞会触发两次该事件(发生碰撞的实体 A 触发一次,实体 B 触发一次),可以通过 event 参数(event. entityA 和 event. entityB)获取发生碰撞的两个实体对象。除此之外,我们可以只订阅某个特定实体对象的碰撞事件,典型代码如代码清单 2-19 所示。

代码清单 2-19

```
1.  let myBox = CustomBox()
2.  let beginSubscribe = self.scene.subscribe(
3.      to: CollisionEvents.Began.self,
4.      on: myBox
5.  ) { event in
6.          print("碰撞开始")
7.      }
```

细心的读者可能已经注意到,在代码清单 2-18 和代码清单 2-19 中,都使用一个变量(beginSubscribe)保存了订阅事件,这是因为,如果没有变量保存订阅事件的引用,RealityKit 将不会触发该事件(RealityKit

这么处理的原因是确保事件只在需要的时候触发,如果处理事件的订阅者已经失效,从提高效率与内存管理方面考虑,则没有理由再触发该事件)。所以要想事件正确触发,必须确保有变量保存事件订阅引用。

保存订阅事件引用对防止事件过滥使用有帮助,下面的示例我们将事件订阅引用都放置到实体对象中,进一步简化处理逻辑,提高代码的优雅度,完整的代码如代码清单 2-20 所示。

代码清单 2-20

```
1.   import SwiftUI
2.   import RealityKit
3.   import ARKit
4.   import Combine
5.   struct ContentView : View {
6.      var body: some View {
7.         return ARViewContainer().edgesIgnoringSafeArea(.all)
8.      }
9.   }
10.
11.  struct ARViewContainer: UIViewRepresentable {
12.     func makeUIView(context: Context) -> ARView {
13.        let arView = ARView(frame: .zero)
14.        let config = ARWorldTrackingConfiguration()
15.        config.planeDetection = .horizontal
16.        arView.session.run(config, options: [])
17.        arView.setupGestures()
18.        return arView
19.     }
20.     func updateUIView(_ uiView: ARView, context: Context) {}
21.  }
22.
23.  extension ARView{
24.     func setupGestures() {
25.        let tap = UITapGestureRecognizer(target: self, action: #selector(self.handleTap(_:)))
26.        self.addGestureRecognizer(tap)
27.     }
28.
29.     @objc func handleTap(_ sender: UITapGestureRecognizer? = nil) {
30.        guard let touchInView = sender?.location(in: self) else {
31.           return
32.        }
33.        guard let raycastQuery = self.makeRaycastQuery(from: touchInView, allowing:
     .existingPlaneInfinite,alignment: .horizontal) else {
34.           return
35.        }
36.        guard let result = self.session.raycast(raycastQuery).first else {return}
37.        let transformation = Transform(matrix: result.worldTransform)
38.        let box = CustomEntity(color: .yellow,position: transformation.translation)
39.        self.installGestures(.all, for: box)
40.        box.addCollisions(scene: self.scene)
41.        self.scene.addAnchor(box)
```

```
42.        }
43.    }
44.    //自定义实体类
45.    class CustomEntity: Entity, HasModel, HasAnchoring, HasCollision {
46.        var subscribes: [Cancellable] = []
47.        required init(color: UIColor) {
48.            super.init()
49.            self.components[CollisionComponent] = CollisionComponent(
50.                shapes: [.generateBox(size: [0.1,0.1,0.1])],
51.                mode: .default,
52.                filter: CollisionFilter(group: CollisionGroup(rawValue: 1), mask: CollisionGroup(rawValue:
       1))
53.            )
54.            self.components[ModelComponent] = ModelComponent(
55.                mesh: .generateBox(size: [0.1,0.1,0.1]),
56.                materials: [SimpleMaterial(color: color,isMetallic: false)]
57.            )
58.        }
59.
60.        convenience init(color: UIColor, position: SIMD3<Float>) {
61.            self.init(color: color)
62.            self.position = position
63.        }
64.
65.        required init() {
66.            fatalError("init()没有执行,初始化不成功")
67.        }
68.
69.        func addCollisions(scene: Scene) {
70.            subscribes.append(scene.subscribe(to: CollisionEvents.Began.self, on: self) { event in
71.                guard let box = event.entityA as? CustomEntity else {
72.                    return
73.                }
74.                box.model?.materials = [SimpleMaterial(color: .red, isMetallic: false)]
75.
76.            })
77.            subscribes.append(scene.subscribe(to: CollisionEvents.Ended.self, on: self) { event in
78.                guard let box = event.entityA as? CustomEntity else {
79.                    return
80.                }
81.                box.model?.materials = [SimpleMaterial(color: .yellow, isMetallic: false)]
82.            })
83.        }
84.    }
```

在代码清单 2-20 中,我们自定义了一个 CustomEntity 实体类,该实体类继承了 Entity 类并遵循了 HasModel、HasAnchoring、HasCollision 协议,因此能正常渲染显示、发生碰撞,并可以直接添加到 scene. anchors 集合中。需要注意的是在 CustomEntity 类中,我们定义了 subscribes 数组,专用于保存事件订阅引用,addCollisions()方法用于订阅碰撞事件,并根据碰撞事件开始与结束修改立方体的颜色。

在主逻辑中,我们添加了屏幕单击手势,用于在检测到的平面上放置自定义立方体对象,因为绝大多数的工作在 CustomEntity 类中处理,主逻辑变得很清晰,代码也更清爽。

运行本示例,在检测到平面时通过单击屏幕生成立方体,使用屏幕手势操作立方体,当两个立方体发生碰撞时会同时改变颜色,效果如图 2-21 所示。

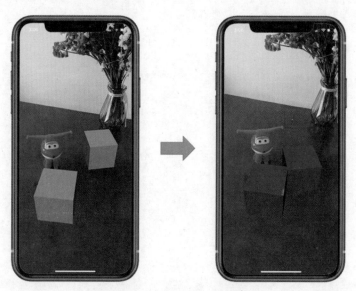

图 2-21　碰撞事件处理效果图

本节案例演示了 RealityKit 事件处理的基本流程,在 RealityKit 中,所有的事件处理都遵循相同的机制,因此通过一个案例就能理解所有操作原理,可以采用同样的方式处理所有 RealityKit 事件。

2.9　LiDAR 传感器

第 4 代 iPad Pro 和 iPhone 12 高端机型中新增了 LiDAR(Light Detection And Ranging,激光探测与测距)传感器,该传感器的加入让移动设备获得了对物理环境的实时重建能力,因此可以实现诸如环境遮挡、虚实物理交互等利用单目或者双目计算机视觉扫描很难实现的效果,还可以有效弥补计算机视觉对弱纹理表面识别能力差的缺点,轻松实现对白墙、反光等物理表面的深度信息采集。

LiDAR 工作原理与 RADAR(Radio Detection And Ranging,雷达)相似,在工作时,LiDAR 向空中发射激光脉冲,这些脉冲一部分会在接触物体后被物体吸收,而另一部分则会被反射,反射的激光被接收器捕获,利用发送与接收信号的时间差即可计算出距离。

通过使用 LiDAR,ARKit 可以快速获取用户面前物理世界的深度(距离)信息,也即 ARKit 不需要移动设备就可以快速获取物理世界物体表面的形状信息。利用 LiDAR 获取的深度信息(一个一个离散的深度点),ARKit 就可以将这一系列表面点转换成几何网格。为更好地区分物体属性,ARKit 并不会将所有表面点转换成一个几何网格,而是按照 ARKit 所理解的物体属性(门、窗、地板、天花板等)划分到不同的几何网格中,每一个几何网格使用一个 ARMeshAnchor 进行锚定。因此,ARKit 重建的三维环境包含很多ARMeshAnchor,这些 ARMeshAnchor 也描述了用户所在物理环境的性质。

LiDAR 精度很高,因此,ARKit 对物理环境的重建精度也很高,包括物体中间的空洞、锐利的尖角等都可以被检测到。LiDAR 速度很快,因此,ARKit 对物理环境的重建速度也可以达到毫秒级水平,对物体表面、平面的检测也非常快,而且不再要求用户移动设备进行环境感知。

对开发者而言,更重要的是我们并不需要关心 LiDAR 的具体细节,ARKit 进行了良好的处理,就像不需要了解运动传感器的具体细节一样,在开发应用时对底层硬件是无感知的,所有的 API 均未发生变化。

2.9.1　场景几何

在 ARKit 中,通过将 LiDAR 采集到的物理环境深度信息转化为几何网格,就可以对物理环境进行三维重建,生成环境网格数据,这被称为场景几何数据(Scene Geometry),如图 2-22 所示。

(a)　　　　　　　　　　(b)　　　　　　　　　　(c)

图 2-22　LiDAR 检测物体表面并生成物体表面几何网格

在图 2-22 中,图(a)为物理世界中的物体,图(b)为通过 LiDAR 构建的物体表面几何网格,图(c)为实物与数字几何网格叠加示意图。通过图 2-22 可以看到,ARKit 使用术语"场景几何"相比"场景模型"描述更精确,在 AR 中,用户探索物理环境时获取的只是物体可见面表面几何信息,物体背面几何信息无法获取,因此,并没有建立场景的完整三维模型。

利用场景几何数据,ARKit 还通过深度学习对现实世界中的物体进行分类,目前共支持 8 种对象分类,由 ARMeshClassification 枚举描述,如表 2-21 所示。

表 2-21　ARMeshClassification 枚举值

枚　举　项	描　　　述
none	ARKit 未能识别的分类
wall	现实世界中的墙或类似的垂直平面
floor	现实世界中的地面或类似的水平平面
ceiling	现实世界中的屋顶水平平面或者类似的比用户设备高的水平平面
table	现实世界中的桌面或者类似的水平平面
seat	现实世界中的椅面或者类似水平平面
door	现实世界中的各类门或者类似垂直平面
window	现实世界中的各类窗或者类似垂直平面

在 ARKit 中,每一个对象分类都使用一个 ARMeshAnchor 进行锚定,可以通过 ARMeshAnchor 的 geometry 属性获取其关联的表面几何网格信息。ARMeshAnchor 会随着 ARKit 对环境的理解加深不断地

更新其关联的数据,包括表面几何网格信息,因此,当物理环境发生变化时(如一张椅子被移走),ARMeshAnchor会捕捉到相关信息并更新表面几何网格信息反映该变化,但需要注意的是,ARMeshAnchor会自主决定在适当的时机进行更新,所以这个更新并不是实时的。

Geometry属性为ARMeshGeometry类型,几何网格数据被存储在该类的数组中。从LiDAR采集的深度信息为离散点,ARKit以这些离散点作为几何网格的顶点,每3个顶点构建成一个面(face),每一个面都包括一个外向的法向和一个其所属的分类信息(Classification信息,如果ARKit未能成功分类,那么该值为0,表示ARMeshClassification.none)。因此,通过geometry可以获取ARMeshAnchor所关联的所有几何网格顶点、法向、分类等信息。

利用场景几何数据就可以轻松地实现诸如虚实遮挡、虚实物理交互功能,甚至可以利用虚拟光源着色物理环境表面。

获取场景几何数据需要在ARWorldTrackingConfiguration中设置重建类型,典型的代码如代码清单2-21所示。

代码清单2-21

```
1.  arView.automaticallyConfigureSession = false
2.  let config = ARWorldTrackingConfiguration()
3.  if(ARWorldTrackingConfiguration.supportsSceneReconstruction(.meshWithClassification))
4.      config.sceneReconstruction = .meshWithClassification
5.  config.planeDetection = .horizontal
6.  //arView.debugOptions.insert(.showSceneUnderstanding)
7.  arView.session.run(config, options: [])
8.  //arView.session.run(config, options: [.resetSceneReconstruction])
```

上述代码首先判断设备是否支持场景重建,只有配备了LiDAR的设备才支持场景重建功能,supportsSceneReconstruction()方法接收一个ARConfiguration.SceneReconstruction结构类型参数,用于描述重建类型,ARConfiguration.SceneReconstruction结构包含两个属性,如表2-22所示。

表2-22　SceneReconstruction场景重建类型

选　　项	描　　述
mesh	重建物理环境表面几何网格
meshWithClassification	重建物理环境表面几何网格,并根据物体的网格属性进行分类

当设备支持指定类型的场景重建后,设置ARWorldTrackingConfiguration中sceneReconstruction属性为指定类型参数后即可开启场景重建功能。这里需要注意的是,如果ARView.automaticallyConfigureSession=true时,ARKit默认禁止网格物体分类,使用网格分类时需要设置该值为false,并手动设置场景重建类型为meshWithClassification。

开启场景重建功能后,用户并不能看到重建后的网格信息(在实际AR应用中,用户也不必要看见重建后的几何网格),在调试时,可以通过arView.debugOptions.insert(.showSceneUnderstanding)语句渲染重建后的网格。

在开启场景重建功能后,ARKit会根据检测到的物理环境表面深度信息及分类信息生成ARMeshAnchors,与所有其他类型ARAnchor一样,我们可以通过ARSessionDelegate协议中的session

（:didAdd:）、session（:didUpdate:）、session（:didRemove:）方法对 ARMeshAnchors 变化情况进行相应处理。

如果需要重置场景重建功能，需要在重置 ARSession 运行时传入 .resetSceneReconstruction 选项，执行语句类似 arView.session.run(config, options: [.resetSceneReconstruction])。

在开启场景重建时，ARKit 可以采集到物理环境中物体表面精确的几何网格信息，这些网格信息可以高精度地反映物体表面的形状，包括凸包、凹洞、裂缝等信息，因此这些表面网格可能并不平整。当同时开启平面检测时，如代码清单 2-21 所示，ARKit 在重建场景时会考虑到平面检测需要，一些物体表面网格会被展平以方便放置虚拟物体。这样处理的原因是，如果物体表面凸凹不平，放置虚拟物体后，当移动虚拟物体时，虚拟物体会出现上下颠簸的现象，这在很多情况下并不符合现实规律。

2.9.2　虚拟物体放置

相对使用视觉 SLAM 技术恢复场景，LiDAR 检测物理环境非常快速和准确，包括平面检测，对弱纹理表面检测也同样高效，并且不需要使用者移动设备进行环境扫描，因此，AR 虚拟物体放置会非常迅速，这对自动放置虚拟物体非常有用，如使用 AR Quick Look 进行 webAR 物体展示时，可以大大提高用户的使用体验。在 ARKit 中，加入 LiDAR 传感器后，所有这些变化或者提升都自动完成（ARKit 透明化了相关底层硬件的处理），完全不需要开发人员介入，也无须变更任何代码。

在进行场景重建后，可以使用射线检测功能将虚拟元素放置到场景中物体表面任何位置。射线可以与场景几何网格进行交互，因此，利用场景几何网格可以精确地将虚拟物体放置到物体表面，而不再局限于水平平面、垂直平面，也不再局限于富纹理表面。

使用射线与场景几何网格进行碰撞检测与使用射线与平面进行碰撞检测完全一致，典型的射线检测代码如代码清单 2-22 所示。

代码清单 2-22

```
1.   @objc func handleTap(_ sender: UITapGestureRecognizer? = nil) {
2.      guard let touchInView = sender?.location(in: self) else {
3.          return
4.      }
5.      //方法一
6.      guard let raycastQuery = self.makeRaycastQuery(from: touchInView, allowing: .estimatedPlane, alignment: .any) else {
7.          return
8.      }
9.      guard let result = self.session.raycast(raycastQuery).first else {
10.          return
11.      }
12.
13.      //方法二
14.      guard let result = self.raycast(from: touchInView, allowing: .estimatedPlane, alignment: .any).first  else{
15.          return
16.      }
17.
18.      ...
19.  }
```

在上述代码中,利用射线与场景几何网格进行碰撞检测时需要设置 allowinig 参数为 ARRaycastQuery. Target. estimatedPlane,alignment 参数为 ARRaycastQuery. TargetAlignment. any。在检测到碰撞点之后就可以利用碰撞点的姿态信息放置虚拟元素。

2.9.3 动作捕捉与人形遮挡

由于 LiDAR 精确的深度检测能力,ARKit 对图像中人形捕获的尺寸估计更加准确,利用该尺寸进行的虚拟模型缩放更加贴合实际,同时对人形遮挡也更加准确,虚拟物体与真实人体之间的遮挡更具真实感。在进行场景重建时,如果启用了人形遮挡,ARKit 也会自动将场景中的人体从场景重建中剔除(重建的网格不会覆盖到人体上),重建出的场景更正确。

在引入 LiDAR 后,动捕与人形遮挡精度的提升完全被 ARKit 透明化处理,开发者无须修改任何代码。

2.9.4 场景仿真

ARKit 利用 LiDAR 生成精确的场景几何网格后,利用这些网格,就可以实现虚实遮挡、碰撞、物理模拟,甚至可以利用虚拟光源照明真实物体表面。以物理模拟为例,典型的示例代码如代码清单 2-23 所示,在场景几何网格帮助下,虚拟物体就可以与真实环境进行逼真的物理模拟,如虚拟球体从真实地板上弹起、虚拟物体无法穿过真实墙体等。

代码清单 2-23

```
1.   let model: ModelEntity = ...
2.   if model.collision == nil {
3.       model.generateCollisionShapes(recursive: true)
4.       model.physicsBody = .init()
5.   }
6.   arView.environment.sceneUnderstanding.options.insert(.physics)
```

通过上述代码可以看到,开启场景几何网格与虚拟物体的物理模拟,只需要简单地将 physics 插入 sceneUnderstanding 的 options 中,ARKit 会接管所有后续工作,开启碰撞、遮挡与虚拟照明方法与此完全类似。目前可用的 SceneUnderstanding. Options 选项如表 2-23 所示。

表 2-23　SceneUnderstanding. Options 选项

选　　项	描　　述
default	默认设置
collision	开启场景几何网格与虚拟物体的碰撞
occlusion	开启场景几何网格与虚拟物体的遮挡
physics	开启场景几何网格与虚拟物体的物理仿真
receivesLighting	开启利用虚拟光源照明真实物体表面

利用场景几何网格实现的遮挡可以实现真实物体遮挡虚拟物体的功能(如真实的沙发遮挡虚拟的机器人),进一步增强 AR 的真实感;虚拟光源也可以照明真实物体表面,如放置在桌面的虚拟台灯可以照亮真实的桌面,虚实融合更无痕,沉浸感更强。

2.10 Depth API

在配备 LiDAR 传感器的设备上,ARKit 不仅可以进行场景几何重建,还向开发者开放了场景深度信息,利用这些深度信息,可以实现更加自然、无缝的虚实体验。并且,ARKit 提供的深度信息是逐像素的,因此,可以实现非常精细的效果,如精确地控制特效的范围,营造与现实融合度非常高的虚实效果。

从 ARKit 中获取的深度信息是指从设备摄像头到现实场景中各点的深度值,这些值每一帧都会产生,生成速率大于等于 60FPS,即这些深度值是实时的,因此可以实现实时的动态深度效果,如遮挡、物理仿真、边界处理。

得益于 LiDAR 传感器,ARkit 可以采集到稠密的离散深度值,但这还不足以形成逐像素的深度图(Depth Map),为得到逐像素的深度图,ARKit 融合了 RGB 摄像头图像数据与 LiDAR 传感器数据,如图 2-23 所示。利用计算机视觉算法,ARKit 将 RGB 图像数据与 LiDAR 传感器数据进行融合计算,既保证了精度,又保留了物体边缘,最终提供给开发者一张与当前场景图像一致的深度图。为节约内存使用,这张深度图尺寸比 RGB 场景图略小,深度图中每个像素代表了场景点到设备摄像头的距离(单位为米)。

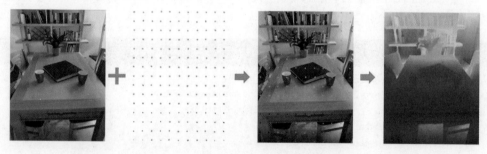

图 2-23 ARKit 融合 RGB 图像数据与 LiDAR 传感器数据生成深度图

由于 LiDAR 的特性,对穿透性强或者吸收性强的物体(如玻璃、高吸光性材质)测量存在先天的不足,因此,LiDAR 采集到的数据也存在误差很大的异常数据,为描述这些异常数据,ARKit 另建了一张尺寸与深度图一致的置信度图(Confidence Map),这张图中每一个像素与深度图中的像素一一对应,但每一个像素均描述了深度图中对应像素的可信值,这个可信值由 ARConfidenceLevel 枚举描述,该枚举各值如表 2-24 所示。

表 2-24 ARConfidenceLevel 枚举

枚 举 值	描 述
low	深度图中对应像素可信值为低
medium	深度图中对应像素可信值为中等
high	深度图中对应像素可信值为高

置信度图描述了深度图中每一个像素的可信度,在开发应时,就可以针对不同置信度的深度信息进行不同的处理,提高对场景把控的灵活性。

从 ARKit 获取深度图,需要开启 Depth API 功能,可以直接通过设置语义开启,当启用人形遮挡时默认会自动开启,典型代码如代码清单 2-24 所示。

代码清单 2-24

```
1.  //直接设置语义开启场景深度 Depth API
2.  let configuration = ARWorldTrackingConfiguration()
3.  if type(of: configuration).supportsFrameSemantics(.sceneDepth){
4.      configuration.frameSemantics = .sceneDepth
5.  }
6.  arView.session.run(configuration)
7.
8.  //启用人形遮挡时自动开启场景深度 Depth API
9.  let configuration = ARWorldTrackingConfiguration()
10. let sematics:ARConfiguration.FrameSemantics = [.personSegmentationWithDepth]
11. if type(of: configuration).supportsFrameSemantics(sematics){
12.     configuration.frameSemantics = sematics
13. }
14. arView.session.run(configuration)
```

在配置中开启 Depth API 功能后,就可以通过 session(_ session:, didUpdate frame:)代理方法获取深度图与置信度图,如代码清单 2-25 所示。

代码清单 2-25

```
1.  //从每一帧中得到场景深度图与置信度图
2.  public func session(_ session: ARSession, didUpdate frame: ARFrame) {
3.      guard let depthData = frame.sceneDepth else { return }
4.      let depth = depthData.depthMap
5.      let confidence = depthData.confidenceMap
6.      ...
7.  }
```

提示

frameSemantics 语义属性用于设置特定配置的可选帧特性(Frame Features),当前可设置的值有 4 个,分别为:sceneDepth、bodyDetection、personSegmentation、personSegmentationWithDepth。其中,sceneDepth 用于开启 Depth API,bodyDetection 用于肢体检测跟踪,后两个用于人形遮挡,personSegmentation 可现实屏幕空间的人形分离,而 personSegmentationWithDepth 则是带有深度信息的人形分离,后 3 个值将在第 7 章中具体学习。

2.11 AR 截屏

截屏是移动手机用户经常使用的一项功能,也是一项特别方便用户保存、分享屏幕信息的方式。移动设备(包括 iOS 设备和 Android 设备)都具备方便高效的截屏快捷键。

但在 AR 应用中,使用者可能有不同于直接截屏的需求,如剔除屏幕上的 UI 元素,只保留摄像头图像和渲染的虚拟物体图像;开发人员有时也需要直接获取 AR 摄像头中的数据进行后续处理,即获取纯粹的不包括 UI 元素与虚拟物体的摄像头硬件采集的视频图像原始数据,如使用自定义计算机视觉算法。

　　截取 AR 中不包含 UI 元素的图像并保存到相册中是虚实拍照的一种广泛应用需求,下面以这个需求为例,采用两种方法实现;另外,获取设备摄像头采集的图像数据也是开发人员经常使用的功能。为方便读者学习,我们将这 3 种方法实现代码一并放置在代码清单 2-26 中。

代码清单 2-26

```
1.    extension ARView:ARSessionDelegate{
2.      func createPlane(){
3.        let planeAnchor = AnchorEntity(plane:.horizontal)
4.        do {
5.          let cubeMesh = MeshResource.generateBox(size: 0.2)
6.          var cubeMaterial = SimpleMaterial(color:.white,isMetallic: false)
7.          cubeMaterial.baseColor = try .texture(.load(named: "Box_Texture.jpg"))
8.          let cubeEntity = ModelEntity(mesh:cubeMesh,materials:[cubeMaterial])
9.          cubeEntity.generateCollisionShapes(recursive: false)
10.         planeAnchor.addChild(cubeEntity)
11.         self.scene.addAnchor(planeAnchor)
12.         self.installGestures(.all,for:cubeEntity)
13.       } catch {
14.         print("找不到文件")
15.       }
16.     }
17.
18.     func snapShotAR(){
19.       //方法一
20.       arView.snapshot(saveToHDR: false){(image) in
21.         UIImageWriteToSavedPhotosAlbum(image!, self, #selector(self.imageSaveHandler
     (image:didFinishSavingWithError:contextInfo:)), nil)
22.       }
23.       //方法二
24.       /*
25.       UIGraphicsBeginImageContextWithOptions(self.bounds.size, self.isOpaque, 0)
26.       self.drawHierarchy(in: self.bounds, afterScreenUpdates: true)
27.       let uiImage = UIGraphicsGetImageFromCurrentImageContext()
28.       UIGraphicsEndImageContext()
29.       UIImageWriteToSavedPhotosAlbum(uiImage!, self, #selector(imageSaveHandler(image:
     didFinishSavingWithError:contextInfo:)), nil)
30.       */
31.     }
32.
33.     func snapShotCamera(){
34.       guard let pixelBuffer = arView.session.currentFrame?.capturedImage else {
35.         return
36.       }
37.       let ciImage = CIImage(cvPixelBuffer: pixelBuffer),
38.       context = CIContext(options: nil),
39.       cgImage = context.createCGImage(ciImage, from: ciImage.extent),
40.       uiImage = UIImage(cgImage: cgImage!, scale: 1, orientation: .right)
```

```
41.        UIImageWriteToSavedPhotosAlbum(uiImage, self, #selector(imageSaveHandler(image:
    didFinishSavingWithError:contextInfo:)), nil)
42.    }
43.
44.    @objc func imageSaveHandler(image:UIImage,didFinishSavingWithError error:NSError?,contextInfo:
    AnyObject) {
45.        if error != nil {
46.            print("保存图片出错")
47.        } else {
48.            print("保存图片成功")
49.        }
50.    }
51. }
```

在虚实拍照方法(snapShotAR())中,方法一利用 RealityKit 中 ARView 提供的 snapshot()方法截取 AR 场景,使用该方法非常简洁;方法二将 AR 场景渲染到离线的缓冲区再转换成图像,这种方法有更好的灵活性,并且可以实现多图像的任意拼接或者截取指定区域的图像。

在采集硬件摄像头原始图像方法(snapShotCamera())中,通过 ARFrame 直接获取来自设备摄像头的图像数据。

从 ARView 中获取的图像数据包含场景中的虚拟物体,尺寸与设备屏幕显示分辨率一致,而从 ARFrame 中获取的图像数据为摄像头硬件采集的原始图像信息,尺寸与硬件摄像头分辨率相关,与屏幕显示分辨率无关。

AR 截图与采集硬件摄像头图像的效果如图 2-24 所示。

图 2-24　ARView 中图像与 ARFrame 中图像效果示意

> **提示**
>
> 　　将拍摄的照片保存进相册需要开启"添加照片到相册"权限,开打 Info.plist 文件,添加以下权限并填写使用描述 Privacy-Photo Library Additions Usage Description。

2.12　基于位置的 AR

　　基于位置的 AR(Location Based AR)因其巨大的潜在价值而受到广泛关注,通过将 AR 虚拟物体放置在真实世界经纬坐标上,可以实现如真实物体一样的自然效果,并支持持久共享。例如,我们可以在高速路两侧设置 AR 电子标志、虚拟路障、道路信息,一方面可以大大降低使用实物的成本,另一方面可以极大地提高信息反应速度,从而提高道路使用效率。

　　基于位置的 AR 是非常具有前景的应用形态,但目前也面临很多问题,最主要的是定位系统的精度,在室外开阔的空间中,GPS/北斗等导航系统定位精度还不能满足 AR 需求,而且也受到很多因素的影响,如高楼遮挡、多径效应、方位不确定性等,无法仅凭 GPS/北斗等导航系统确定虚拟物体(或者移动设备)的姿态。

　　ARKit 已经在这方面进行了探索和尝试,通过综合 GPS、设备电子罗盘、环境特征点各方面信息确定设备当前姿态。可以看到,ARKit 实现基于位置的 AR 非常依赖 GPS 与环境特征点信息,如果这两者中的一个存在问题,那么整体表现出来的效果就会大打折扣。GPS 信号来自卫星,环境特征点信息来自地图。这里的地图不是普通意义上的地图,更确切的表述为点云地图,是事先采集的环境点云信息。当这两者满足要求时,ARKit 就可以融合解算出设备的姿态,也就可以正确地加载虚拟物体,实现虚拟物体姿态与真实世界的对齐。

2.12.1　技术基础

　　在 ARKit 中,为更好地使用基于位置的 AR,新建了一个 ARGeoTrackingConfiguration 配置类和一个 ARGeoAnchor 锚点类,前者专用于处理与地理位置相关的 AR 事宜,而后者用于将虚拟物体锚定在一个指定经纬度、海拔高度位置上。

　　使用 ARGeoTrackingConfiguration 配置类启动的 ARSession 会综合 GPS、设备电子罗盘、环境特征点信息数据进行设备姿态解算,如果所有条件都符合,则会输出设备的姿态。使用该配置类运行的 ARSession 也可以进行诸如平面检测、2D 图像检测、3D 物体检测之类的功能。另外,与所有其他类型应用一样,我们需要使用一个锚点将虚拟物体锚定到特定的位置,在基于位置的 AR 中,这个锚点就是 ARGeoAnchor。

　　ARKit 为使用位置的 AR 应用提供了与其他应用基本一致的操作界面,由于是锚定地理空间中的虚拟物体,ARGeoAnchor 不仅需要有 Transform 信息,还具有地理经纬坐标信息,并且 ARGeoAnchor 自身的 X 轴与地理东向对齐,Z 轴与地理南向对齐,Y 轴垂直向上,如图 2-25 所示。与其他所有锚点一样,ARGeoAnchor 放置以后不可以修改。

　　进行地理位置定位不可控的因素非常多,如 GPS 信号被遮挡、点云地图当前位置不可用等,这将导致定位失败,ARKit 引入了 ARGeoTrackingState 枚举用于描述当前定位状态,AR 应用运行时将处于表 2-25 中的某一个状态。

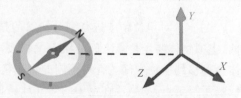

图 2-25　ARGeoAnchor 自身坐标轴与地理坐标轴对齐

表 2-25 　ARGeoTrackingState 枚举值

枚 举 值	描 述
ARGeoTrackingStateInitializing	地理位置定位初始化
ARGeoTrackingStateLocalized	地理位置定位成功
ARGeoTrackingStateLocalizing	正在进行定位
ARGeoTrackingStateNotAvailable	状态不可用

在应用运行过程中,定位状态也会由于各种因素发生变化,如图 2-26 所示,只有当定位状态为 ARGeoTrackingStateLocalized 时才能有效地跟踪 ARGeoAnchor。

图 2-26 　定位状态会在运行时不断地变化

当定位状态不可用时,ARKit 使用 ARGeoTrackingStateReason 枚举描述出现问题的原因,开发人员可以实时地获取这些值,引导用户进行下一步操作,该枚举所包含的值如表 2-26 所示。

表 2-26 　ARGeoTrackingStateReason 枚举值

枚 举 值	描 述
ARGeoTrackingStateReasonNone	没有检测到问题原因
ARGeoTrackingStateReasonNotAvailableAtLocation	当前位置无法进行地理定位
ARGeoTrackingStateReasonNeedLocationPermissions	GPS 使用未授权
ARGeoTrackingStateReasonDevicePointedTooLow	设备摄像头所拍摄角度太低,无法进行特征匹配
ARGeoTrackingStateReasonWorldTrackingUnstable	跟踪不稳定,设备姿态不可靠
ARGeoTrackingStateReasonWaitingForLocation	设备正在等待 GPS 信号
ARGeoTrackingStateReasonGeoDataNotLoaded	正在下载点云地图,或者点云地图不可用
ARGeoTrackingStateReasonVisualLocalizationFailed	点云匹配失败

为营造更好的用户体验,即使在定位成功(即定位状态为 ARGeoTrackingStateLocalized)时,ARKit 也会根据当前定位准确度将状态划分为若干精度级,由 ARGeoTrackingStatus. Accuracy 枚举描述,具体如表 2-27 所示。

表 2-27 　ARGeoTrackingStatus. Accuracy 枚举值

枚 举 值	描 述	枚 举 值	描 述
high	定位精度非常高	low	定位精度较低
undetermined	定位精度不明确	medium	定位精度中等

ARKit 对定位精度进行划分的目的是希望开发者能依据不同的精度制定不同的应对方案,定位精度越低,虚拟物体与定位点之间的误差就越大,表现出来就是虚拟物体偏移,如原来放置在公园大门前的虚拟物体会偏移到广场中间。针对不同的定位精度可以采用不同的策略,在定位精度较低时使虚拟物体不要过分依赖于特定点,如飘浮在空中的热气球就比放置在门口的小木偶更适合,更不容易让使用者察觉到定位点的偏移。

2.12.2　实践

在 RealityKit 中使用基于位置的 AR 与启用其他类型 AR 应用基本一致，但需要注意的是，基于位置的 AR 只支持 iOS 14 及以上系统和 A12 及以上处理器，另外，只有苹果公司提供点云地图的区域（目前区域很有限，仅在北美地区若干城市提供）才可以使用，因此，在启用之前需要对移动设备和使用区域可用性进行检查，典型的使用代码如代码清单 2-27 所示。

代码清单 2-27

```
1.  guard ARGeoTrackingConfiguration.isSupported else { return }
2.  ARGeoTrackingConfiguration.checkAvailability { (available, error) in
3.      guard available else { return }
4.      let arView = ARView(frame: .zero)
5.      arView.session.run(ARGeoTrackingConfiguration())
6.  }
```

在 AR 应用启动后，当 ARGeoTrackingState 状态为定位成功时就可以放置或者显示虚拟物体，典型的示例代码如代码清单 2-28 所示。

代码清单 2-28

```
1.  //方式一
2.  let coordinate = CLLocationCoordinate2D(latitude: 116.308258, longitude: 40.010497)
3.  let geoAnchor = ARGeoAnchor(name: "颐和园", coordinate: coordinate)
4.  arView.session.add(anchor: geoAnchor)
5.  let geoAnchorEntity = AnchorEntity(anchor: geoAnchor)
6.  let myModelEntity = generateMyModelEntity()        //生成虚拟模型实体
7.  let orientation = simd_quatf.init(angle: Float.pi / 2.0, axis: SIMD3<Float>(0,1,0))
8.  myModelEntity.setOrientation(orientation,relativeTo:geoAnchorEntity)
9.  let position = SIMD3<Float>(0,2,0)
10. myModelEntity.setPosition(position,relativeTo: geoAnchorEntity)
11. geoAnchorEntity.addChild(myModelEntity)
12. arView.scene.addAnchor(geoAnchorEntity)
13.
14. //方式二
15. let worldPosition = raycastLocationFromUserTap()        //从射线检测中获取 ARsession 空间中的坐标点
16. arView.session.getGeoLocation(forPoint: worldPosition) { (location, altitude, error) in
17.     if let error = error {
18.         print("发生错误: \(error.localizedDescription)")
19.         return
20.     }
21.     let coordinate = CLLocationCoordinate2D(latitude: location, longitude: altitude)
22.     let geoAnchor = ARGeoAnchor(name: "颐和园", coordinate: coordinate)
23.     ...
24. }
```

在代码清单 2-28 中，我们使用了两种方式添加 ARGeoAnchor，与其他类型的锚点不同，ARGeoAnchor

锚点需要使用真实世界经纬坐标(这个坐标可以从其他地图上得到),如前所述,ARGeoAnchor 的坐标轴与真实世界方位有对应关系,所以在需要将虚拟模型朝向特定方位时应对模型进行旋转。默认时虚拟模型的海拔高度与现地高度一致,但我们也可以对虚拟模型进行平移,如将虚拟物体放置到空中。

方式一需要预先获取并添加 ARGeoAnchor 锚点的经纬度,在实际中可能不太合适。方式二中,我们通过射线检测方式获取平面单击点的位置,利用 ARKit 提供的 getGeoLocation()方法获取其对应的经纬坐标,然后再生成 ARGeoAnchor 锚点,这种方式的自由度更高,使用更方便。

在使用基于位置的 AR 时,当前定位状态非常重要,只有在位置可用时才能放置虚拟物体,不然,虚拟物体会出现漂移、抖动等现象。我们可以利用代码清单 2-29 所示代码获取实时的定位状态信息及出现问题时的问题描述信息,从而根据这些信息引导用户进行下一步操作。

代码清单 2-29

```
1.  func session(_ session: ARSession, didChange geoTrackingStatus: ARGeoTrackingStatus) {
2.     var text = geoTrackingStatus.state.description
3.     if geoTrackingStatus.state == .localized {
4.        text += "Accuracy: \(geoTrackingStatus.accuracy.description)"
5.     } else {
6.        switch geoTrackingStatus.stateReason {
7.        case .none:
8.           break
9.        case .worldTrackingUnstable:
10.          let arTrackingState = session.currentFrame?.camera.trackingState
11.          if case let .limited(arTrackingStateReason) = arTrackingState {
12.             text += "\n\(geoTrackingStatus.stateReason.description): \(arTrackingStateReason.description)."
13.          } else {
14.             fallthrough
15.          }
16.        default: text += "\n\(geoTrackingStatus.stateReason.description)."
17.       }
18.    }
19.    print(text)
20. }
```

利用代码清单 2-29 中的方法,可以实时地捕获到设备定位状态的变化,并根据状态变化采取不同的措施以最优化用户使用体验。

提示

使用 ARKit 基于位置的 AR 需要满足 GPS 和点云地图同时可用,而点云地图需要苹果公司预先对场景进行扫描并更新到地图中,由于地理信息的敏感性,国内使用还需时日。另外,GPS 使用需要用户授权,所以 AR 应用应当在使用前进行定位授权申请。

第 3 章

渲 染 基 础

渲染(Render)在计算机图形学中是指将几何网格、纹理等数字元素按照一定的光照模型生成可视图像的过程。从本质上讲,计算机图形学采用数学的方法对现实世界建模,并按照物理学规律处理数字世界中各元素之间的相互关系,最后仿真现实世界的视觉表现。由于现实世界的复杂性,特别是光源、材质、反射、折射、衍射、透射现象的复杂多样性,导致精确的仿真在计算上变得非常困难。经过几十年的发展,人们通过将整个仿真过程分解成若干个紧密结合的子过程降低复杂性后比较好地解决了这个问题,并称整个相互连接、紧密合作的过程为图形渲染管线。

本章所述的渲染只是整个渲染管线的最后阶段,即使如此,渲染包含的内容仍然纷繁复杂,鉴于本书的目的,我们只能从很浅的层面对渲染进行阐述。但是,渲染又非常重要,因为它决定了 AR 应用最终的外观表现,了解一些基础概念有助于更好地理解相关过程。

3.1 材质纹理

在利用光照模型计算物体表面光照信息时,需要使用物体表面的各类参数,即物体与光交互的相关信息,这些记录物体表面与光交互的参数集合就叫材质(material)。材质参数通常包括物体表面色彩、纹理、光滑度、透明度、反射率、折射率、发光度等,材质决定了物体的外观质感。材质只是一组数字参数,由于光照模型不同、渲染引擎不同,相同物体所使用的材质参数也会不一样,如 RealityKit 使用的材质与 Unreal 使用的材质就不通用。

纹理(texture)是物体具体的外观表现,通常指最终可以以位图形式使用的 2D 图片,纹理用于表现物体的视觉外观,当把纹理按照特定的方式映射到模型表面时能使模型看上去更加真实,如图 3-1 所示。

图 3-1 纹理是用于表现物体外观的 2D 图像

在计算机图形渲染中,由于真实世界物体的精细性和计算机资源的有限性,无法将所有物体都建成高精度模型,为降低计算成本,也会使用图片模拟精细的模型外观表现,这类图像叫贴图(map),如法线贴图用于提供像素级别的表面法线。纹理侧重于描述物体表面外观特征,而贴图侧重于描述物体表面的视觉表现,这两者有区别,但在本节中不加以区分。

RealityKit 支持 PBR 渲染(PBR 渲染稍后会详细阐述),PBR 渲染使用了多种贴图模拟真实物体的外观表现,每一种贴图负责实现某种特定效果,这些贴图包括漫反射贴图、法线贴图、高度贴图、环境光遮挡贴图、自发光贴图、置换贴图、金属感贴图、粗糙度贴图、清漆贴图等。如渲染一个高置信的照片级地球可能需要使用其中很多种贴图,如图 3-2 所示。

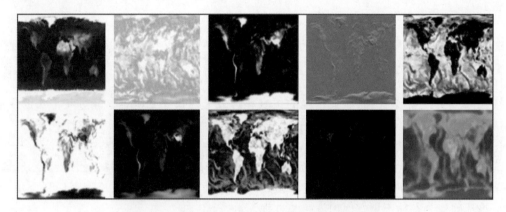

图 3-2   PBR 渲染使用多种贴图模拟物体的外观

1. 漫反射贴图(Diffuse map、Base Color map、Albedo map)

漫反射贴图用于表现物体的基本外观,赋予物体基本质感,呈现物体被光照而显出的颜色和强度。使用漫反射贴图的地球如图 3-3 所示,通过漫反射贴图,地球被赋予基本的外观。

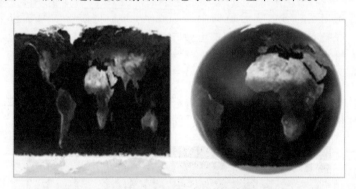

图 3-3   漫反射贴图表现物体的基本外观

2. 不透明贴图(Opacity map)

不透明贴图通常为一张黑白灰度图,用于控制透明区域,黑色部分为透明区域,而白色部分为保留区域。利用不透明贴图可以实现透明、半透明、镂空效果,如图 3-4 所示。应当注意的是,不透明贴图应谨慎使用,它可能会导致 GPU 性能恶化。

3. 法线贴图(Normal map)

法线贴图用于提供逐像素的法线信息,精确控制像素的光照计算,能在不增加模型顶点数的情况下大

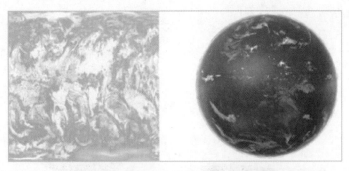

图 3-4 使用不透明贴图控制物体透明度

幅提高细节表现力,可以让细节程度较低的表面生成高细节程度的精确光照和反射效果,如使用法线贴图表现桌面木材细纹、表现瓷器凸凹不平的磨砂纹理,法线贴图一般呈现蓝紫色,如图 3-5 所示。

图 3-5 法线贴图

4. 高度贴图(Height map)

高度贴图是一张灰度图,用纯白表示最高的点,用纯黑表示最低的点,中间值表示对应的高度值,如图 3-6 所示。高度贴图一般用于调整模型顶点的位移,它不是 PBR 渲染需要的贴图,但通过高度贴图可以生成法线贴图。

图 3-6 高度贴图可以转成法线贴图

5. 环境光遮挡贴图(Ambient Occlusion map)

在仅有环境光的情况下,物体的所有面接收的光照完全一样,渲染后就没有立体感和层次感,给人一种偏平的感觉,缺乏物体应有的明暗效果。为解决这个问题,引入了环境光遮挡贴图,模拟物体自身相互遮挡的效果,如凹面或者裂缝中接收的光照较少,渲染出来就会偏暗。环境光遮挡贴图也是灰度图,黑色区域阻止所有的光照,而白色区域则允许光照,如图 3-7 所示。

图 3-7　环境光遮挡贴图可以产生自我遮挡的效果

6．发光贴图(Emission map,Emissive map)

在现实世界中,有类物体自带发光属性,如广告牌匾、荧光棒等。在 PBR 图形渲染中使用发光贴图模拟这类现象,发光贴图效果会叠加到其他贴图的光照效果后,因此可以渲染出光晕效果,如图 3-8 所示。发光贴图不是光源,无法照亮别的物体。

图 3-8　发光贴图可以营造物体自发光效果

7．自照明贴图(Self-illumination map)

自照明贴图通常应用于所有效果之后,用于营造特殊视觉表现,如色彩化、亮化、暗化等,如图 3-9 所示。

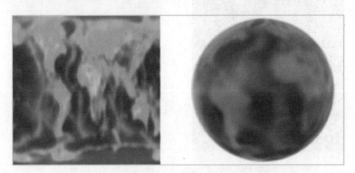

图 3-9　自照明贴图常用于营造特殊的外观表现

8．置换贴图(Displacement map)

使用法线贴图模拟物体表面细节时,并不会改变模型顶点位置,因此,营造的是一种假象,其本质上是通过使用逐像素的法线信息参与光照计算模拟光感。采用置换贴图渲染时,会使用置换贴图中的数据真实地修改模型的顶点位置,如在图 3-10 中,通过使用置换贴图,地球不再是一个完美的圆,而是呈现凸凹不平的地貌。置换贴图也是灰度图,黑色到中灰会造成顶点凹陷,而中灰到白色则会使顶点外凸,具体的值反映凸凹的程度。

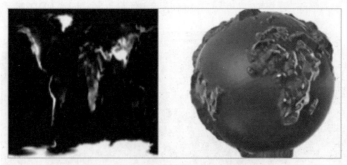

图 3-10 置换贴图用于位移模型顶点

9. 金属度贴图(Metalness Map,Metallic Map)

金属在光谱区有很强的光学吸收,而同时又有很大的反射率,金属值(Metal)用于描述物体表现的折射、反射、菲涅耳反射(Fresnel Reflection),表现金属质感或高导电率外观。金属感贴图通常是黑白二值灰度图,黑色表示完全非金属,而白色表示全金属,如图 3-11 所示。

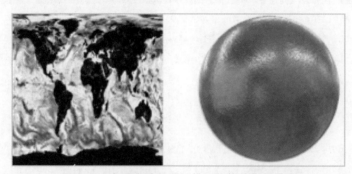

图 3-11 金属度贴图用于模拟物体的金属质感

10. 粗糙度贴图(Roughness Map)

粗糙度贴图用于模拟物体表面的粗糙与光滑表现,也是灰度图,白色表示粗糙表面,而黑色表示光滑表面,效果如图 3-12 所示。

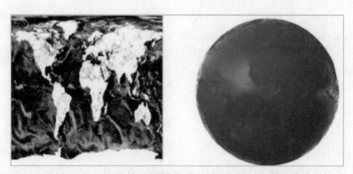

图 3-12 粗糙度贴图模拟物体表面的粗糙度质感

PBR 渲染中还有凸凹贴图(Bump Map)、高光贴图(Specular Map)、光泽度贴图(Glossiness Map)、视差贴图(Parallax Map)等贴图类型,由于这些贴图在 RealityKit 中不被支持,不再赘述,如有需要,读者需自行查阅相关文档。

传统渲染中通常使用经验光照模型渲染物体,效果偏向理想化,而基于 PBR 的渲染则更倾向于依据物理规律对物体进行渲染,相对而言效果真实度更高、可信度更强,一个使用 PBR 渲染的地球如图 3-13 所示。

图 3-13　使用 PBR 渲染的地球

> **提示**
>
> PBR 渲染又分为 Metalness＋Roughness 工作流与 Specular＋Glossiness 工作流,RealityKit 支持 Metalness＋Roughness 工作流。传统渲染与 PBR 渲染、PBR 两种工作流中使用的贴图名字虽然相同,但实际贴图内容有很大区别,如有的会将阴影、高光存储到漫反射贴图中,有的则会要求剥离这些信息,在使用时需要根据具体需求对贴图进行调整。目前,RealityKit 与 Reality Composer 都不支持直接使用 PBR 贴图,只能通过导入使用了 PBR 贴图的 USDZ 或者 Reality 文件间接使用。

RealityKit 支持完整的 PBR 渲染,但目前通过程序化方式只能使用 SimpleMaterial、UnlitMaterial、OcclusionMaterial、VideoMaterial 4 种材质类型,而且支持的贴图非常有限,具体如表 3-1 所示。

表 3-1　RealityKit 可以程序化生成的材质

材　　质	描　　述
SimpleMaterial	该材质支持设置颜色(color)或者纹理(texture)类型的漫反射贴图、标量类型的 metallic、标量类型的 roughness,可供设置使用的纹理非常有限
UnlitMaterial	该材质只支持设置颜色(color)或者纹理(texture)类型的漫反射贴图,其特点是不参与光照计算,通常用于模拟带自发光属性的电视屏幕或者广告牌匾
OcclusionMaterial	该材质不需要设置贴图,其特点是遮挡应用该材质物体背后的物体,实现遮挡效果
VideoMaterial	该材质使用视频作为动态贴图,利用该材质可以实现动态的纹理效果

3.2　网格

在计算机图形学中,所有物体表面都由三角形组成的网格模拟(也可能包括点与直线),由于三角形是最简单的基本图元,三角网格能在视觉精度和处理速度之间取得良好的平衡,随着计算机图形硬件的快速发展,目前已经能够每秒处理数百万甚至数千万三角形的渲染。

网格是 3D 虚拟世界中最基本的元素,有了网格,我们就可以进行渲染、碰撞检测等后续操作。三角网格由三角形组成,而三角形由三个顶点按照一定的环绕方向确定,在计算机存储时,只存储所有的离散顶点及这些离散顶点间的关系,如图 3-14 所示。

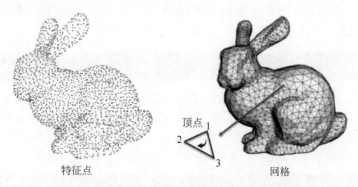

特征点　　　　　　　　网格

图 3-14　由离散顶点按照一定的规律构建成三角网格

在图 3-14 中,左图是离散顶点示意图,右图是由离散顶点构建的三角网格,在 GPU 渲染网格时,组成网格的三角形的 3 个顶点的位置是有序排列的,通常将如图 3-14 中所示的逆时针排序方式朝外的一面称为正面,朝内的一面称为背面,排序方式对后续的渲染、光照、背面剔除会产生很大的影响。在图 3-14 中,132 排列与 123 排列得到的三角形面的法线相反,因此阴影、光照、背面剔除也相反,当然,现在的建模软件会自动处理排序问题,但如果需要手动建立网格,或者由算法生成网格,则应当注意顶点环绕方向。

3.3　模型

模型是在计算机中对物体三维结构的数字表达,通常为众多点、线、三角形构成的网格,是一组能反映物体三维结构的网格。模型通常由三维建模软件制作生成,简单的模型也可以程序化生成,在 RealityKit 中,程序化模型生成由 MeshResource 类负责管理,目前可以生成立方体、球体、平面、文字 4 种类型的模型网格,如表 3-2 所示。

表 3-2　RealityKit 可以程序化生成的网格

网格生成方法	描　　述
generateBox()	3 个重载,支持生成带圆角的正方体、长方体网格
generatePlane()	3 个重载,支持在 XY 平面或者 XZ 平面内生成带圆角的平面网格
generateShpere()	1 个方法,支持按半径生成球体网格
generateText()	1 个方法,支持英文及汉字 3D 文字网格生成

在 RealityKit 中,程序化方式可以生成最基本的模型网格,在实际应用开发中,更多会导入由第三方软件生成的模型。目前,RealityKit 支持 USD 模型文件(包括 .usd、.usda、.usdc、.usdz 文件)和 Reality 文件(.reality 文件,Reality 文件是由 Reality Composer 应用生成并导出的文件),Reality 格式由 USDZ 格式文件发展而来,通常可以提供更好的纹理压缩、动画、特效,性能相对而言更好。

RealityKit 允许从工程文件资源或者网络下载的 Bundle 中加载模型,并在 Entity 实体类中提供了一系列方法用于加载模型。由于模型文件大小不一、层次各异,RealityKit 同时提供了同步与异步两种加载方法。

1. 同步加载模型

同步加载使用 Entity.load(named:in:)方法从工程文件资源或者网络下载的 Bundle 中加载模型,同步加载方法会阻塞应用程序主线程直到模型加载完成,在模型文件较小、对模型实时性要求很高的情况下可以采用同步加载的方法,典型的使用方法如代码清单 3-1 所示。

代码清单 3-1

```
1.   let entity = try? Entity.load(named: "MyEntity")
```

load(named:in:)方法也允许从工程文件资源中指定的位置加载模型,方法是先创建 URL 指定路径再进行模型加载,典型的使用方法如代码清单 3-2 所示。

代码清单 3-2

```
1.   let url = URL(fileURLWithPath: "path/to/MyEntity.usdz")
2.   let entity = try? Entity.load(contentsOf: url)
```

Entity 实体类的 load(named:in:)方法会加载模型的完整层次并返回根(root entity)实体对象,即如果一个模型文件包含很多层级,该方法会加载所有层级并保留它们相互之间的层级关系,如图 3-15 所示,RealityKit 中的所有模型加载方法都会遵循同样的原则,这允许我们使用具有复杂层次结构的模型,在加载成功后,可以使用 HasHierarchy 协议定义的方法访问各层级详细信息。

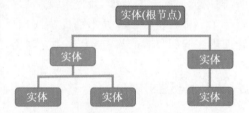

图 3-15 RealityKit 加载模型时会加载模型的完整层次结构

2. 异步加载模型

异步加载会在新创建的线程中执行模型加载操作,不会阻塞主线程,因此,为使用户界面更流畅,对模型文件较大、通过网络进行加载时应当使用异步加载方式,在 RealityKit 中,所有同步加载方法都有一个对应的异步加载方法,如 load(named:in:)方法的异步加载方法为 loadAsync(named:in:),典型的异步加载模型用法如代码清单 3-3 所示。

代码清单 3-3

```
1.   _ = Entity.loadAsync(named: "MyEntity")
2.     .sink(receiveCompletion: { loadCompletion in
3.         //错误处理
4.     }, receiveValue: { entity in
5.         //加载成功,进入正常处理流程
6.     })
```

异步加载操作返回一个 LoadRequest 类型实例,可以通过 sink(receiveCompletion:receiveValue:)使用闭包的方法处理返回结果。异步加载需要导入 Combine 框架,该框架提供了很多实用的加载处理方法,可以方便地处理各种异步加载需求,如可以使用 append(_:)和 collect()方法合并处理多个模型加载请求,如代码清单 3-4 所示。

代码清单 3-4

```
1.    _ = Entity.loadAsync(named: "MyEntity")
2.        .append(Entity.loadAsync(named: "MyOtherEntity"))
3.        .append(Entity.loadAsync(named: "MyThirdEntity"))
4.        .collect()
5.        .sink(receiveCompletion: { loadCompletion in
6.            //错误处理
7.        }, receiveValue: { entities in
8.            //处理整个集合
9.        })
```

　　load(named:in:)和 loadAsync(named:in:)方法不仅会加载模型网格,也会加载模型内置的骨骼动画信息,返回 Entity 类型实例,通常这是我们所希望的。加载模型也可以使用 loadModel(named:in:)方法,该方法会展平(flatten)模型结构,返回 ModelEntity 类型实例,更简单也更便于使用,并且模型使用效率更高。

　　除此之外,Entity 类还提供很多其他加载方法,分别用于从本地资源、网络中加载不同类型的资源,具体如表 3-3 所示。

表 3-3　RealityKit 提供的各类加载方法

方　　　　法	类型	描　　述
load(named:String,in:Bundle?)—>Entity	同步	加载实体
load(contentsOf:URL,withName:String?)—>Entity	同步	加载实体
loadAsync(named:String,in:Bundle?)—>LoadRequest<Entity>	异步	加载实体
loadAsync(contentsOf:URL,withName:String?)—>LoadRequest<Entity>	异步	加载实体
loadModel(named:String,in:Bundle?)—>ModelEntity	同步	加载模型
loadModel(contentsOf:URL,withName:String?)—>ModelEntity	同步	加载模型
loadModelAsync(named:String,in:Bundle?)—>LoadRequest<ModelEntity>	异步	加载模型
loadModelAsync(contentsOf:URL,withName:String?)—>LoadRequest<ModelEntity>	异步	加载模型
loadAnchor(named:String,in:Bundle?)—>AnchorEntity	同步	加载 ARAnchor
loadAnchor(contentsOf:URL,withName:String?)—>AnchorEntity	同步	加载 ARAnchor
loadAnchorAsync(named:String,in:Bundle?)—>LoadRequest<AnchorEntity>	异步	加载 ARAnchor
loadAnchorAsync(contentsOf:URL,withName:String?)—>LoadRequest<AnchorEntity>	异步	加载 ARAnchor
loadBodyTracked(named:String,in:Bundle?)—>BodyTrackedEntity	同步	加载人体骨骼实体
loadBodyTracked(contentsOf:URL,withName:String?)—>BodyTrackedEntity	同步	加载人体骨骼实体
loadBodyTrackedAsync(named:String, in:Bundle?)—>LoadRequest<BodyTrackedEntity>	异步	加载人体骨骼实体
loadBodyTrackedAsync(contentsOf:URL,withName:String?)—>LoadRequest<BodyTrackedEntity>	异步	加载人体骨骼实体

　　在表 3-3 中,loadAnchor(named:in:)方法可以直接从文件中加载 ARAnchor 类的实体结构,该方法与 Entity.load(named:in:)方法的区别是,其返回 AnchorEntity 实例,可以直接添加到 Scene 节点中,典型用法如代码清单 3-5 所示。

代码清单 3-5

```
1.    if let anchor = try? Entity.loadAnchor(named: "MyEntity") {
2.        arView.scene.addAnchor(anchor)
3.    }
```

　　RealityKit 加载一个拥有很多层级的文件时,如果不需要获取其内部结构信息,可以将其内部和兄弟节点的层级展平到一个单一的实体中,相比于 load( )方法,使用 loadModel(named: in:) 或者 loadBodyTracked(named:in:)方法时会自动展平加载的实体对象,一个展平的实体更有利于使用和提高处理效率。

　　当然,展平后的实体将无法使用程序的方式访问内部层级,但很多时候,我们并不需要访问模型实体的内部层级,因此在大部分情况下,展平有利于提高性能。

　　利用 RealityKit 提供的方法,可以轻松加载各类模型,下面我们以同步及异步加载模型为例,演示如何进行模型加载,具体代码如代码清单 3-6 所示。

代码清单 3-6

```
1.   extension ARView : ARSessionDelegate{
2.   func loadModel(){
3.       let planeAnchor = AnchorEntity(plane:.horizontal)
4.       //同步加载
5.       do {
6.           let usdzPath = "toy_drummer"
7.           let modelEntity =   try ModelEntity.loadModel(named: usdzPath)
8.           print("加载成功!")
9.           planeAnchor.addChild(modelEntity)
10.      } catch {
11.          print("找不到文件")
12.      }
13.      //异步加载
14.      let usdzPath = "toy_drummer"
15.      var cancellable: AnyCancellable? = nil
16.      cancellable = ModelEntity.loadModelAsync(named: usdzPath)
17.          .sink(receiveCompletion: { error in
18.              print("发生错误: \(error)")
19.              cancellable?.cancel()
20.          }, receiveValue: { entity in
21.              planeAnchor.addChild(entity)
22.              cancellable?.cancel()
23.          })
24.      self.scene.addAnchor(planeAnchor)
25.  }
26. }
```

3.4　动画

　　动画是增强虚拟元素真实感和生动性的重要方面,RealityKit 支持变换动画(Transform Animation)和骨骼动画(Skeletal Animation)两种动画模式。变换动画一般程序化地执行,支持基本的平移、旋转、缩放,更复杂的动画通常由第三方模型制作软件采用骨骼绑定的方式生成,独立或者内置于模型文件中。USDZ 和 Reality 文件格式都支持动画,在使用时,可以直接由该类文件将动画导入场景中。

　　变换动画可以实现对虚拟元素常见的基本操作,如平移、旋转、缩放,在执行时,通常使用实体类的 move(to:relativeTo:duration:)方法,该方法参数 duration 用于指定动画时间,基本使用方法如代码清单 3-7 所示。

代码清单 3-7

```
1.    var cubeEntity : ModelEntity?
2.    var gestureStartLocation: SIMD3 < Float >?
3.
4.    extension ARView :ARSessionDelegate{
5.       func createPlane(){
6.          let planeAnchor = AnchorEntity(plane:.horizontal)
7.          do {
8.             let cubeMesh = MeshResource.generateBox(size: 0.1)
9.             var cubeMaterial = SimpleMaterial(color:.white,isMetallic: false)
10.            cubeMaterial.baseColor = try .texture(.load(named: "Box_Texture.jpg"))
11.            cubeEntity = ModelEntity(mesh:cubeMesh,materials:[cubeMaterial])
12.            cubeEntity!.generateCollisionShapes(recursive: false)
13.            cubeEntity?.name = "this is a cube"
14.            planeAnchor.addChild(cubeEntity!)
15.            self.scene.addAnchor(planeAnchor)
16.            self.installGestures(.all,for:cubeEntity!).forEach{
17.               $0.addTarget(self, action: #selector(handleModelGesture))
18.            }
19.         } catch {
20.            print("找不到文件")
21.         }
22.      }
23.
24.      @objc func handleModelGesture(_ sender: Any) {
25.         switch sender {
26.         case let rotation as EntityRotationGestureRecognizer:
27.            rotation.isEnabled = false
28.            var transform = rotation.entity!.transform
29.            transform.rotation =   simd_quatf(angle: .pi * 1.5, axis: [0, 1, 0])
30.            rotation.entity!.move(to: transform, relativeTo: nil, duration: 5.0)
31.            rotation.isEnabled = true
32.         case let translation as EntityTranslationGestureRecognizer:
33.            translation.isEnabled = false
34.            var transform = translation.entity!.transform
35.            transform.translation = SIMD3 < Float >(x: 0.8, y: 0, z: 0)
36.            translation.entity!.move(to:transform,relativeTo:nil,duration:5.0)
37.            translation.isEnabled = true
38.         case let Scale as EntityScaleGestureRecognizer:
39.            Scale.isEnabled = false
40.            var scaleTransform = Scale.entity!.transform
41.            scaleTransform.scale = SIMD3 < Float >(x: 2, y: 2, z: 2)
42.            Scale.entity!.move(to:scaleTransform,relativeTo:nil,duration:5.0)
43.            Scale.isEnabled = true
44.         default:
```

```
45.          break
46.        }
47.      }
48.
49.      @objc func handleScaleGesture(_ sender : EntityScaleGestureRecognizer){
50.        print("in scale")
51.      }
52. }
```

在代码清单 3-7 中，我们对平移、旋转、缩放的变换动画都进行了演示，在使用 move() 方法进行变换动画之前，应当先设置需要达到的目标，利用 duration 参数控制动画时长。

move() 方法另一个重载 move(to：relativeTo：duration：timingFunction：) 版本，其参数 timingFunction 为 AnimationTimingFunction 类型，通过它可以指定动画效果，如线性（linear）、缓入（easeIn）、缓出（easeOut）、缓入缓出（easeInOut）、三次贝赛尔曲线（cubicBezier），通过使用该方法可以改善动画体验。

变换动画只适合于执行相对简单的动画操作，如控制灯光沿圆形轨道移动、用户单击模型时出现弹跳效果等，对于复杂的动画，一般使用第三方软件（Maya、3ds MAX 等）预先制作好骨骼动画，然后导出为 USDZ 或 Reality 格式文件供 ARKit 使用。在 RealityKit 中，使用骨骼动画的典型代码如代码清单 3-8 所示。

代码清单 3-8

```
1.    extension ARView : ARSessionDelegate{
2.    func CreateRobot(){
3.        let planeAnchor = AnchorEntity(plane:.horizontal)
4.        do {
5.            let robot =   try ModelEntity.load(named: "toy_drummer")
6.            planeAnchor.addChild(robot)
7.            robot.scale = [0.01,0.01,0.01]
8.            self.scene.addAnchor(planeAnchor)
9.            print("Total animation count : \(robot.availableAnimations.count)")
10.           robot.playAnimation(robot.availableAnimations[0].repeat())
11.       } catch {
12.           print("找不到 USDZ 文件")
13.       }
14.     }
15. }
```

在代码清单 3-8 中，我们在 load() 方法加载 USDZ 文件后，使用实体类的 playAnimation() 方法播放骨骼动画。需要注意的是，在播放动画之前应当先通过实体的 availableAnimations. count 检查加载的模型所包含的动画数量，再确定播放哪个可用动画。playAnimation() 方法返回一个 AnimationPlaybackController 类实例，可以利用这个实例控制动画暂停（pause）、继续播放（resume）、停止（stop），也可以使用 stopAllAnimations() 方法停止所有动画播放。

3.5 RealityKit 渲染

在计算机图形学中,3D 渲染又称为着色(Shading),是指对 3D 模型进行纹理与光照处理并光栅化成像素,以可视化图像的方式展示数字场景的过程。图 3-16 直观地展示了 3D 渲染过程。在 3D 渲染中,顶点着色器(Shader)从来没有真正渲染过线框模型,相反,它只是定位并对顶点进行着色,然后输入到片元着色器进行光照计算和阴影处理,3D 渲染的最后一步称为光栅化,即生成每个像素的颜色信息,随后这些像素被输出到帧缓存中并由显示器进行显示。

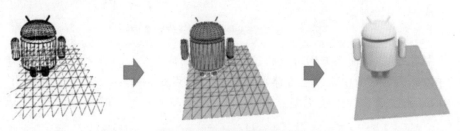

图 3-16　AR 渲染物体的过程

> **提示**
>
> 　　这里讨论的渲染过程是指利用 DirectX 或 OpenGL 在设备的 GPU 上进行标准的实时渲染过程,目前已有一些渲染方式采用另外的渲染架构,但那不在我们的讨论范围之内。

3.5.1　立方体贴图

立方体贴图(Cubemap)由于其独特的性质通常用于环境映射,也常被用于具有反射属性物体的反射源,在 RealityKit 中,内置了一个简单的天空盒(Skybox,在 RealityKit 中实质上使用了 IBL 技术实现,第 6 章会详细介绍),所有带反射材质的物体默认会对天空盒产生反射,如图 3-17 所示,天空盒的实现使用了立方体贴图,也常称为环境贴图。

图 3-17　RealityKit 内置了一个天空盒用于基础反射

立方体贴图是一个由 6 个独立的正方形纹理组成的纹理集合,包含了 6 个 2D 纹理,每个 2D 纹理为立方体的一个面,6 个纹理组成一个有贴图的立方体,如图 3-18 所示。

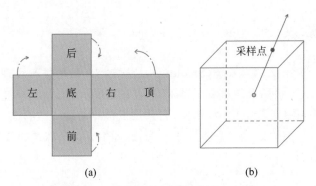

图 3-18　立方体贴图展开与采样示意图

在图 3-18（a）中，沿着虚线箭头方向可以将这 6 个面封闭成一个立方体，形成一个纹理面向内的贴图集合，这也是立方体贴图名字的由来。立方体贴图最大的特点是构成了一个 720°全封闭空间，因此如果组成立方体贴图的 6 张纹理选择连续无缝贴图就可以实现 720°无死角的纹理采样，形成完美的天空盒效果。

与 2D 纹理采样使用 UV 坐标不同，立方体贴图需要一个 3D 查找向量进行采样，查找向量是一个原点位于立方体中心点的 3D 向量，如图 3-18（b）所示，在 3D 找查向量与立方体相交处的纹理就是需要采样的纹理。在 GLSL、HLSL、Cg、Metal 中都定义了立方体贴图采样函数，可以非常方便地进行立方体贴图的采样操作。

立方体贴图因其 720°封闭特性常用来模拟在某点处的周边环境实现反射、折射效果，如根据赛车位置实时更新立方体贴图可以模拟赛车车身对周边环境的反射效果。在 AR 中，我们也是利用同样的原理实现虚拟物体对真实环境的反射，在 RealityKit 中实现实时环境反射方法将在第 6 章讲述。

立方体贴图需要 6 个无缝纹理，使用静态纹理可以非常好地模拟全向场景，但静态纹理不能反映动态的物体变化，如赛车车身对周围环境的反射，如果使用静态纹理将不能反射路上行走的人群和闪烁的霓虹灯，这时就需要使用实时动态生成的立方体贴图，这种方式能非常真实地模拟赛车对环境的反射，但性能开销比较大，需要谨慎使用。

3.5.2　PBR 渲染

就算法理论基础而言，光照模型分为两类：一类基于物理理论，另一类基于经验模型。基于物理理论的光照模型，偏重于使用物理的度量和统计方法，比较典型的有 ward BRDF 模型，其中不少参数需要由仪器测量，使用这种光照模型的好处是效果非常真实，但是计算复杂，实现起来也较为困难。PBR（Physically Based Rendering，基于物理渲染）渲染也是基于物理模型，PBR 对物体表面采用微平面进行建模，利用辐射度，加上光线追踪技术进行渲染，但 PBR 渲染并不是纯物理渲染，也使用了部分简化模型。经验模型更加偏重于使用特定的概率公式，使其与一组表面材质类型相匹配，所以经验模型大多比较简洁，但效果偏向理想化。物理模型与经验模型两者之间的界限并非清晰到"非黑即白"的程度，无论何种光照模型本质上还是基于物理的，只不过在求证方法上各有偏重。通常来讲，经验模型更简单、对计算更友好，而物理模型更复杂且计算量更大，但效果会更真实。

PBR 渲染是在不同程度上都与现实世界的物理原理更相符的基本理论所构成的渲染技术的集合。正因为基于物理的渲染目的是为了使用一种更符合物理学规律的方式来模拟光线交互，因此这种渲染方式与传统使用的 Phong 或者 Blinn-Phong 光照模型算法相比总体上看起来要更真实一些。除了看起来更真实以外,由于使用物理参数调整模拟效果,因此可以编写出通用的算法,通过修改物理参数模拟不同的材质表面,而不必依靠经验修改或调整让光照效果看上去更自然。使用基于物理参数的方法编写材质还有一个更大的好处,就是无论光照条件如何,这些材质看上去都会是正确的,如 Unity 引擎内置的 Standard Shader 就是一个万能的基于物理的着色器,可以通过不同的参数设置模拟各种材质表面属性,从木质到金属都可以仅由一个着色器模拟。在使用 PBR 进行渲染时,可以通过调整 Metallic 和 Smoothness 值模拟从非金属到金属的所有材质,如图 3-19 所示。

图 3-19　PBR 流程中 Metallic 与 Smoothness 对材质外观的质感影响

虽然如此,基于物理的渲染仍然只是对现实世界物理规律的一种近似,这也就是为什么它被称为基于物理的渲染而非物理渲染的原因。判断一种 PBR 光照模型是否基于物理,必须满足以下 3 个条件:基于微平面(Microfacet)的表面模型;能量守恒;应用基于物理的 BRDF。

3.5.3　清漆贴图

清漆贴图(Clear Coat)是一种高级材质贴图,清漆贴图源于瓷器工艺,通常在瓷器制作完成后会在其表面再刷一层清漆用作保护,刷过清漆的瓷器表面会呈现一种玻璃样通透的质感,如图 3-20 所示,所以清漆贴图通常用于模拟光滑玻璃样表面。

RealityKit 支持清漆贴图与清漆粗糙度贴图(Clear Coat Roughness),在具体执行中,RealityKit 对粗糙度采用多次散射(Multi-scattering)算法,对材质表面粗糙度的模拟更细致,结合清漆粗糙度贴图,可以精细地模拟物体表面的散光,效果更真实可信,如图 3-21 所示。

图 3-20　清漆对材质外观质感的影响

图 3-21　多次散射与清漆贴图使用对物体外观表现对比

清漆贴图和清漆粗糙度贴图对物体表面的影响如图 3-22 所示,它们的取值范围均为[0,1],从 0 到 1,清漆贴图对物体表面影响越来越弱,清漆粗糙度贴图则会让物体对光照反射越来越模糊。

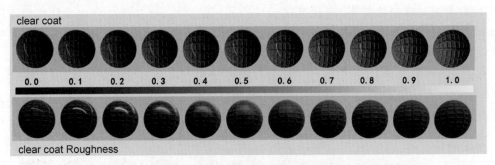

图 3-22　清漆贴图与清漆粗糙度贴图对物体表面质感的影响

　　RealityKit 中 PBR 渲染支持清漆贴图和清漆粗糙度贴图这两种贴图，与其他材质结合使用，可以让模型更生动真实。

功能技术篇

本篇为 ARKit 技术各功能点详细讨论篇,对 ARKit 各个功能技术点进行全面深入的剖析,在讲述功能点时,特别注重技术的实际应用,每一个功能点都配有详尽的可执行代码及代码的详细说明。

功能技术篇包括以下章节。

第4章　图像与物体检测跟踪

对 2D 图像与 3D 物体的检测识别跟踪进行阐述,并对检测跟踪过程中的性能优化、注意事项进行讨论。

第5章　人脸检测跟踪

对人脸检测、人脸表情捕捉、人脸特效相关技术进行讨论,并实现同时开启前后摄像头,利用前置摄像头捕捉的人脸表情信息驱动后置摄像头 AR 场景中模型的功能。

第6章　光影特效

对光照模型、光照一致性、光照估计、环境光反射等光影特效相关知识进行学习,讨论 AR 中实现光照估计和环境反射的原理及基本步骤。

第7章　肢体动捕与人形遮挡

对 2D、3D 人体姿态估计及人形遮挡相关知识进行阐述,实现人体动作捕捉、利用捕捉的人体骨骼关节点信息驱动模型、人形遮挡、人形区域提取等功能。

第8章　持久化存储与多人共享

对锚点、持久化存储、AR 多人体验共享相关原理进行学习,重点对 ARWorldMap、协作 Session 及 RealityKit 中同步共享技术进行深入探究。

第9章　物理模拟

对在 RealityKit 中利用物理引擎进行物理模拟进行深入探讨,并对触发器及触发域的使用进行阐述。

第10章　Reality Composer

详细介绍 Realtiy Composer 使用方法、操作技巧,对自定义行为中触发器和动作序列使用进行详细说明,对 Reality Composer 与 Xcode 代码交互进行深入探究。

第 11 章　3D 文字与音视频

对在 RealityKit 中使用 3D 文字、3D 音频、3D 视频进行技术剖析和实际演示。

第 12 章　USDZ 与 AR Quick Look

对 USDZ 格式渊源、USDZ 格式的转换进行详细讨论，对 AR Quick Look 在 App 和 Web 端的使用进行深入的学习。

第 4 章

图像与物体检测跟踪

对 2D 图像进行检测与跟踪是 AR 应用最早的领域之一,利用摄像头获取的图像数据,通过计算机图形图像算法对图像中的特定 2D 图像进行检测、识别与姿态跟踪,并利用 2D 图像的姿态叠加虚拟物体对象,这种方法也称为基于标记的 AR(Marker Based AR)。对 3D 物体检测跟踪则是对真实环境中的三维物体而不是 2D 图像进行检测、识别、跟踪,其利用机器学习技术实时对环境中的 3D 物体进行检测并评估姿态,相比 2D 图像,3D 物体检测、识别、跟踪对设备软硬件要求高得多。本章我们主要学习利用 ARKit 检测、识别和跟踪 2D 图像与 3D 物体的方法。

4.1 2D 图像检测跟踪

图像跟踪技术,是指通过图像处理技术对摄像机中拍摄到的 2D 图像进行检测、识别、定位,并对其姿态进行跟踪的技术。图像跟踪技术的基础是图像识别,图像识别是指检测和识别出数字图像或视频中的对象或特征的技术,图像识别技术是信息时代的一门重要技术,其产生的目的是为了让计算机代替人类处理大量的图形图像及真实物体信息,是其他众多技术的基础。

ARKit 具备对 2D 图像检测、识别、跟踪的能力,其能实时检测并识别从设备摄像头采集图像中的预定义 2D 图像,并能评估 2D 图像的尺寸大小和稳定跟踪这些图像的姿态,ARKit 最大支持同时跟踪 100 张 2D 图像。利用 ARKit 的 2D 图像检测跟踪功能,可以实现很多有趣的 AR 体验,如:

(1)使用 2D 图像作为放置虚拟元素的参考位置。通常情况下我们会要求用户扫描其周边环境,在检测到的平面上放置虚拟元素,这在某些时候会显得不够友好,如一个零售商店需要显示一个虚拟导购,这时我们可以在商店的大门两侧粘贴两张海报,在 ARKit 检测到这两张海报后利用这两张海报的位置计算出一个位置显示虚拟导购,营造虚拟导购正在门口迎接顾客的氛围。

(2)使用 2D 图像作为 AR 应用入口。AR 应用启动后无须检测平面,用户只需要将手机摄像头对准 2D 图像就可以触发 AR 体验,这在某些场合更合适,如在电影院里,用户通过扫描电影海报就可以将电影主角召唤出来。

不仅如此,2D 图像检测在教育培训、工业应用等很多场景都有广阔的应用前景。

4.1.1 图像检测跟踪基本操作

在 ARKit 中,图像跟踪系统依据图像库中的图像信息尝试在现实环境中检测匹配的 2D 图像并跟踪它,在 ARKit 的图像跟踪处理中,一些特定的术语如表 4-1 所示。

表 4-1　图像跟踪术语表

术　语	描述说明
参考图像 （Reference Image）	识别 2D 图像的过程实际是一个特征值对比的过程，ARKit 将从摄像头中获取的图像信息与参考图像库的图像特征值信息进行对比，存储在参考图像库中的用于对比的图像就叫作参考图像。一旦对比成功，真实环境中的图像将与参考图像库的参考图像建立对应关系，每一个真实 2D 图像的姿态信息也一并被检测
参考图像库 （Reference Image Library）	参考图像库用来存储一系列的参考图像用于对比，每一个图像跟踪程序都必须有一个参考图像库，但需要注意的是，参考图像库中存储的实际是参考图像的特征值信息而不是原始图像，这有助于提高对比速度和鲁棒性。参考图像库越大，图像对比就会越慢，建议参考图像库的图像不要超过 25 张
AR 图像锚点 （ARImageAnchor）	ARKit 在检测到 2D 图像后自动生成一个 ARImageAnchor，包含已检测到图像的空间位置与方向信息，还包括已检测 2D 图像的尺寸估计值

在 ARKit 中，使用图像检测跟踪功能共分成两步：第一步是建立一个参考图像库（参考图像库也可以在运行时动态建立），第二步是配置好图像跟踪 Configuration，并使用该配置运行 ARSession。

下面我们使用静态方式创建参考图像库，具体操作如下：

（1）新建一个 Xcode 工程，在左侧工程导航面板中选择 Assets. xcassets 文件夹，在打开的资源面板左侧空白处右击并打开弹出菜单（或者单击左下角的"＋"号），选择 New AR Resource Group 创建一个资源组，并命名为 ReferenceImageLibrary，如图 4-1 所示。

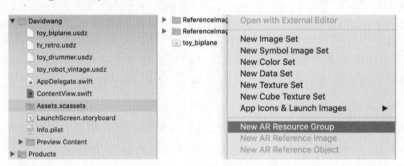

图 4-1　新建资源组

（2）在新创建的 ReferenceImageLibrary 资源组名称上右击，在弹出的菜单中选择 Import，如图 4-2 所示，打开资源选择面板，选择作为参考图像的 2D 图像（支持 jpg 与 png 格式），将 2D 图像导入参数图像库中。除了使用资源选择面板选择导入 2D 图像，另一种方式是直接将 2D 图像拖到 ReferenceImageLibrary 资源组名上，这样也可以导入 2D 图像。

图 4-2　导入 2D 参考图像

（3）单击选中新导入的图像图标,在属性面板（Inspector）正确填写参考图像名、物理尺寸及物理尺寸所使用的单位,如图4-3所示。

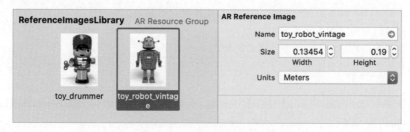

图4-3 设置参数图像属性

参考图像属性面板各属性具体含义如表4-2所示。

表4-2 参考图像属性术语表

术　　语	描　述　说　明
Name	一个标识参考图像的名字,这个名字在做图像对比时没有作用,但在比对匹配成功后我们可以通过参考图像名字获知是哪个参考图像
Size	为加速图像检测识别过程,ARKit要求提供一个2D待检测图像的真实物理尺寸,这个值一定是一个大于0的长宽值对,当一个值发生变化时,ARKit会根据参考图像的比例自动调整另一个值
Units	Size使用的单位,可以是米（Meters）、厘米（Centimeters）、英寸（Inches）、英尺（Feet）、码（Yards）中的一个

重复第（2）步和第（3）步,可以在一个参考图像库里添加多张参考图像。为提高检测识别精确与效率,ARKit对作为参考图像的图片有很多要求,如果不满足这些要求,则会在参考图像右下角出现一个黄色的警示标签,此时可以通过单击这个黄色标签查看原因,并对照原因进行修改,直到满足要求,如图4-4所示。

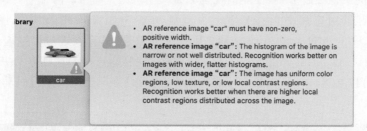

图4-4 参考图像不满足要求时Xcode会及时给出提示

ARKit对参考图像的要求如表4-3所示,通常而言,作为参考图像的图片应当具有分布相对均匀的特征点。在静态添加参考图像时,对不符合要求的图片,Xcode会及时给出提示,可以根据提示信息进行调整,但在AR应用运行中动态添加参考图像时,最好先使用Xcode测试一下图片是否满足要求,以避免无法识别的问题。

表4-3 ARKit参考图像要求

序号	描　　述
1	参考图像支持PNG和JPEG文件格式。对于JPEG文件,为了获得最佳性能,需避免过度压缩
2	检测仅基于高对比度的点,所以彩色和黑白图像都会被检测到,彩色或者黑白图像都可以作为参考图像
3	参考图像的分辨率至少应为300×300像素

序号	描　述
4	使用高分辨率的参考图像不会提升性能,对提升检测速度没有帮助
5	避免使用具有稀疏特征的参考图像
6	避免在同一参考图像库中添加两张相同或者相似的参考图像
7	避免使用具有重复特征的参考图像

在创建好参考图像库之后,就可以通过 ARConfiguration 配置并运行 ARSession 启动 2D 图像检测跟踪,典型的使用方法如代码清单 4-1 所示。

代码清单 4-1

```
1.  let config = ARImageTrackingConfiguration()
2.  guard let trackedImagesLib = ARReferenceImage.referenceImages(inGroupNamed: "ReferenceImagesLibrary",
    bundle: Bundle.main) else {
3.      fatalError("无法加载参考图像库")
4.  }
5.  config.trackingImages = trackedImagesLib
6.  config.maximumNumberOfTrackedImages = 2
7.  arView.session.run(config, options:[ ])
```

在上述代码中,首先从 bundle 中加载参考图像库,并将该参考图像库设置到 AR 配置类的 trackingImages 属性,然后通过 ARSession.run()方法就可以运行 2D 图像检测跟踪了。ARKit 支持同时跟踪多个 2D 图像,通过 maximumNumberOfTrackedImages 属性可以设置同时跟踪 2D 图像的数目,这个值设置得越大,同时跟踪的图像就越多,但性能消耗也会越大。

运行 2D 图像检测识别应用后,当 ARKit 检测到与参考图像库中参考图像一致的 2D 图像时,ARSession 会自动添加一个 ARImageAnchor 到 ARAnchor 集合中,开发人员可以通过 ARSessionDelegate 协议中的 session(_ session:ARSession, didAdd anchors:[ARAnchor])代理方法进行相应处理。

参考图像库除了可以在 Xcode 编辑状态下静态创建,也可以在 AR 应用运行时动态创建,典型的参考代码如代码清单 4-2 所示。

代码清单 4-2

```
1.  let config = ARImageTrackingConfiguration()
2.  var trackedImagesLib = Set<ARReferenceImage>()
3.  let image = UIImage(named:"toy_biplane")
4.  let referenceImage = ARReferenceImage(image!.cgImage!,orientation: .up, physicalWidth: 0.15)
5.  trackedImagesLib.insert(referenceImage)
6.  config.trackingImages = trackedImagesLib
7.  config.maximumNumberOfTrackedImages = 1
8.  arView.session.run(config, options:[ ])
```

代码清单 4-2 演示了在运行时动态创建参考图像库,并在创建好的参考图像库中动态地添加参考图像。

ARKit 也允许在运行时动态地切换参考图像库,这个功能非常实用,我们可以通过将一个大型参考图像库拆分为若干小型参考图像库,根据运行条件动态地进行切换,这样可以大大地提高 AR 应用的灵活性。

2D图像检测识别过程是图像特征值匹配的过程,参考图像库越大,匹配所需要的平均时间就越长,通过拆分参考图像库的方法,可以大大提高图像匹配速度。

一个关于图像检测、识别、跟踪的综合实例代码如代码清单4-3所示。

代码清单 4-3

```
1.   struct ARViewContainer: UIViewRepresentable {
2.     func makeUIView(context: Context) -> ARView {
3.       arView = ARView(frame: .zero)
4.       let config = ARImageTrackingConfiguration()
5.       guard let trackedImagesLib = ARReferenceImage.referenceImages(inGroupNamed: "ReferenceImagesLibrary",
       bundle: Bundle.main) else {
6.         fatalError("无法加载参考图像库")
7.       }
8.       //var trackedImagesLib = Set<ARReferenceImage>()
9.       //let image = UIImage(named:"toy_biplane")
10.      //let referenceImage = ARReferenceImage(image!.cgImage!,orientation: .up, physicalWidth: 0.15)
11.      //trackedImagesLib.insert(referenceImage)
12.
13.      config.trackingImages = trackedImagesLib
14.      config.maximumNumberOfTrackedImages = 1
15.      arView.session.run(config, options:[ ])
16.      arView.session.delegate = arView
17.      return arView
18.    }
19.    func updateUIView(_ uiView: ARView, context: Context) {}
20.  }
21.
22.  extension ARView : ARSessionDelegate{
23.    public func session(_ session: ARSession, didAdd anchors: [ARAnchor]){
24.      guard let imageAnchor = anchors[0] as? ARImageAnchor else {
25.        return
26.      }
27.      let referenceImageName =  imageAnchor.referenceImage.name ?? "toy_biplane"
28.      DispatchQueue.main.async {
29.        do {
30.          let myModelEntity =   try Entity.load(named:  referenceImageName)
31.          let imageAnchorEntity = AnchorEntity(anchor:imageAnchor)
32.          imageAnchorEntity.addChild(myModelEntity)
33.          self.scene.addAnchor(imageAnchorEntity)
34.      //drummerEntity.playAnimation(drummerEntity.availableAnimations[0].repeat())
35.        } catch {
36.          print("无法加载模型")
37.        }
38.      }
39.    }
40.
41.    func changeImagesLibrary(){
42.      let config = self.session.configuration as! ARImageTrackingConfiguration
```

```
43.        guard let trackedImagesLib = ARReferenceImage.referenceImages(inGroupNamed: "ReferenceImagesLibrary2",
      bundle: Bundle.main) else {
44.            fatalError("无法加载参考图像库")
45.        }
46.        config.trackingImages = trackedImagesLib
47.        config.maximumNumberOfTrackedImages = 1
48.        self.session.run(config, options:[.resetTracking,.removeExistingAnchors])
49.    }
50.
51.    func addReferenceImage(){
52.        guard let config = self.session.configuration as? ARImageTrackingConfiguration else {return}
53.        let image = UIImage(named:"toy_biplane")
54.        let referenceImage = ARReferenceImage(image!.cgImage!,orientation: .up, physicalWidth: 0.15)
55.        config.trackingImages.insert(referenceImage)
56.        self.session.run(config, options: [])
57.        print("insert image OK")
58.    }
59. }
```

在代码清单 4-3 中,我们演示了动态切换参考图像库、动态添加参考图像、检测成功时区分参考图像加载不同的虚拟模型。运行该示例应用后,将移动设备摄像头对准需要检测的图像就会加载对应的模型,效果如图 4-5 所示。

图 4-5 ARKit 检测、识别、跟踪 2D 图像效果

> **提示**
>
> 不管是切换参考图像库还是动态添加参考图像,都应当在操作之后使用 ARSession.run()方法重新运行 ARSession,不然新的修改不会起作用。

4.1.2 检测图像使用的配置

所有 ARConfiguration 配置类的功能都是建立虚拟数字世界与现实物理世界之间的联系,营造虚拟元素真的存在于真实世界中的假象。对 2D 图像检测跟踪而言,可以使用图像跟踪(ARImageTrackingConfiguration)和世界跟踪(ARWorldTrackingConfiguration)两种配置方式实现。

ARWorldTrackingConfiguration 配置方式可以跟踪现实世界中的所有对象,包括 2D 图像,通过设置该配置类的以下 3 个属性,可以实现对 2D 图像的检测跟踪:使用 detectionImages 属性设置参考图像库,使用 maximumNumberOfTrackedImages 属性设置最大同时跟踪的图像数量,automaticImageScaleEstimationEnabled 为一个布尔值,用于指示 ARKit 是否对检测到的图像进行尺寸估计。

ARImageTrackingConfiguration 是专为 2D 图像检测跟踪优化的配置,其中,trackingImages 属性用于设置参考图像库,maximumNumberOfTrackedImages 设置最大同时跟踪的图像数量,isAutoFocusEnabled 为一个布尔值,用于设定对焦方式。

图像跟踪和世界跟踪两种配置类都可以实现对 2D 图像的检测跟踪,但通常而言,它们的区别如下:

(1) 世界跟踪配置方式比图像跟踪配置方式性能代价更高,因为世界跟踪执行的任务更多,处理的工作量更大,因此,使用图像跟踪配置方式可以检测跟踪更多的 2D 图像。

(2) 图像跟踪配置方式只检测跟踪视线内的 2D 图像,一旦 2D 图像离开视线,对图像的跟踪将不再进行。而世界跟踪方式会跟踪已检测到的所有图像,即使 2D 图像离开视线跟踪也会进行,因此,世界跟踪方式不仅知道 2D 图像,还知道这个 2D 图像所在位置。

(3) 世界跟踪方式更适合跟踪静态的、不移动的 2D 图像,图像跟踪方式对运动 2D 图像跟踪效果会更好,如跟踪行驶汽车车身上的海报。

在 2D 图像被检测到之后,ARKit 会跟踪该对象的姿态(位置与方向),因此,可以实现虚拟元素与 2D 图像绑定的效果(即虚拟元素的姿态会随 2D 图像的姿态发生变化),如在一张别墅的图片上加载一个虚拟的别墅模型,旋转、移动该别墅图片,虚拟别墅模型也会跟着旋转或者移动,就像虚拟模型黏贴在图片上一样。

4.1.3 图像跟踪优化

为了更好地优化 2D 图像检测跟踪,需要从参考图像的选择、参考图像库的设计、整体设计方面进行考虑。

(1) 尽量准确地提供参考图像的物理尺寸,ARKit 依赖这些物理尺寸评估 2D 图像到用户设备的距离,不正确的物理尺寸会导致 ARImageAnchor 位置出现偏差,从而影响加载的虚拟模型与 2D 图像的贴合度。

(2) 参考图像应当先在 Xcode 中进行检测,确保通过 Xcode 的评估,如果有警示信息,应当对照信息对参考图像进行完善,高对比度、高特征的参考图像有利于 ARKit 进行图像检测。

(3) 物理图像尽量展平,卷曲的图像,如包裹酒瓶的海报非常不利于 ARKit 检测或者导致检测出的 ARImageAnchor 位置错误。

(4) 确保需要检测的物理图像照明条件良好,光线昏暗或者反光(如玻璃橱窗里的海报)会影响 ARkit 检测。

(5) 通常情况下,每一个参考图像库的参考图像数量不应该超过 25 个,如果数量过多会影响检测准确性和检测速度。一般情况下,可以将大型的参考图像库拆分为小的参考图像库,然后根据 AR 应用运行时的条件动态切换参考图像库。

(6) ARKit 对每一个检测到的 2D 图像只会触发一次添加 ARImageAnchor 行为,有时我们可能需要重复这个过程,这时可以通过 remove(anchor:)方法移除相应的 ARImageAnchor,这样,当 ARKit 再次检测到这个 2D 图像时会再次触发添加 ARImageAnchor 的操作。

4.2 3D 物体检测跟踪

3D 物体检测跟踪技术,是指通过计算机图像处理和人工智能技术对摄像机拍摄到的 3D 物体识别定位并对其姿态进行跟踪的技术。3D 物体跟踪技术的基础也是图像识别,但比前述 2D 图像检测、识别、跟踪要复杂得多,原因在于现实世界中的物体是三维的,从不同角度看到的物体形状、纹理都不一样,在进行图像特征值对比时需要的数据和计算比 2D 图像大得多。

在 ARKit 中,3D 物体检测、识别、跟踪通过预先记录 3D 物体的空间特征信息,在真实环境中寻找对应的 3D 真实物体对象,并对其姿态进行跟踪。与 2D 图像检测跟踪类似,要在 ARKit 中实现 3D 物体检测跟踪也需要一个参考物体库,这个参考物体库中的每个对象都是一个 3D 物体的空间特征信息。获取参考物体空间特征信息可以通过扫描真实 3D 物体采集其特征信息,生成 .arobject 参考物体空间特征信息文件,.arobject 文件只包括参考物体的空间特征信息,而不是参考物体的数字模型,也不能利用该文件复原参考物体三维结构。参考物体空间特征信息对快速、准确检测识别 3D 物体起着关键作用。

4.2.1 获取参考物体空间特征信息

苹果公司提供了一个获取物体空间特征信息的扫描工具,该扫描工具是一个 Xcode 源码工程,需要自己编译,源码名为 Apple's Object Scanner app,读者可自行下载并使用 Xcode 编译,下载地址为: https://developer.apple.com/documentation/arkit/scanning_and_detecting_3d_objects。该工具的主要功能是扫描真实世界中的物体并导出 .arobject 文件,可作为 3D 物体检测识别的参考物体。

使用扫描工具进行扫描的过程其实是对物体表面 3D 特征值信息与空间位置信息的采集过程,这是一个计算密集型的工作,为确保扫描过程流畅、高效,建议使用高性能的 iOS 设备,当然扫描工作可以在任何支持 ARKit 的设备上进行,但高性能 iOS 设备可以更好地完成这一任务。

参考物体空间特征信息对后续 3D 物体检测识别速度、准确性有直接影响,因此,正确地扫描并生成 .arobject 文件非常重要,遵循下述步骤操作可以提高扫描成功率。下面,引导大家一步一步完成这个扫描过程。

(1)将需要扫描的物体放置在一个背景干净不反光的平整面上(如桌面、地面),运行扫描工具,将被扫描物体放置在摄像头正中间位置,在扫描工具检测到物体时会出现一个空心长方体(包围盒),移动手机/平板,将长方体大致放置在物体的正中间位置,让包围盒框住被扫描物体,如图 4-6(a)所示,屏幕上也会提示包围盒的相关信息。但这时包围盒可能与实际物体尺寸不匹配,单击 Next 按钮可调整包围盒大小。

(2)在正式扫描之前需要调整包围盒的大小,扫描工具程序只采集包围盒内的物体空间特征信息,因此,包围盒大小对采集信息的完整性非常关键。围绕着被扫描物体移动手机/平板,扫描工具会尝试自动调整包围盒的大小,如果自动调整结果不是很理想,也可以手动进行调整,方法是长按长方体的一个面,当这个面出现延长线时拖动该面就可以移动该面,长方体 6 个面都可以采用类似方法进行调整。包围盒不要过大或过小,过小采集不到完整的物体空间特征信息,过大可能会采集到周围环境中的其他物体信息,不利于快速检测识别 3D 物体。调整好后单击 Scan 按钮开始对物体空间特征信息进行采集,如图 4-6(b)所示。

(3)在开始扫描物体后,扫描工具程序会给出视觉化的信息采集提示,通过将成功采集过的区域用淡黄色色块标识出来,引导用户完成全部信息采集工作,如图 4-6(c)所示。

(4)缓慢移动手机(保持被扫描物体不动),从不同角度扫描物体,确保包围盒的所有面都成功扫描(通常底面不需要扫描,只需要扫描前、后、左、右、上 5 个面),如图 4-6(d)所示,扫描工具程序会在所有面的信

(a)

(b)

(c)

(d)

图 4-6　扫描采集 3D 参考物体空间特征信息

息采集完后自动进入下一步，或者在采集完所有信息后可以手动单击 Finish 按钮进行到下一步，如果在未完整采集到所需信息时单击 Finish 则会提示采集信息不足，如图 4-7 所示。

（5）在采集完物体空间特征信息后，扫描工具程序会在物体上显示一个 XYZ 的三维彩色坐标轴，如图 4-8（a）所示。这个坐标轴的原点表示这个物体的原点（这个原点代表的是模型局部坐标系原点），可以通过拖动 3 个坐标轴边上的小圆球调整坐标轴的原点位置。在图 4-8（b）中可以看到 Load Model 按钮，单击该按钮可以加载一个 USDZ 格式模型文件，加载完后会在三维坐标轴原点显示该模型，就像是在真实环境中检测到 3D 物体并加载数字模型一样。通过加载模型可以直观看到数字模型与真实三维物体之间的位置关系（贴合程度），如果位置不合适可以重复步骤（5）调整三维坐标轴原点位置，直到加载后的数字模型位置达到预期要求（通过 Load Model 按钮可以预先查看 AR 应用运行后，在检测到 3D 物体时加载模型的效果，提供即时的反馈）。

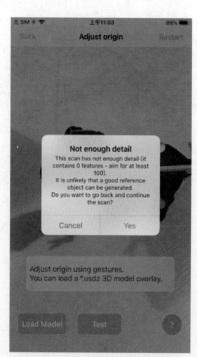

图 4-7　扫描时未能采集到
足够信息提示

（6）在调整好坐标轴后可以对采集的空间特征信息进行测试验证，单击 Test 按钮进行测试，如图 4-8（b）所示。将被扫描物体放置到不同的环境、不同的光照条件下，使用手机摄像头从不同角度查看该物体，看能否正确检测出物体的位置及姿态。如果验证时出现无法检测识别的问题，说明信息采集不太完整或有问题，需要重新采集一次，如果验证无问题则可导出使用。导出可以直接单击 Share 按钮导出该单个物体采集的空间特征信息 .arobject 格式文件，如图 4-8（c）所示，也可以单击左上角的 Merge Scans 合并多个物体空间特征信息文件，如图 4-8（d）所示，可以合并之前采集导出的 .arobject 文件，也可以开始新的物体扫描然后合并两次扫描结果。

（7）在单击 Share 按钮后该工具程序会将采集的物体空间特征信息导出为 .arobject 文件，在打开的导出对话框中，如图 4-8（c）所示，可以选择不同的导出方式，可以保存到云盘，也可以通过邮件、微信等媒介发送给他人，还可以通过 AirDrop（隔空投送）的方式直接投送到 Mac 计算机或其他 iOS 设备上。在使用 AirDrop 投送到 Mac 计算机时，只需要在计算机上打开 Finder，单击"隔空投送"选项，接收来自手机发送的

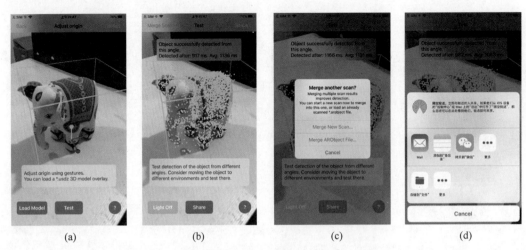

图 4-8　扫描采集 3D 参考物体空间特征信息

文件即可(在已完成配对的情况下,会自动打开 Mac 计算机的蓝牙),如图 4-9 所示,接收的文件存储在下载文件夹中,扩展名为 . arobject。

图 4-9　采用"隔空投送"方式将采集的信息发送到 Mac 计算机上

在得到参考物体空间特征信息文件,即 . arobject 文件后,就可以将其用于后续的 3D 物体检测识别中。

4.2.2　扫描获取物体空间特征信息的注意事项

如前所述,参考物体空间特征信息对 3D 物体检测识别的速度、准确性有非常大的影响,因此,在扫描获取参考物体空间特征信息时,遵循以下原则可大大提高参考物体空间特征信息的可用性及保真度。

1. 扫描环境

(1) 确保扫描时的照明条件良好、被扫描物体有足够的光照,照明条件通常要在 250~400lm,良好的照明有利于采集物体特征值信息。

(2) 使用白光照明,避免暖色或冷色灯光照明。

(3) 背景干净,最好是无反光、非粗糙的中灰色背景,干净的背景有利于分离被扫描物体与周边环境。

2. 被扫描物体

(1) 将被扫描物体放置在摄像机镜头正中间,最好与周边物体隔开一段距离。

(2) 被扫描物体最好有丰富的纹理细节,无纹理、弱纹理、反光物体不利于特征值信息提取。

(3) 被扫描物体大小适中,不过大或过小。ARKit 扫描或检测识别 3D 物体时对可放在桌面的中等尺寸物体有特殊优化。

(4) 被扫描物体最好是刚体,不会在扫描与检测识别时发生融合、折叠、扭曲等影响特征值和空间信息的形变。

(5) 扫描时的环境光照与检测识别时的环境光照信息一致时效果最佳,应防止扫描与检测识别时光照差异过大。

(6) 在扫描物体时应逐面缓慢进行,避免大幅度快速移动手机。

在获取参考物体的空间特征信息. arobject 文件后就可以将其作为参考物体进行真实环境 3D 物体的检测、识别、跟踪了。虽然 3D 物体检测、识别、跟踪在技术上与 2D 图像检测、识别、跟踪有非常大的差异,但在 ARKit 中,3D 物体识别跟踪与 2D 图像识别跟踪在使用界面、操作步骤上几乎完全一致,这大大方便了开发者的使用。

4.2.3 3D 物体识别跟踪基本操作

在 ARKit 中,3D 物体检测、识别、跟踪系统依据参考物体库中的参考物体空间特征信息尝试在周围环境中检测匹配的 3D 物体并跟踪,与 2D 图像识别跟踪类似,3D 物体识别跟踪也有一些特定的术语,如表 4-4 所示。

表 4-4　3D 物体跟踪术语表

术　　语	描述说明
参考物体 (Reference Object)	识别 3D 物体的过程也是一个特征值对比的过程,ARKit 将从摄像头中获取的图像信息与参考物体库的参考物体空间特征值信息进行对比,存储在参考物体库中的用于对比的物体空间特征信息就叫作参考物体(物体空间特征信息并不是数字模型,也不能据此恢复出 3D 物体)。一旦对比成功,真实环境中的 3D 物体将与参考物体库的参考物体建立对应关系,每一个真实 3D 物体的姿态信息也一并被检测
参考物体库 (Reference Object Library)	参考物体库用来存储一系列参考物体空间特征信息用于对比,每一个 3D 物体跟踪程序都必须有一个参考物体库,但需要注意的是,参考物体库中存储的实际是参考物体的空间特征值信息而不是原始 3D 物体网格信息,这有助于提高对比速度与鲁棒性。参考物体库越大,3D 物体检测对比就会越慢,相比 2D 图像检测识别,3D 物体检测识别需要比对的数据量更大、计算也更密集,因此,在同等条件下,参考物体库中可容纳的参考物体数量比 2D 图像库中的参考图像数量少得多
AR 物体锚点 (ARObjectAnchor)	记录真实世界中被检测识别的 3D 物体位置与姿态的锚点,该锚点由 ARSession 在检测识别到 3D 物体后自动添加到每一个被检测到的对象上。通过该锚点,可以将虚拟物体对象渲染到指定的空间位置上

与 2D 图像检测跟踪一样,在 ARKit 中,3D 物体检测跟踪的使用也分成两步,第一步是建立一个参考物体库(参考物体库也可以在运行时动态建立),第二步是配置好 3D 物体跟踪 Configuration 配置,并使用该配置运行 ARSession。

下面使用静态方式创建参考物体库,具体操作如下:

(1) 新建一个 Xcode 工程,在左侧工程导航面板中选择 Assets.xcassets 文件夹,在打开的资源面板左侧空白处用鼠标右键单击并打开弹出菜单(或者单击左下角的"+"号),选择 New AR Resource Group 选项新建一个资源组,并命名为 ReferenceObjectsLibrary,如图 4-10 所示。

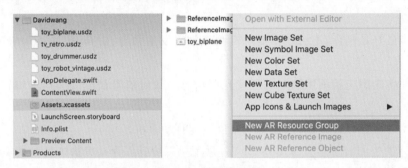

图 4-10　新建资源组

(2) 在新创建的 ReferenceObjectsLibrary 资源组名称上右击,在弹出的菜单中选择 Import,打开资源选择面板,选择 4.2.1 节中扫描好的参考物体空间信息.arobject 文件,将参考物体导入参数物体库中。除了使用资源选择面板选择导入.arobject 文件,直接将.arobject 文件拖到 ReferenceObjectsLibrary 资源组名上,也可以导入参考物体文件,如图 4-11 所示。

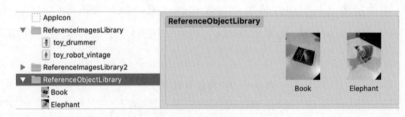

图 4-11　导入参考物体文件

(3) 在新导入的参考物体图标上单击并选中,在属性面板(Inspector)中正确填写参考物体 Name 属性(默认为参考物体文件名),这个名字在做 3D 物体检测对比时没有作用,但在比对匹配成功后我们可以通过参考物体名字获知是哪个参考物体,便于在代码中区分参考物体对象,如图 4-12 所示。

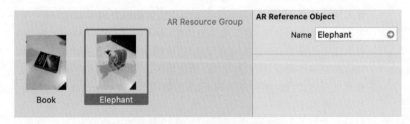

图 4-12　设置参数物体属性

重复第(2)步和第(3)步,可以在一个参考物体库中添加多个参考物体。在创建好参考物体库之后,就可以通过 ARConfiguration 配置并运行 ARSession 启动 3D 物体检测跟踪,典型的使用方法如代码清单 4-4 所示。

代码清单 4-4

```
1.   arView = ARView(frame: .zero)
2.   let config = ARWorldTrackingConfiguration()
3.   guard let trackedObjectsLib = ARReferenceObject.referenceObjects(inGroupNamed: "ReferenceObjectsLibrary",
     bundle: Bundle.main) else {
4.       fatalError("无法加载参考物体库")
5.   }
6.   config.detectionObjects = trackedObjectsLib
7.   arView.session.run(config, options:[ ])
```

在上述代码中,首先从 bundle 中加载参考物体库,并将该参考物体库设置到 AR 配置类的 trackedObjectsLib 属性,然后通过 ARSession.run()方法即可运行 3D 物体检测跟踪。ARKit 支持同时跟踪多个 3D 物体,同时跟踪的物体越多,性能消耗也会越大,在一般情况下,建议同时跟踪的 3D 物体不多于 3 个。

运行 3D 物体检测识别应用后,当 ARKit 检测到与参考物体库中参考物体一致的 3D 物体时,ARSession 会自动添加一个 ARObjectAnchor 到 ARAnchor 集合中,开发人员可以通过 ARSessionDelegate 协议中的 session(_ session:ARSession,didAdd anchors:[ARAnchor])代理方法进行相应处理。

参考物体库除了可以在 Xcode 编辑状态下静态创建,也可以在 AR 应用运行时动态创建,典型的参考代码如代码清单 4-5 所示。

代码清单 4-5

```
1.   arView = ARView(frame: .zero)
2.   let config = ARWorldTrackingConfiguration()
3.   var trackedObjectsLib = Set < ARReferenceObject >()
4.   let objURL = Bundle.main.url(forResource: "objBook", withExtension: "arobject")
5.   do{
6.       let newReferenceObject = try ARReferenceObject(archiveURL:objURL!)
7.       trackedObjectsLib.insert(newReferenceObject)
8.   }catch{
9.       fatalError("无法加载参考物体")
10.  }
11.  config.detectionObjects = trackedObjectsLib
12.  arView.session.run(config, options:[ ])
```

代码清单 4-5 演示了在运行时动态创建参考物体库,并在创建好的参考物体库中动态添加参考物体文件。

与参考图像库一样,ARKit 也允许在运行时动态切换参考物体库,这个功能非常实用,我们可以通过将一个大型参考物体库拆分为若干小型的参考物体库,根据运行条件动态进行切换,这样可以大大提高 AR 应用的灵活性,通过拆分参考物体库的方法,还可以大大提高物体匹配速度。

一个关于物体检测、识别、跟踪的综合实例代码如代码清单 4-6 所示。

代码清单 4-6

```
1.   struct ARViewContainer: UIViewRepresentable {
2.     func makeUIView(context: Context) -> ARView {
3.         arView = ARView(frame: .zero)
4.         let config = ARWorldTrackingConfiguration()
5.         guard let trackedObjectsLib = ARReferenceObject.referenceObjects(inGroupNamed: "ReferenceObjectsLibrary",
       bundle: Bundle.main) else {
6.           fatalError("无法加载参考物体库")
7.         }
8.         / *
9.         var trackedObjectsLib = Set< ARReferenceObject >()
10.        let objURL = Bundle.main.url(forResource: "objBook", withExtension: "arobject")
11.        do{
12.           let newReferenceObject = try ARReferenceObject(archiveURL:objURL!)
13.           trackedObjectsLib.insert(newReferenceObject)
14.        }catch{
15.           fatalError("无法加载参考物体")
16.        }
17.        * /
18.        config.detectionObjects = trackedObjectsLib
19.        arView.session.run(config, options:[ ])
20.        arView.session.delegate = arView
21.        return arView
22.     }
23.     func updateUIView(_ uiView: ARView, context: Context) {}
24. }
25.
26. extension ARView : ARSessionDelegate{
27.     public func session(_ session: ARSession, didAdd anchors: [ARAnchor]){
28.        guard let objectAnchor = anchors[0] as? ARObjectAnchor else {
29.           return
30.        }
31.        let referenceObjectName = objectAnchor.referenceObject.name == "Book" ? "toy_biplane":"toy_drummer"
32.        DispatchQueue.main.async {
33.           do {
34.              let myModelEntity =  try Entity.load(named:  referenceObjectName)
35.              let objectAnchorEntity = AnchorEntity(anchor:objectAnchor)
36.              objectAnchorEntity.addChild(myModelEntity)
37.              self.scene.addAnchor(objectAnchorEntity)
38.           } catch {
39.              print("无法加载模型")
40.           }
41.        }
42.     }
43.
44.     func changeObjectsLibrary(){
45.        let config = self.session.configuration as! ARWorldTrackingConfiguration
46.        guard let detectedObjectsLib = ARReferenceObject.referenceObjects(inGroupNamed:
       "ReferenceObjectsLibrary2", bundle: Bundle.main) else {
```

```
47.         fatalError("无法加载参考物体库")
48.     }
49.     config.detectionObjects = detectedObjectsLib
50.     self.session.run(config, options:[.resetTracking,.removeExistingAnchors])
51.     print("参考物体库切换成功")
52.   }
53. }
```

在代码清单 4-6 中,我们演示了动态切换参考物体库、动态添加参考物体空间特征信息文件、检测成功时区分参考物体加载不同的虚拟模型。运行该示例应用后,扫描检测 3D 物体,AR 应用会根据 3D 物体的不同加载不同的虚拟对象,效果如图 4-13 所示。

图 4-13　ARKit 检测、识别、跟踪 3D 物体效果

提示

　　不管是切换参考物体库还是动态添加参考物体空间特征信息文件,都应当在操作完后使用 ARSession. run()方法重新运行 ARSession,不然新的修改不会起作用。

可以看到,2D 图像检测识别跟踪与 3D 物体检测识别跟踪在 ARKit 中的使用极为相似,ARKit 屏蔽了两者在底层实现上的巨大差异,提供了几乎相同的使用接口,除了 3D 物体空间特征信息获取之外,其他使用方法遵循相同的流程和步骤,降低了开发者的使用难度。

现实世界原本就是三维的,3D 物体检测识别跟踪更符合人类认识事物的规律,因此在很多领域都有着潜在的应用,如博物馆文物展示,利用 3D 物体检测识别功能,就可以实现对静态展品的信息动态化,实现关联的视频播放、动画展示,可以大大扩展对展品的背景知识、使用功能、内部结构、工作原理等演示。

除了动态地添加已扫描制作好的参考物体空间特征信息文件,还可以在应用中集成扫描提取 3D 物体空间特征信息功能,即无须使用提前预扫描好的 .arobject 文件,而是在 AR 应用运行时动态地获取物体的空间特征信息。扫描提取 3D 物体空间特征信息需要使用 ARObjectScanningConfiguration 配置类,典型的使用方法如代码清单 4-7 所示。

代码清单 4-7

```
1.  arView = ARView(frame: .zero)
2.  let configuration = ARObjectScanningConfiguration()
```

```
3.  configuration.planeDetection = .horizontal
4.  arView.session.run(configuration, options: .resetTracking)
```

　　采集提取 3D 物体空间特征信息时应当与使用苹果公司提供的扫描工具一样，从各个角度采集完整的 3D 物体空间特征信息，在苹果公司技术文档网站上有一个相似案例，如果对这部分技术感兴趣，读者可以自行下载研究。在成功采集完所需信息后可以供本应用检测 3D 物体使用，也可以导出 .arobject 文件供其他 AR 应用使用。

第 5 章

人脸检测跟踪

在计算机人工智能（Artificial Intelligence，AI）物体检测识别领域，最先研究的是人脸检测识别，目前技术发展最成熟的也是人脸检测识别。人脸检测识别已经广泛应用于安防、机场、车站、闸机、人流控制、安全支付等众多社会领域，也广泛应用于直播特效、美颜、Animoji 等娱乐领域。

5.1　人脸检测基础

ARKit 支持人脸检测，并且支持多人脸同时检测，还支持表情属性和 BlendShapes。但需要注意的是，ARKit 人脸检测跟踪需要配备前置深度摄像头（TrueDepth Camera）或者 A12 及以上处理器的设备，因此，并不是所有 iPhone/iPad 设备都支持人脸检测，目前支持 ARKit 人脸检测的设备如表 5-1 所示。

表 5-1　支持人脸检测的设备

移 动 设 备	支 持 的 设 备
iPhone	iPhone X
	iPhone Xr、iPhone Xs、iPhone Xs Max
	iPhone 11、iPhone 11 Pro、iPhone 11 Pro Max
	iPhone SE2
	iPhone 12mini、iPhone 12、iPhone 12 Pro、iPhone 12 Pro Max
iPad	iPad Pro 12.9 英寸第 1 代、第 2 代、第 3 代、第 4 代
	iPad Pro 11 英寸
	iPad Pro 10.5 英寸
	iPad Pro 9.7 英寸

5.1.1　人脸检测概念

人脸检测（Face Detection）是利用计算机视觉处理技术在数字图像或视频中自动定位人脸的过程，人脸检测不仅检测人脸在图像或视频中的位置，还应该检测出其大小与方向（姿态）。人脸检测是有关人脸图像分析应用的基础，包括人脸识别和验证、监控场合的人脸跟踪、面部表情分析、面部属性识别（性别、年龄、微笑、痛苦）、面部光照调整和变形、面部形状重建、图像视频检索等。近几年，随着机器学习技术的发展，人脸检测成功率与准确率大幅度提高，并开始大规模实用，如机场和火车站人脸验票、人脸识别身份认证等。

人脸识别（Face Recognition）是指利用人脸检测技术确定两张人脸是否对应同一个人，人脸识别技术是人脸检测技术的扩展和应用，也是很多其他应用的基础。目前，ARKit 仅提供人脸检测，而不提供人脸识别功能。

人脸跟踪(Face Tracking)是指将人脸检测扩展到视频序列,跟踪同一张人脸在视频序列中的位置。理论上讲,任何出现在视频中的人脸都可以被跟踪,也即是说,在连续视频帧中检测到的人脸可以被识别为同一个人。人脸跟踪不是人脸识别的一种形式,它是根据视频序列中人脸的位置和运动推断不同视频帧中的人脸是否为同一人的技术。

人脸检测属于模式识别的一类,但人脸检测成功率受到很多因素的影响,影响人脸检测成功率的因素主要有表 5-2 中所述情形。

表 5-2 影响人脸检测成功率的部分因素

术 语	描 述 说 明
图像大小	人脸图像过小会影响检测效果,人脸图像过大会影响检测速度,图像大小反映在实际应用场景中就是人脸离摄像头的距离
图像分辨率	越低的图像分辨率越难检测,图像大小与图像分辨率直接影响摄像头识别距离。目前 4K 摄像机看清人脸的最远距离是 10m 左右,移动手机检测距离更小一些
光照环境	过亮或过暗的光照环境都会影响人脸检测效果
模糊程度	实际场景中主要是运动模糊,人脸相对于摄像机的移动经常会产生运动模糊
遮挡程度	五官无遮挡、脸部边缘清晰的图像有利于人脸检测。有遮挡的人脸会对人脸检测成功率造成影响
采集角度	人脸相对于摄像机角度不同也会影响人脸检测效果。正脸最有利于检测,偏离角度越大越不利于检测

随着人工智能技术的持续发展,在全球信息化、云计算、大数据的支持下,人脸检测识别技术也会越来越成熟,同时应用面会越来越广,可以预见,以人脸检测为基础的人脸识别将会呈现网络化、多识别融合、云互联的发展趋势。

5.1.2 人脸检测技术基础

人体头部是一个三维结构体,而眼、嘴、额头在这个三维结构体中又有比较固定的位置,因此在 ARKit 中使用了两个坐标系来处理与人体头部相关的工作,一个是世界坐标系(World Coordinates Space),这个坐标系就是 ARKit 启动时建立的以启动时设备所在位置为原点的坐标系,而另一个称为人脸坐标系(Face Coordinate Space)。

在 ARKit 检测到人脸后会生成一个 ARFaceAnchor,其 transform 属性指定了相对于世界坐标系的人脸位置与方向,利用该属性就可以在人脸上挂载虚拟元素。除此之外,ARKit 还会生成一个相对于人体头部的坐标系,该坐标系也以米为测量单位,利用该坐标系可以更精细地定位眼、嘴、鼻等位置从而实现更好的虚拟元素定位效果。ARKit 人脸坐标系也采用右手坐标系,如图 5-1 所示。

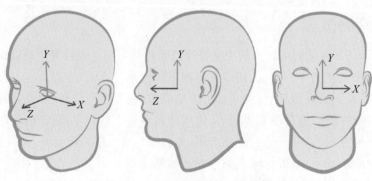

图 5-1 ARKit 人脸坐标系示意图

在人脸坐标系中，X轴正向指向观察者的右侧（检测到人脸的左侧），Y轴向上（这里的向上相对于人脸而不是世界坐标系），Z轴指向人脸面向方向。

人脸检测技术的复杂性之一是人体头部是一个三维结构体，并且是一个动态的三维结构体，摄像机捕捉到的人脸图像很多时候都不是正面，而是有一定角度且时时处于变化中的侧面。当然，人脸检测的有利条件是人脸有很多特征，如图5-2所示，可以利用这些特征做模式匹配。但需要注意的是，在很多人脸检测算法中，人脸特征并不是人脸轮廓检测的前提，换句话说，人脸检测是独立于人脸特征的，且通常是先检测出人脸轮廓再进行特征检测，因为特征检测需要花费额外的时间，会对人脸检测效率产生影响。

图 5-2　人脸特征点示意图

人脸结构具有对称性，人脸特征会分布在Y轴两侧一定角度内，通常来说，人脸特征分布情况符合表5-3所示规律。

表 5-3　人脸特征分布情况

Y欧拉角	人脸特征	Y欧拉角	人脸特征
小于$-36°$	左眼、左嘴角、左耳、鼻底、左脸颊	$12°\sim36°$	右眼、右嘴角、鼻底、下嘴唇、右脸颊
$-36°\sim-12°$	左眼、左嘴角、鼻底、下嘴唇、左脸颊	大于$36°$	右眼、右嘴角、右耳、鼻底、右脸颊
$-12°\sim12°$	左嘴角、右嘴角、上下嘴唇、鼻底		

人脸检测不仅需要找出人脸轮廓，还需要检测出人脸姿态（包括人脸位置和面向方向）。为了解决人脸姿态问题，一般的做法是制作一个三维人脸正面"标准模型"，这个模型需要非常精细，因为它将影响到人脸姿态估计的精度。有了这个三维标准模型之后，对人脸姿态检测的思路是在检测到人脸轮廓后对标准模型进行旋转，以期标准模型上的特征点与检测到的人脸特征点重合匹配。从这个思路可以看到，对姿态的检测其实是个不断尝试的过程，选取特征点吻合得最好的标准模型姿态作为人脸姿态。形象地说，就是先制作一个人皮面具，努力尝试将人皮面具套在人脸上，如果成功则人皮面具的姿态必定是人脸姿态。

如前所述，虽然人脸的结构具有稳定性，还有很多特征点可供校准，但由于姿态和表情的变化、不同人的外观差异、光照、遮挡等影响，准确地检测处于各种条件下的人脸仍然是较为困难的事情。幸运的是，随着深度神经网络的发展，在一般环境条件下，目前人脸检测准确率有了非常大的提高，甚至在某些条件下超过了人类。

ARKit人脸检测由于使用了深度摄像头（或者带神经处理单元NPU的设备），检测精度非常高，除了具有通常意义下的人脸检测功能，还具备一些独特的功能特性，具体功能特性如表5-4所示。

表 5-4　ARKit人脸检测跟踪功能

序号	描　　述
1	检测人脸位置与方向
2	提供检测到人脸的几何网络（ARFaceGeometry），因此可以渲染人脸模型
3	提供双眼姿态，因此可以独立地跟踪每一只眼睛
4	基于人脸位置，可以在检测到的人脸上挂载虚拟元素（贴纸或者模型）

续表

序号	描　　述
5	可以从检测到的人脸评估环境光照信息
6	支持 BlendShape,因此可以实现利用表情驱动模型功能
7	提供人眼凝视(LookAtPoint),因此可以实现眼动控制
8	允许在人脸检测跟踪的同时启用世界跟踪(World Tracking)

5.2　人脸检测配置

ARKit 可以使用人脸跟踪(ARFaceTrackingConfiguration)和世界跟踪(ARWorldTrackingConfiguration)两种配置方式开启人脸检测跟踪功能。

ARWorldTrackingConfiguration 配置中有一个 userFaceTrackingEnabled 属性,该属性为布尔值,默认为 false,如果设置为 true,则可以在进行世界跟踪的同时启动人脸检测跟踪。

ARFaceTrackingConfiguration 是专为人脸检测跟踪优化的配置,其中,maximumNumberOfTrackedFaces 属性用于设置最大同时检测跟踪的人脸数,当前最大值为 3;isWorldTrackingEnabled 设置是否在人脸检测跟踪的同时启动世界跟踪,isLightEstimationEnabled 设置是否启用环境光照评估。

典型的启动人脸检测跟踪功能的代码如代码清单 5-1 所示。

代码清单 5-1

```
1.   guard ARFaceTrackingConfiguration.isSupported else { return }
2.   let configuration = ARFaceTrackingConfiguration()
3.   configuration.isLightEstimationEnabled = true
4.   arView.session.run(configuration, options: [.resetTracking, .removeExistingAnchors])
```

由于并非所有支持 ARKit 的设备都支持人脸检测跟踪,因此在开启人脸检测跟踪之前,首先应当检测用户设备是否支持人脸检测,如果支持,再设置诸如 isLightEstimationEnabled、maximumNumberOfTrackedFaces 等属性,然后启动 ARSession。

5.2.1　人脸网格

除了人脸姿态,ARKit 还提供了每个已检测到的人脸网格(ARFaceGeometry),该网络包含 1220 个顶点,网格数据包括顶点(vertices)、索引(triangleIndices)、三角形数量(triangleCount)、纹理坐标(textureCoordinates)等相关信息,如图 5-3 所示。利用人脸网格,开发者就可以渲染出人脸形状,或者对人脸网络进行自定义贴图等。

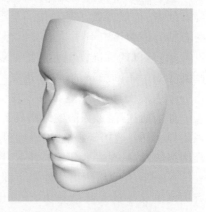

图 5-3　人脸网格示意图

提示

人脸网格顶点总数不会变,每个检测到的人脸都会生成一张 1220 个顶点的网格,因此 vertexCount、textureCoordinateCount、triangleCount 都不会变,对每一张特定的人脸网格,变化的只是顶点(vertices)的位置,因为 ARKit 会根据用户面部形状与表情调整网格。

　　到目前为止，RealityKit 并不支持人脸网格几何生成与渲染，本节我们将使用 SceneKit 进行演示，但是由于本书的主题，我们只关注与人脸网格相关处理，其他 SceneKit 相关技术细节，需读者自行查阅 SceneKit 资料。

　　ARKit 会根据每个检测到的人脸提供与之相应形状、尺寸、表情的网格信息，在使用 SceneKit 渲染人脸网格时，有 3 个类非常重要：ARFaceAnchor、ARFaceGeometry、ARSCNFaceGeometry。

　　ARFaceAnchor 继承自 ARAnchor，是专门用于锚定人脸的锚点，其 transform 属性指定相对于世界坐标系的人脸位置与方向，利用它就可以锚定生成的人脸网格。

　　ARFaceGeometry 包含 ARKit 生成的人脸网格信息，包括顶点、索引、UV 坐标等所有信息。

　　ARSCNFaceGeometry 则是利用 ARFaceGeometry 网格数据生成 SCNGeometry，可以直接作为 SceneKit 场景中的节点。

　　检测与渲染人脸网格的典型代码如代码清单 5-2 所示。

代码清单 5-2

```
1.   import UIKit
2.   import SceneKit
3.   import ARKit
4.
5.   class ViewController: UIViewController {
6.       @IBOutlet var sceneView: ARSCNView!
7.       override func viewDidLoad() {
8.           super.viewDidLoad()
9.           guard ARFaceTrackingConfiguration.isSupported else {
10.              fatalError("当前设备不支持人脸检测!")
11.          }
12.          sceneView.delegate = self
13.      }
14.
15.      override func viewWillAppear(_ animated: Bool) {
16.          super.viewWillAppear(animated)
17.          let configuration = ARFaceTrackingConfiguration()
18.          configuration.isLightEstimationEnabled = true
19.          configuration.providesAudioData = false
20.          configuration.isWorldTrackingEnabled = false
21.          configuration.maximumNumberOfTrackedFaces = 1
22.          sceneView.session.run(configuration)
23.      }
24.
25.      override func viewWillDisappear(_ animated: Bool) {
26.          super.viewWillDisappear(animated)
27.          sceneView.session.pause()
28.      }
29.  }
30.
31.  extension ViewController: ARSCNViewDelegate {
32.      func renderer(_ renderer: SCNSceneRenderer, nodeFor anchor: ARAnchor) -> SCNNode? {
33.          guard let device = sceneView.device else {return nil }
```

```
34.        let faceGeometry = ARSCNFaceGeometry(device: device)
35.        let node = SCNNode(geometry: faceGeometry)
36.        node.geometry?.firstMaterial?.fillMode = .lines
37.        return node
38.    }
39.
40.    func renderer(_ renderer: SCNSceneRenderer, didUpdate node: SCNNode,for anchor: ARAnchor) {
41.        guard let faceAnchor = anchor as? ARFaceAnchor,
42.            let faceGeometry = node.geometry as? ARSCNFaceGeometry else {
43.          return
44.        }
45.        faceGeometry.update(from: faceAnchor.geometry)
46.    }
47.
48. }
```

在代码清单 5-2 中,首先检查了当前设备对人脸检测的支持情况,然后使用 ARFaceTrackingConfiguration 配置并运行了人脸检测 ARSession,当 ARKit 检测到人脸时,我们将从 ARSCNFaceGeometry 对象得到的人脸几何网格并使用线框的渲染模式进行渲染,检测效果如图 5-4 左图所示。

图 5-4　分别使用线框与纹理贴图渲染检测到的人脸网格示意图

在 AR 应用运行时,ARKit 会根据检测到的人脸方向、表情实时更新人脸网格,为显示出人脸网格的实时变化,我们使用 renderer(_:didUpdate:for:)代理方法对人脸网格进行了实时更新。

检测到的人脸网格不仅包括几何顶点信息,也包括 UV 坐标信息,因此,我们不仅可以以线框模式渲染网格,还可以使用静态、动态的纹理贴图进行渲染,只需要将代码清单 5-2 中 renderer(:nodeFor:)代理方法中线框渲染模式变更为使用材质纹理,典型代码如代码清单 5-3 所示。

代码清单 5-3

```
1.    guard let device = sceneView.device else {return nil }
2.    let faceGeometry = ARSCNFaceGeometry(device: device)
```

```
3.  let node = SCNNode(geometry: faceGeometry)
4.  let material = node.geometry?.firstMaterial!
5.  material?.diffuse.contents = "face.scnassets/face.png"
6.  node.geometry?.firstMaterial?.fillMode = .fill
```

使用线框模式与使用纹理贴图模式渲染的人脸网格如图 5-4 所示,利用 ARKit 人脸网格贴图可以实现很多有意思的贴纸效果,如腮红、口红、额纹等,在电子商务试妆方面也可以应用。

ARKit 只提供人脸检测功能,并不支持人脸识别,如果需要此功能,还需要结合其他技术共同完成。

5.2.2 挂载虚拟元素

在 RealityKit 中,在检测到的人脸面部挂载虚拟元素的实现方式有两种:一种是通过遵循 ARSessionDelegate 协议,执行 session(_ session:ARSession, didAdd anchors:[ARAnchor])方法,在获取的 ARFaceAnchor 上挂载虚拟元素;另一种是与 Reality Composer 结合使用。

在使用第一种方式时,可以利用 ARFaceAnchor 初始化一个 AnchorEntity 类型实例,这样,ARFaceAnchor 的姿态信息就可以直接被使用,典型的使用代码如代码清单 5-4 所示。

代码清单 5-4

```
1.  public func session(_ session: ARSession, didAdd anchors: [ARAnchor]) {
2.      for anchor in anchors {
3.          guard let anchor = anchor as? ARFaceAnchor else { continue }
4.          do {
5.              let faceEntity =   try Entity.load(named: "toy_biplane.usdz")
6.              let faceAnchor = AnchorEntity(anchor: anchor)
7.              faceAnchor.addChild(faceEntity)
8.              self.scene.addAnchor(faceAnchor)
9.          } catch {
10.             print("找不到文件")
11.         }
12.     }
13. }
```

在检测到的人脸上挂载虚拟元素使用 RealityKit 与 Reality Composer 结合的方式更方便直观,特别是需要在很多虚拟元素之间进行切换时,可以大大简化代码逻辑。使用第二种方式的操作步骤如下:

(1)打开 Reality Composer,并创建一个锚定到人脸的工程(Reality Composer 具体操作参阅第 10 章),如图 5-5 所示。

(2)导入需要挂载的 USDZ 或者 Reality 模型文件并调整到参考人脸理想的位置,然后给场景命名(命名时建议使用英文字母或者英文字母与数字组合,方便在 RealityKit 中调用),如图 5-6 所示。

(3)在 Reality Composer 菜单中依次选择"文件"→"保存"(或者使用快捷键 Command+S)保存工程为 FaceMask.rcproject 文件(工程名根据需要自行命名)。

(4)使用 RealityKit 加载工程文件到内存,直接获取工程文件中的锚点信息并将其作为 ARAnchor 添加到 ARVeiw.scene 场景中即可。这里需要注意的是,ARKit 会在检测到人脸后自动在指定的位置挂载虚拟元素,但 ARKit 并不会自动运行人脸检测的 ARSession,因此,需要手动运行人脸检测的 ARSession 以开启人脸检测功能,典型代码如代码清单 5-5 所示。

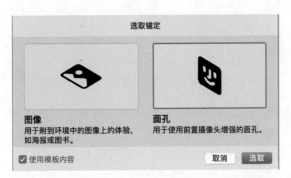

图 5-5　在 Reality Composer 中创建锚定到人脸的工程

图 5-6　调整模型到参考人脸合适位置并重命名场景

代码清单 5-5

```
1.   struct ARViewContainer: UIViewRepresentable {
2.     func makeUIView(context: Context) -> ARView {
3.         let arView = ARView(frame: .zero)
4.         if ARFaceTrackingConfiguration.isSupported {
5.             let faceConfig = ARFaceTrackingConfiguration()
6.             faceConfig.maximumNumberOfTrackedFaces = 1
7.             arView.session.delegate = arView
8.             let faceAnchor = try! FaceMask.loadGlass1()
9.             arView.addGuesture()
10.            arView.scene.addAnchor(faceAnchor)
11.            arView.session.run(faceConfig, options: [.resetTracking,.removeExistingAnchors])
12.        }
13.        return arView
14.    }
15.    func updateUIView(_ uiView: ARView, context: Context) {
16.        uiView.scene.anchors.removeAll()
17.    }
18. }
19. var faceMaskCount = 0
20. let numberOfMasks = 6
21.
22. extension ARView : ARSessionDelegate{
23.    func addGuesture(){
24.        let gesture = UISwipeGestureRecognizer()
25.        gesture.addTarget(self, action: #selector(changeGlass(gesture:)))
26.        self.addGestureRecognizer(gesture)
27.    }
28.
29.    @objc func changeGlass(gesture: UISwipeGestureRecognizer){
30.        faceMaskCount += 1
31.        faceMaskCount %= numberOfMasks
32.        switch faceMaskCount {
33.        case 0:
34.            let g = try! FaceMask.loadGlass2()
35.            self.scene.anchors.removeAll()
```

```
36.            self.scene.addAnchor(g)
37.         case 1:
38.            let g = try! FaceMask.loadIndian()
39.            self.scene.anchors.removeAll()
40.            self.scene.addAnchor(g)
41.         ...
42.         case 5:
43.            let g = try! FaceMask.loadFaceMesh()
44.            self.scene.anchors.removeAll()
45.            self.scene.addAnchor(g)
46.         default:
47.            break
48.         }
49.    }
50. }
```

在代码清单 5-5 中，首先检查设备对人脸检测的支持情况，在设备支持时运行人脸检测配置开启人脸检测功能，然后加载由 Reality Composer 配置好的虚拟模型。本示例我们在 Reality Composer 中创建了多个场景，每一个场景使用了一个虚拟元素，为方便切换不同的虚拟元素，我们使用了滑动手势控制场景切换，实现的效果如图 5-7 所示。

图 5-7　在检测到的人脸上挂载虚拟元素效果图

5.3　BlendShapes

苹果公司在 iPhone X 及后续机型上增加了一个深度相机（TrueDepth Camera），利用这个深度相机可以更加精准捕捉用户的面部表情，提供更详细的面部特征点信息。在 ARKit 4 后，利用机器学习技术对前置摄像头捕获的图像进行处理，使不具备深度相机的设备也可以进行人脸检测和 BlendShapes（需要 A12 及以上处理器）。

5.3.1 BlendShapes 基础

利用前置摄像头采集到的用户面部表情特征，ARKit 提供了一种更加抽象的表示面部表情的方式，这种表示方式叫作 BlendShapes，BlendShapes 可以翻译成形状融合，在 3ds Max 中也叫变形器，这个概念原本用于描述通过参数控制模型网格的位移，苹果公司借用了这个概念，在 ARKit 中专门用于表示通过人脸表情因子驱动模型的技术。BlendShapes 在技术上是一组存储了用户面部表情特征运动因子的字典，共包含 52 组特征运动数据，ARKit 会根据摄像机采集的用户表情特征值实时地设置对应的运动因子。利用这些运动因子可以驱动 2D 或者 3D 人脸模型，这些模型即可呈现与用户一致的表情。

ARKit 实时提供全部 52 组运动因子，这 52 组运动因子中包括 7 组左眼运动因子数据、7 组右眼运动因子数据、27 组嘴与下巴运动因子数据、10 组眉毛脸颊鼻子运动因子数据、1 组舌头运动因子数据。但在使用时可以选择利用全部或者只利用其中的一部分，如只关注眼睛运动，则只利用眼睛相关运动因子数据即可。

每一组运动因子表示一个 ARKit 识别的人脸表情特征，每一组运动因子都包括一个表示人脸特定表情

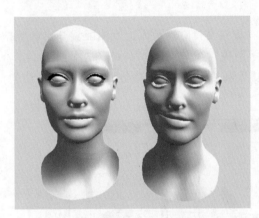

图 5-8 运动因子对人脸表情的影响

的定位符与一个表示表情程度的浮点类型值，表情程度值的范围为[0,1]，其中 0 表示没有表情，1 表示完全表情。如图 5-8 所示，在图中，这个表情定位符为 mouthSmileRight，代表右嘴角的表情定位，左图中表情程度值为 0，即没有任何右嘴角表情，右图中表情值为 1，即为最大的右嘴角表情运动，而 0 到 1 之间的中间值则会对网格进行融合，形成一种过渡表情，这也是 BlendShapes 名字的由来。ARKit 会实时捕捉到这些运动因子，利用这些运动因子我们可以驱动 2D、3D 人脸模型，这些模型会同步用户的面部表情，当然，我们可以只取其中的一部分所关注的运动因子，但由于人脸表情通常与若干组表情因子相关联，如果想精确地模拟用户的表情，建议使用全部运动因子数据。

5.3.2 BlendShapes 技术原理

在 ARKit 中，对人脸表情特征信息定义了 52 组运动因子数据，其使用 BlendShapeLocation 作为表情定位符，表情定位符定义了特定表情，如 mouthSmileLeft、mouthSmileRight 等，与其对应的运动因子则表示表情程度，这 52 组运动因子数据如表 5-5 所示。

表 5-5 BlendShapeLocation 表情定位符及其描述

区　　域	表情定位符	描　　述
Left Eye(7)	eyeBlinkLeft	左眼眨眼
	eyeLookDownLeft	左眼目视下方
	eyeLookInLeft	左眼注视鼻尖
	eyeLookOutLeft	左眼向左看
	eyeLookUpLeft	左眼目视上方
	eyeSquintLeft	左眼眯眼
	eyeWideLeft	左眼睁大

区 域	表情定位符	描 述
Right Eye(7)	eyeBlinkRight	右眼眨眼
	eyeLookDownRight	右眼目视下方
	eyeLookInRight	右眼注视鼻尖
	eyeLookOutRight	右眼向左看
	eyeLookUpRight	右眼目视上方
	eyeSquintRight	右眼眯眼
	eyeWideRight	右眼睁大
Mouth and Jaw(27)	jawForward	努嘴时下巴向前
	jawLeft	撇嘴时下巴向左
	jawRight	撇嘴时下巴向右
	jawOpen	张嘴时下巴向下
	mouthClose	闭嘴
	mouthFunnel	稍张嘴并双唇张开
	mouthPucker	抿嘴
	mouthLeft	向左撇嘴
	mouthRight	向右撇嘴
	mouthSmileLeft	左撇嘴笑
	mouthSmileRight	右撇嘴笑
	mouthFrownLeft	左嘴唇下压
	mouthFrownRight	右嘴唇下压
	mouthDimpleLeft	左嘴唇向后
	mouthDimpleRight	右嘴唇向后
	mouthStretchLeft	左嘴角向左
	mouthStretchRight	右嘴角向右
	mouthRollLower	下嘴唇卷向里
	mouthRollUpper	下嘴唇卷向上
	mouthShrugLower	下嘴唇向下
	mouthShrugUpper	上嘴唇向上
	mouthPressLeft	下嘴唇压向左
	mouthPressRight	下嘴唇压向右
	mouthLowerDownLeft	下嘴唇压向左下
	mouthLowerDownRight	下嘴唇压向右下
	mouthUpperUpLeft	上嘴唇压向左上
	mouthUpperUpRight	上嘴唇压向右上
Eyebrows(5)	browDownLeft	左眉向外
	browDownRight	右眉向外
	browInnerUp	蹙眉
	browOuterUpLeft	左眉向左上
	browOuterUpRight	右眉向右上
Cheeks(3)	cheekPuff	脸颊向外
	cheekSquintLeft	左脸颊向上并回旋
	cheekSquintRight	右脸颊向上并回旋

续表

区　　域	表情定位符	描　　述
Nose(2)	noseSneerLeft	左蹙鼻子
	noseSneerRight	右蹙鼻子
Tongue(1)	tongueOut	吐舌头

需要注意的是,在表 5-5 中表情定位符的命名是基于人脸方向的,如 eyeBlinkRight 定义的是人脸右眼眨眼,但在呈现 3D 模型时我们镜像了模型,看到的人脸模型右眼其实在左边。

有了表情特征运动因子后,就可以使用 SceneKit 中的 SCNMorpher. SetWeight()方法进行网格融合,该方法原型为:

```
setWeight(_ weight: CGFloat, forTargetNamed targetName: Int);
```

该方法有两个参数,forTargetNamed 参数为需要融合的网格变形器名,即上文中的 BlendShapeLocation 名;weight 参数为需要设置的 BlendShape 权重值,取值范围为[0,1]。

该方法主要功能是用于设置指定网格变形器的 BlendShape 权重值,这个值表示从源网格到目标网格的过渡(源网格与目标网格拥有同样的拓扑结构,但顶点位置两者有差异),最终值符合以下公式:

$$v_{\text{fin}} = (1 - \text{value}) * v_{\text{src}} + \text{value} * v_{\text{des}}$$

因此,通过设置网格的 BlendShape 权重值可以将网格从源网格过渡到目标网格,如图 5-9 所示。

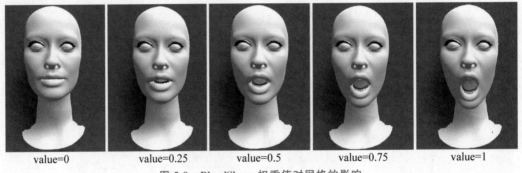

| value=0 | value=0.25 | value=0.5 | value=0.75 | value=1 |

图 5-9　BlendShape 权重值对网格的影响

5.3.3　BlendShapes 使用

使用 ARKit 的 BlendShapes 功能需要满足两个条件:第一是有一个配备有深度相机或者 A12 及以上处理器的移动设备;第二是有一个 BlendShapes 已定义好的模型,为简化操作,这个模型的 BlendShapes 名称定义应与表 5-5 完全对应。为模型添加 BlendShapes 可以在 3ds Max 软件中定义变形器,并做好对应的网格变形。

在满足以上两个条件后,使用 BlendShapes 就变得相对简单了,实现的思路如下:

(1) 获取 ARKit 表情特征运动因子。这可以通过检查 ARFaceAnchor 获取相应数据,在检测到人脸时,ARFaceAnchor 会返回一个 blendShapes 集合,该集合包含所有 52 组表情特征运动因子数据。

(2) 绑定 ARKit 的表情特征定位符与模型中的变形器,使其保持一致。

(3) 当人脸 ARFaceAnchor 发生更新时,实时更新所有与表情特征运动因子相关联的模型变形器。

核心示例代码如代码清单 5-6 所示。

代码清单 5-6

```
1.    import UIKit
2.    import SceneKit
3.    import ARKit
4.
5.    class ViewController: UIViewController {
6.        @IBOutlet var sceneView: ARSCNView!
7.        var contentNode: SCNReferenceNode?
8.        private lazy var head = contentNode!.childNode(withName: "head", recursively: true)!
9.
10.       override func viewDidLoad() {
11.           super.viewDidLoad()
12.           guard ARFaceTrackingConfiguration.isSupported else {
13.               fatalError("当前设备不支持人脸检测!")
14.           }
15.           sceneView.delegate = self
16.       }
17.
18.       override func viewWillAppear(_ animated: Bool) {
19.           super.viewWillAppear(animated)
20.           let configuration = ARFaceTrackingConfiguration()
21.           configuration.isLightEstimationEnabled = true
22.           configuration.providesAudioData = false
23.           configuration.isWorldTrackingEnabled = false
24.           configuration.maximumNumberOfTrackedFaces = 1
25.           sceneView.autoenablesDefaultLighting = true
26.           sceneView.allowsCameraControl = false
27.           sceneView.session.run(configuration)
28.
29.       }
30.       override func viewWillDisappear(_ animated: Bool) {
31.           super.viewWillDisappear(animated)
32.           sceneView.session.pause()
33.       }
34.   }
35.
36.   extension ViewController: ARSCNViewDelegate {
37.     func modelSetup() {
38.         if let filePath = Bundle.main.path(forResource: "BlendShapeFace", ofType: "scn") {
39.             let referenceURL = URL(fileURLWithPath: filePath)
40.             self.contentNode = SCNReferenceNode(url: referenceURL)
41.             self.contentNode?.load()
42.             self.head.morpher?.unifiesNormals = true
43.             self.contentNode?.scale = SCNVector3(0.01,0.01,0.01)
44.             self.contentNode?.position.y += 0.02
45.         }
46.     }
47.     func renderer(_ renderer: SCNSceneRenderer, didAdd node: SCNNode, for anchor: ARAnchor) {
48.         guard let faceAnchor = anchor as? ARFaceAnchor else { return }
```

```
49.        modelSetup()
50.        node.addChildNode(self.contentNode!)
51.      }
52.
53.    func renderer(_ renderer: SCNSceneRenderer, didUpdate node: SCNNode,for anchor: ARAnchor) {
54.      guard let faceAnchor = anchor as? ARFaceAnchor else { return }
55.      DispatchQueue.main.async {
56.        for (key, value) in faceAnchor.blendShapes {
57.          if let fValue = value as? Float {
58.            self.head.morpher?.setWeight(CGFloat(fValue), forTargetNamed: key.rawValue)
59.          }
60.        }
61.      }
62.    }
63.  }
```

实现 BlendShapes 核心逻辑很清晰,即使用检测到的人脸表情驱动模型对应的表情,因此人脸表情与模型变形器(BlendShapes)必须建立一一对应关系,我们可以选择手动逐个绑定,也可以在建模时将变形器名与 ARKit 中的 BlendShapeLocation 定位符名按表 5-5 所示完全对应以简化手动绑定。为实现实时驱动的效果,需要实时地更新 ARKit 检测到的人脸表情因子到模型变形器。

运行本示例,AR 应用启动后会自动开启前置摄像头,当检测到人脸时就会在该人脸位置挂载虚拟头像,当人脸表情发生变化时,虚拟头像模型对应表情也会发生变化,BlendShapes 效果如图 5-10 所示。

图 5-10 BlendShapes 效果图

注意

由于目前 USDZ 及 Reality 模型格式并不支持变形器(morpher target,blendShapes),RealityKit 也不支持直接使用 Morpher.SetWeight()进行网格变形,所以本节中我们使用了 SceneKit,可以看到,当模型变形器命名与表 5-5 中命名完全一致时,使用 BlendShapes 比较简单。5.4 节将演示使用 RealityKit 获取表情因子驱动模型。

5.4　同时开启前后摄像头

iOS 设备配备了前后两个摄像头,在运行 AR 应用时,需要选择使用哪个摄像头作为图像输入。最常见的 AR 体验使用设备后置摄像头进行世界跟踪、虚实融合,通常使用 ARWorldTrackingConfiguration 配置跟踪使用者的真实环境。除了进行虚实融合,我们通常还利用后置摄像头采集的图像信息评估真实世界中的光照情况、对真实环境中的 2D 图像或者 3D 物体进行检测等。

对具备前置深度相机(TrueDepth Camera)或者 A12 及以上处理器的设备,使用 ARFaceTrackingConfiguration 配置可以实时进行人脸检测跟踪,实现人脸姿态和表情的捕捉。

拥有前置深度相机或 A12 及以上处理器硬件的 iPhone/iPad,在运行 iOS 13 及以上系统时,还可以同时开启设备前后摄像头,即同时进行人脸检测和世界跟踪。这是一项非常有意义且实用的功能,意味着使用者可以使用表情控制场景中的虚拟物体,实现除手势与语音之外的另一种交互方式。

在 RealityKit 中,同时开启前后摄像头需要使用 ARFaceTrackingConfiguration 配置或者 ARWorldTrackingConfiguration 配置之一。使用 ARFaceTrackingConfiguration 配置时将其 supportsWorldTracking 属性设置为 true,使用 ARWorldTrackingConfiguration 配置时将其 userFaceTrackingEnabled 属性设置为 true 都可以在支持人脸检测的设备上同时开启前后摄像头。

同时开启前后摄像头后,RealityKit 会使用后置摄像头跟踪现实世界,同时也会通过前置摄像头实时检测人脸信息,包括人脸表情信息。

需要注意的是,并不是所有设备都支持同时开启前后摄像头,只有符合前文所描述的设备才支持该功能,因此,在使用之前也应当对该功能的支持情况进行检查。在不支持同时开启前后摄像头的设备上应当执行另外的策略,如提示用户进行只使用单个摄像头的操作。

在下面的演示中,我们会利用后置摄像头的平面检测功能,在检测到的水平平面上放置机器头像模型,然后利用从前置摄像头中捕获的人脸表情信息驱动头像模型。核心代码如代码清单 5-7 所示。

代码清单 5-7

```
1.  var robotHead = RobotHead()
2.  struct ARViewContainer: UIViewRepresentable {
3.    func makeUIView(context: Context) -> ARView {
4.      let arView = ARView(frame: .zero)
5.      if ARWorldTrackingConfiguration.supportsUserFaceTracking {
6.        let config = ARWorldTrackingConfiguration()
7.        config.userFaceTrackingEnabled = true
8.        config.planeDetection = .horizontal
9.        config.worldAlignment = .gravity
10.       arView.automaticallyConfigureSession = false
11.       arView.session.run(config, options: [])
12.       arView.session.delegate = arView
13.       arView.createRobotHead()
14.     }
15.     return arView
16.   }
17.   func updateUIView(_ uiView: ARView, context: Context) {
18.   }
```

```
19.   }
20.
21.   extension ARView : ARSessionDelegate{
22.      func createRobotHead(){
23.         let planeAnchor = AnchorEntity(plane:.horizontal)
24.         planeAnchor.addChild(robotHead)
25.         self.scene.addAnchor(planeAnchor)
26.      }
27.
28.      public func session(_ session: ARSession, didUpdate anchors: [ARAnchor]) {
29.         for anchor in anchors {
30.            guard let anchor = anchor as? ARFaceAnchor else { continue }
31.            robotHead.update(with: anchor)
32.         }
33.      }
34.   }
```

在代码清单 5-7 中,我们首先对设备支持情况进行检查,在确保设备支持同时开启前后摄像头功能时使用 ARWorldTrackingConfiguration 配置并运行 AR 进程,然后在检测到平面时将机器头像模型放置于平面上,最后利用 session(didUpdate frame:)代理方法使用实时捕获到的人脸表情数据更新机器头像模型,从而达到了使用人脸表情驱动场景中模型的目的。需要注意的是代码中 userFaceTrackingEnabled 必须设置为 true,并且开启平面检测功能,另外,为更好地组织代码,我们将与模型及表情驱动相关的代码放到了 RobotHead 类中。

RobotHead 类用于管理机器头像模型加载及使用表情数据驱动模型的工作,关键代码如代码清单 5-8 所示。

代码清单 5-8

```
1.   func update(with faceAnchor: ARFaceAnchor) {
2.      let blendShapes = faceAnchor.blendShapes
3.      guard let eyeBlinkLeft = blendShapes[.eyeBlinkLeft] as? Float,
4.         let eyeBlinkRight = blendShapes[.eyeBlinkRight] as? Float,
5.         let eyeBrowLeft = blendShapes[.browOuterUpLeft] as? Float,
6.         let eyeBrowRight = blendShapes[.browOuterUpRight] as? Float,
7.         let jawOpen = blendShapes[.jawOpen] as? Float,
8.         let upperLip = blendShapes[.mouthUpperUpLeft] as? Float,
9.         let tongueOut = blendShapes[.tongueOut] as? Float
10.        else { return }
11.
12.     eyebrowLeftEntity.position.y = originalEyebrowY + 0.03 * eyeBrowLeft
13.     eyebrowRightEntity.position.y = originalEyebrowY + 0.03 * eyeBrowRight
14.     tongueEntity.position.z = 0.1 * tongueOut
15.     jawEntity.position.y = originalJawY - jawHeight * jawOpen
16.     upperLipEntity.position.y = originalUpperLipY + 0.05 * upperLip
17.     eyeLeftEntity.scale.z = 1 - eyeBlinkLeft
18.     eyeRightEntity.scale.z = 1 - eyeBlinkRight
19.
```

```
20.    let cameraTransform = self.parent?.transformMatrix(relativeTo: nil)
21.    let faceTransformFromCamera = simd_mul(simd_inverse(cameraTransform!), faceAnchor.transform)
22.    let rotationEulers = faceTransformFromCamera.eulerAngles
23.    let mirroredRotation = Transform(pitch: rotationEulers.x, yaw: - rotationEulers.y + .pi, roll:
       rotationEulers.z)
24.    self.orientation = mirroredRotation.rotation
25. }
```

在代码清单 5-8 中，我们首先从 ARFaceAnchor 中获取 BlendShapes 表情运动因子集合，并从中取出感兴趣的表情运动因子，然后利用这些表情因子对机器头像模型中的子实体对象相关属性进行调整，最后还处理了人脸与模型旋转关系的对应问题。

在支持同时开启前置与后置摄像头的设备上编译运行，当移动设备在检测到的水平平面时放置好机器头像模型，将前置摄像头对准人脸，可以使用人脸表情驱动机器头像模型，当人体头部旋转时，机器头像模型也会相应地进行旋转，实现效果如图 5-11 所示。

图 5-11　使用前置摄像头检测到的人脸姿态控制后置摄像头中的机器头像模型效果

本节演示的是一个简单的案例，但完整实现了利用前置摄像头采集的人脸表情信息控制后置摄像头中机器头像模型的功能，并且我们也看到，在使用前置摄像头时，后置摄像头可以同时进行世界跟踪。

由于 RealityKit 目前没有控制网格变形的函数，要实现利用人脸表情控制驱动模型的功能，开发者只能手动进行人脸表情与模型状态变化的绑定，人工计算模型中各子对象的位置与方向，这是一个比较麻烦且容易出错的过程。

经过测试发现，ARKit 对人脸表情的捕捉还是比较准确的，在使用配备深度相机的设备时，捕捉精度比较高，可以应付一般应用需求。

在本章中，我们对 ARKit 人脸检测相关知识进行了学习，对人脸网格、人脸贴纸、挂载虚拟物体、BlendShapes 进行了演示，但人脸检测的应用远远比演示的要多，例如可以利用人脸特定表情解锁、使用人眼凝视点判断使用者关注点实现人眼凝视交互等。通过学习，我们也发现，目前 RealityKit 在一些人脸功能支持上还有不足，部分功能需要借助 SceneKit 或者其他技术才能实现。

第 6 章

光 影 特 效

光影是影响物体感观非常重要的部分,在现实生活中,人脑通过对光影的分析,可以迅速定位物体空间位置、光源位置、光源强弱、物体三维结构、物体之间的空间位置关系、周边环境等,光影还影响人脑对物体表面材质属性的直观感受,如粗糙度、金属质感、塑料质感等。在 AR 中,光影效果直接影响 AR 虚拟物体的真实感。本章我们主要学习在 AR 中实现光照估计、环境光反射等相关知识,提高 AR 中虚拟物体渲染的真实性。

6.1 光照

在现实世界中,光扮演了极其重要的角色,没有光万物将失去色彩,没有光世界将一片漆黑。在 3D 数字世界中亦是如此,3D 数字世界本质上是一个使用数学精确描述的真实世界复本,光照计算是影响这个数字世界可信度的极其重要的因素。

在图 6-1 中,左图是无光照条件下的球体(并非全黑是因为设置了环境光),这个球体看起来与一个 2D 圆形并无区别,右图是有光照条件下的球体,立体形象已经呈现,有高光、有阴影。这只是一个简单的示例,事实上我们视觉感知环境就

图 6-1 光照影响人脑对物体形状的判断

是通过光与物体材质的交互而产生的。

3D 数字世界渲染的真实度与 3D 数字世界使用的光照模型有直接关系,越高级的光照模型对现实世界模拟得越好,场景看起来就越真实,当然计算开销也越大,特别是对实时渲染的应用来说,一个合适的折中方案选择就很关键。

6.1.1 光源

顾名思义,光源即是光的来源,常见的光源有阳光、月光、星光、灯光等。光的本质其实很复杂,它是一种电磁辐射但却有波粒二象性(我们不会深入研究光学,那将是一件非常复杂且枯燥的工作,在计算机图形学中,只需要了解一些简单的光学属性并应用)。在实时渲染时,通常把光源当成一个没有体积的点,用 L 表示由其发射光线的方向,使用辐照度(Irradiance)量化光照强度。对平行光而言,它的辐照度可以通过计算在垂直于 L 的单位面积上单位时间内穿过的能量衡量。在图形学中考虑光照,我们只要想象光源会向空间中发射带有能量的光子,然后这些光子会与物体表面发生作用(反射、折射和吸收),最后的结果是我们看到物体的颜色和各种纹理。

6.1.2　光与材质的交互

当光照射到物体表面时，一部分光能量被物体表面吸收，另一部分光被反射，如图 6-2 所示，对于透明物体，还有一部分光穿过透明体，产生透射光。被物体吸收的光能转化为热能，只有反射光和透射光能够进入人的眼睛，产生视觉效果。反射和透射产生的光波决定了物体呈现的亮度和颜色，即反射和透射光的强度决定了物体表面的亮度，而它们含有的不同波长的光的比例决定了物体表面的色彩。所以，物体表面光照颜色由入射光、物体材质，以及材质和光的交互规律共同决定。

物体材质可以认为是决定光如何与物体表面相互作用的属性。这些属性包括表面反射和吸收的光的颜色、材料的折射系数、表面光滑度、透明度等。通过指定材质属性，可以模拟各种真实世界的表面视觉表现，如木材、石头、玻璃、金属和水等。

在计算机图形学光照模型中，光源可以发出不同强度的红、绿和蓝光，因此可以模拟各种光色。当光从光源向外传播并与物体发生碰撞时，其中一些光可能被吸收，另一些则可能被反射（对于透明物体，如玻璃，有些光线透过介质，但这里不考虑透明物体）。反射的光沿着新的反射路径传播，并且可能会击中其他物体，其中一些光又被吸收和反射。光线在完全吸收之前可能会击中许多物体，最终，一些光线会进入我们的眼睛，如图 6-3 所示。

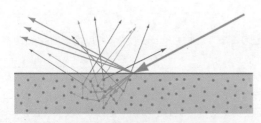

图 6-2　光与物体表面的交互、反射、折射、
　　　　散射、次表面散射

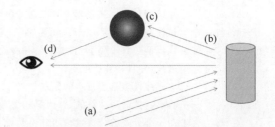

图 6-3　入射到眼睛中的光是光源与世界环境进行
　　　　多次交互后综合的结果

根据三原色理论，眼睛的视网膜包含 3 种光感受器，每一种光感受器对特定的红光、绿光和蓝光敏感（有些重叠），进入人眼的 RGB 光会根据光的强度将其相应的光感受器刺激到不同的强度。当光感受器受到刺激（或不刺激）时，神经脉冲从视神经向大脑发射脉冲信号，大脑综合所有光感受器的脉冲刺激产生图像（如果闭上眼睛，光感受器细胞就不会受到任何刺激，默认大脑会将其标记为黑色）。

在图 6-3 中，假设圆柱体表面材料反射 75% 的红光，75% 的绿光，而球体反射 25% 的红光，吸收其余的红光，也假设光源发出的是纯净的白光。当光线照射到圆柱体时，所有的蓝光都被吸收，只有 75% 的红光和 75% 绿光被反射出来（即中等强度的黄光）。这束光随后被散射，其中一些进入眼睛，另一些射向球体。进入眼睛的部分主要刺激红色和绿色的锥细胞到中等的程度，观察者会认为圆柱体表面是一种半明亮的黄色。其他光线向球体散射并击中球体，球体反射 25% 的红光并吸收其余部分，因此，稀释后的红光（中高强度红色）被进一步稀释和反射，所有射向球体的绿光都被吸收，剩余的红光随后进入眼睛，刺激红锥细胞到一个较低的程度，因此观察者会认为球体是一种暗红色的球。这就是光与材质的交互过程。

在 AR 中，ARKit 会根据摄像头采集的环境图像自动评估环境中的光照信息并修正虚拟元素的光照，通常情况下都能达到比较理想的光照效果。但我们也可以在场景中手动添加灯光，调整灯光颜色和强度，从而更精准地控制虚拟物体的光照。

6.1.3　光照模型

光与物体材质交互的过程是持续性的,即光线在环境中会持续地被反射、透射、吸收、衍射、折射、干涉,直到光线全部被吸收转化为热量,完整模拟这个过程目前还不现实(需要庞大的算力)。因此,为了简化光与材质交互的计算,人们建立了一些数学模型来替代复杂的物理模型,这些模型被称为光照模型(Illumination Model)。

光照模型,也称为明暗模型,用于计算物体某点的光强和颜色值,从数学角度而言,光照模型本质上是一个或者几个数学公式,使用这些公式来计算物体某点的光照效果。

根据光照模型所关注的重点和对光线交互的抽象层次不同,光照模型又分为局部光照模型和全局光照模型:局部光照模型只关注光源所发射光线到物体的一次交互,常用于实时渲染;全局光照模型关注的光照交互层级更多,因此计算量更大,通常用于离线渲染。RealityKit 支持的局部光照模型包括环境光(Ambient)、Lambert、Blinn、Phong、PBR,详见表 6-1,它们的渲染效果如图 6-4 所示。

表 6-1　RealityKit 支持的光照模型

光照模型	描　　述
Ambient	所有物体表面使用相同的常量光照,常用于模拟环境光照效果
Lambert	该模型包含了环境光与漫反射两种光照效果
Phong	该模型包含了环境光、漫反射和高光反射 3 种光照效果
Blinn	该模型包含了环境光、漫反射和高光反射 3 种光照效果,改进自 Phong 模型,可以实现更柔和的高光效果,并且计算速度更快
PBR	该光照模型基于真实的光线与材质的交互物理规律,通常采用微面元理论,因此,表现出来的效果更真实。但需要注意的是,PBR 虽然是基于物理的光照模型,但并不完全使用物理公式进行计算,也采用了部分经验公式,所以,并不是说 PBR 光照模型就完全可信,当前主流的渲染基本支持 PBR

环境光照模型　　兰伯特光照模型　　Blinn光照模型　　Phong光照模型　　基于物理的光照模型

图 6-4　不同光照模型对物体光照计算的效果图

6.1.4　RealityKit 中的光源

RealityKit 支持 3 种光源类型:平行光(DirectionalLight)、点光(PointLight)、聚光(SpotLight),分别用于模拟太阳光、普通灯泡类灯光、手电筒类灯光,组合使用这 3 种光源类型可以实现绝大部分光照效果渲染需求。实际上,RealityKit 还支持环境光,但 RealityKit 中的环境光照并不直接来自光源,而是使用 IBL(Image Based Lighting,基于图像的光照)技术从背景图像中提取。

RealityKit 采用 IBL 技术的初衷是增强 3D 虚拟元素的真实感,使用该技术可以从提供的环境资源贴图中提取环境信息及光照信息。环境资源贴图定义了 AR 环境中的大概颜色及明暗信息,利用这些信息,RealityKit 可以将其用于环境反射以增强虚拟元素的真实感和可信度,如图 6-5 所示。左图为使用的环境资源贴图,显示了一个房间的模糊广角视图,右图为使用该环境资源贴图模拟的环境反射。

使用环境资源贴图首先需要新建一个以.skybox 为后辍的文件夹,并在该文件夹中放置使用的环境资

图 6-5　IBL 环境资源贴图与利用该贴图渲染的虚拟物体反射

源贴图文件。环境资源贴图文件需为等距柱状投影环境图（经纬投影图）。将该文件夹拖入 Xcode 工程文件导航窗口中，在弹出的"选项"对话框中选择文件夹引用（不要使用组），这样在工程编译时 Xcode 会自动打包该文件夹中所有的资源。

RealityKit 环境资源贴图类型支持常见图像格式，如 .png 和 .jpg 格式图像文件，但为获得表现力更丰富、颜色更饱满的照明和反射效果，建议使用 .exr 或 .hdr 格式图像，这两种格式支持高动态范围，用于环境反射效果更出色。

在 RealityKit 中使用环境资源贴图只需要将贴图文件赋给 ARView.environment.background 属性，由于环境资源贴图放在特定的文件夹中，RealityKit 也提供了简洁的贴图加载方式，大大地简化了开发者的工作，典型代码如代码清单 6-1 所示。

代码清单 6-1

```
1.  arView.environment.background = .skybox(try! EnvironmentResource.load(named: "space"))
```

平行光用于模拟从远处发射的光照效果，在 RealityKit 中，使用平行光的典型代码如代码清单 6-2 所示。

代码清单 6-2

```
1.  var boxMesh = MeshResource.generateBox(size: 0.1)
2.  var boxMaterial = SimpleMaterial(color:.white,isMetallic: false)
3.  var boxEntity = ModelEntity(mesh:boxMesh,materials:[boxMaterial])
4.
5.  var planeMesh = MeshResource.generatePlane(width: 0.3,depth: 0.3)
6.  var planeMaterial = SimpleMaterial(color:.white,isMetallic: false)
7.  var planeEntity = ModelEntity(mesh:planeMesh,materials:[planeMaterial])
8.
9.  extension ARView : ARSessionDelegate{
10.   func createPlane(){
11.     let planeAnchor = AnchorEntity(plane:.horizontal,classification: .any,minimumBounds: [0.3,0.3])
12.     planeAnchor.addChild(boxEntity)
13.     var tf = boxEntity.transform
14.     tf.translation = SIMD3(tf.translation.x,tf.translation.y + 0.06,tf.translation.z)
15.     boxEntity.move(to: tf, relativeTo: nil)
16.     planeAnchor.addChild(planeEntity)
17.     let directionalLight = DirectionalLight()
```

```
18.        directionalLight.light.intensity = 50000
19.        directionalLight.light.color = UIColor.red
20.        directionalLight.light.isRealWorldProxy = false
21.        directionalLight.look(at: [0, 0, 0], from: [0.01, 1, 0.01], relativeTo: nil)
22.        planeAnchor.addChild(directionalLight)
23.        self.scene.addAnchor(planeAnchor)
24.    }
25. }
```

对平行光而言,光源位置并不重要,重要的是光照方向,在实际开发中,经常使用平行光的 look() 方法设置光照方向。

点光从光源位置向所有方向发射光线,当光线沿各方向传播时会出现衰减,在 RealityKit 中使用 attenuationRadius 参数表示光线最大有效距离,即超出该距离后的物体无法被光源照射,如图 6-6 左图所示。使用点光时,不仅要指定光源位置,还需要指定衰减半径,典型的点光使用代码如代码清单 6-3 所示。

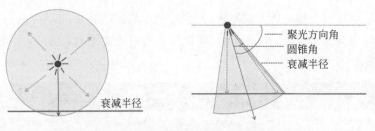

图 6-6　点光与聚光示意图

代码清单 6-3

```
1.  var planeMesh = MeshResource.generatePlane(width: 0.8,depth: 0.8)
2.  var planeMaterial = SimpleMaterial(color:.white,isMetallic: false)
3.  var planeEntity = ModelEntity(mesh:planeMesh,materials:[planeMaterial])
4.
5.  extension ARView : ARSessionDelegate{
6.      func createPlane(){
7.          let planeAnchor = AnchorEntity(plane:.horizontal,classification: .any,minimumBounds: [0.3,0.3])
8.          planeAnchor.addChild(planeEntity)
9.          let l = PointLight()
10.         l.light = PointLightComponent(color: .green, intensity: 5000, attenuationRadius: 0.5)
11.         l.position = [planeEntity.position.x , planeEntity.position.y + 0.1,planeEntity.position.z + 0.2]
12.         l.move(to: l.transform, relativeTo: nil)
13.         let lightAnchor = AnchorEntity(world: l.position)
14.         lightAnchor.components.set(l.light)
15.         self.scene.addAnchor(lightAnchor)
16.         self.scene.addAnchor(planeAnchor)
17.     }
18. }
```

　　聚光沿圆锥体发射光线,类似于手电筒的发光效果,其光线在传播时也会出现衰减,同时,在使用时,聚光需要指定圆锥角(innerAngleInDegrees)、聚光方向角(outerAngleInDegrees)和光照方向,如图 6-6 右图所示,典型的聚光使用代码如代码清单 6-4 所示。

代码清单 6-4

```
1.  extension ARView : ARSessionDelegate{
2.    func createPlane(){
3.      let planeAnchor = AnchorEntity(plane:.horizontal,classification: .any,minimumBounds: [0.3,0.3])
4.      planeAnchor.addChild(planeEntity)
5.      let l = SpotLight()
6.      l.light = SpotLightComponent(color: .yellow, intensity: 5000, innerAngleInDegrees: 5,
          outerAngleInDegrees: 80, attenuationRadius: 2)
7.      l.position = [planeEntity.position.x , planeEntity.position.y + 0.1,planeEntity.position.z + 0.5]
8.      l.move(to: l.transform, relativeTo: nil)
9.      let lightAnchor = AnchorEntity(world: l.position)
10.     l.look(at: planeEntity.position, from: l.position, relativeTo: nil)
11.     lightAnchor.components.set(l.light)
12.     self.scene.addAnchor(lightAnchor)
13.     self.scene.addAnchor(planeAnchor)
14.   }
15. }
```

　　利用光照可以在数字世界中模拟真实物体的照明效果,营造真实可信的虚实融合场景,但光照计算是一项对资源消耗比较大的任务,场景中光源设置得越多,对性能消耗就越大,为提高应用性能,需要控制场景中的光源数量,或者使用预渲染的纹理贴图替代实时光照计算。RealityKit 中各光源类型对资源消耗排序为:聚光＞点光＞平行光＞环境光,聚光对性能消耗最大,需谨慎使用。

6.2　光照估计

　　AR 与 VR 在光照上最大的不同在于 VR 世界是纯数字世界,有一套完整的数学模型,而 AR 则是将计算机生成的虚拟物体或关于真实物体的非几何信息叠加到真实世界的场景之上实现对真实世界的增强,融合了真实世界与数字世界。就光照而言,VR 中的光照完全由开发人员决定,光照效果是一致的,即不会受到运行时其他因素的影响,而 AR 中则不得不考虑真实世界的光照与虚拟的 3D 光照信息的一致性,举个例子,假如在 AR 3D 应用中设置了一个模拟太阳的高亮度方向光,而用户是在晚上使用这个 AR 应用,如果不考虑光照一致性,那么渲染出来的虚拟物体的光照与真实世界其他物体的光照反差将会非常明显,由于人眼对光照信息的高度敏感性,这种渲染可以说是完全失败的,完全没有沉浸感。在 AR 中,由于用户与真实世界的联系并未被切断,光照的交互方式也要求更自然,如果真实世界的阴影向左而渲染出来的虚拟物体阴影向右,这也是让人难以接受的,所以在 AR 中,必须要能达到虚拟光照与真实光照的一致,如图 6-7 所示,虚拟物体渲染出来的阴影应与真实环境中的阴影基本保持一致,这样才能提高虚拟物体的可信度和真实感。

图 6-7　真实环境阴影与虚拟对象阴影保持一致能有效地增强虚拟对象的真实感

6.2.1　光照一致性

光照一致性，是指在渲染虚拟物体时，保持虚拟物体与真实场景有相同的光照效果。光照一致性的目标是使虚拟物体的光照情况与真实场景中的光照情况一致，使虚拟物体与真实物体有着一致的明暗、阴影效果，以增强虚拟物体的真实感。

解决光照一致性问题的关键是获取真实场景中的光照信息，利用该信息指导实施虚拟光照。准确的光照信息有助于更准确地虚拟光照设置，实现更自然的光照效果。光照一致性包含的技术性问题很多，完全的解决方案需要真实场景精确的几何模型和光照模型，以及场景中物体的光学属性描述，这样才可能绘制出真实场景与虚拟物体的光照交互，包括真实场景中的光源对虚拟物体产生的明暗、阴影和反射及虚拟物体对真实物体的明暗、阴影和反射的影响，所以 AR 中光照一致性问题并不是一个容易解决的问题。

光照一致性是增强现实技术中的一个难点，光照模型的研究有助于解决光照一致性问题，其主要研究如何根据物理光学的有关定律，采用计算机来模拟自然界中光照的物理过程。由于光照一致性涉及的问题很多，实现虚实场景的一致性光照，一个关键的环节是如何获取现实环境中真实光照的分布信息，目前对真实环境光照分布的估计方法主要包括：借助辅助标志物的方法、借助辅助拍摄设备的方法、基于图像的分析方法等，ARKit 使用的就是基于图像的分析方法。

6.2.2　ARKit 中的光照估计

ARKit 支持对用户所处环境光照信息的估计，在 ARConfiguration 类中定义了 isLightEstimationEnabled 布尔属性用于开启和关闭光照估计，该功能默认为启用状态。由于 ARConfiguration 是所有其他配置类的父类，因此 ARKit 所有的配置类都支持光照估计功能。

当设置 isLightEstimationEnabled 值为 true 时，ARKit 每帧都会对从设备摄像头中采集的图像进行光照估计计算，并且将估计值保存在 frame.lightEstimate 属性中，frame.lightEstimate 是 ARLightEstimate 类的实例，ARLightEstimate 类只包含两个属性，如表 6-2 所示。

表 6-2　ARLightEstimate 类属性

属 性 名	描 述
ambientIntensity	环境光强度值，取值范围[0,2000]，在光照条件良好的环境中，该值约为 1000,0 表示环境非常黑暗，2000 表示环境非常明亮
ambientColorTemperature	环境光温度值，单位为开尔文（K），纯白光为 6500，低于该值表示环境更温暖，更偏向于黄光或者橘黄光，而高于该值表示环境更冷，更偏向于蓝光

在 RealityKit 中，一般情况下开发人员无须关注 frame. lightEstimate 中的值，当设置 isLightEstimationEnabled 值为 true 时，RealityKit 会自动使用环境光照估计值渲染虚拟元素的光照。但在使用自定义渲染时，开发人员必须自行处理光照估计。

但在一些情况下，我们也可能需要实时获取当前环境光照估计值，如根据环境光照动态调整特效类型，下面演示如何启用光照估计并获取实时的光照估计值，如代码清单 6-5 所示。

代码清单 6-5

```
1.    struct ARViewContainer: UIViewRepresentable {
2.      func makeUIView(context: Context) -> ARView {
3.        let arView = ARView(frame: .zero)
4.        let config = ARWorldTrackingConfiguration()
5.        config.planeDetection = .horizontal
6.        config.isLightEstimationEnabled  = true
7.        arView.session.delegate = arView
8.        arView.session.run(config, options:[ ])
9.        return arView
10.     }
11.     func updateUIView(_ uiView: ARView, context: Context) {}
12.  }
13.  var isPlaced = false
14.  var times : Int = 0
15.  extension ARView : ARSessionDelegate{
16.    public func session(_ session: ARSession, didAdd anchors: [ARAnchor]) {
17.      guard let anchor = anchors.first as? ARPlaneAnchor , !isPlaced else{return}
18.      do{
19.        let planeAnchor = AnchorEntity(anchor:anchor)
20.        let box: MeshResource = .generateBox(size: 0.1, cornerRadius: 0.003)
21.        var boxMaterial = SimpleMaterial(color:.blue,isMetallic: false)
22.        boxMaterial.baseColor = try .texture(.load(named: "Box_Texture.jpg"))
23.        boxMaterial.roughness = 0.8
24.        let boxEntity = ModelEntity(mesh: box, materials: [boxMaterial])
25.        planeAnchor.addChild(boxEntity)
26.        self.installGestures(for: boxEntity)
27.        self.scene.addAnchor(planeAnchor)
28.        isPlaced = true
29.      }
30.      catch{
31.        print("无法加载图片纹理")
32.      }
33.    }
34.    public func session(_ session: ARSession, didUpdate frame: ARFrame) {
35.      guard let estimatLight = frame.lightEstimate , times < 10 else {return }
36.      print("light intensity: \(estimatLight.ambientIntensity),light temperature: \(estimatLight.ambientColorTemperature)")
37.      times += 1
38.      ARLightEstimate
39.    }
40.  }
```

代码清单 6-5 中代码逻辑非常清晰,我们使用 session(:didUpdate frame:)代理方法实时地获取每一帧的光照估计值,并打印了光照估计值强度及色温信息。运行代码,在检测到的水平平面上加载木箱物体后,改变真实环境中的光照,可以看到虚拟的木箱光照信息也发生了明显的变化,效果如图 6-8、图 6-9 所示。

图 6-8　真实环境照明条件良好时的虚拟木箱渲染情况

图 6-9　真实环境照明条件变得很暗时的虚拟木箱渲染情况

提示

　　经过测试,发现在使用 RealityKit 渲染时,即使设置 isLightEstimationEnabled 为 false 也会在渲染虚拟元素时考虑光照估计,但此时无法从 frame.lightEstimate 中获取光照估计值。

　　除了通用的光照估计,在使用 ARFaceTrackingConfiguration 配置运行 ARSession 时,ARKit 会提供更多关于环境光照的估计信息。

　　在使用 ARFaceTrackingConfiguration 配置运行 ARSession,当设置 isLightEstimationEnabled 值为 true 时,ARKit 每帧都会对从设备摄像头中采集的图像进行光照估计计算,并且将估计值保存在 frame.lightEstimate 属性中,但此时 frame.lightEstimate 为 ARDirectionalLightEstimate 类的实例,ARDirectionalLightEstimate 类为 ARLightEstimate 的子类,不仅包括 ARLightEstimate 中的属性,还包含另外 3 个光照估计值属性,如表 6-3 所示。

表 6-3　ARDirectionalLightEstimate 类属性

属 性 名	描 述
primaryLightDirection	场景中最强光线的方向向量,这是一个在世界空间中归一化的向量
primaryLightIntensity	场景中最强光线的光照强度,单位为流明,取值范围[0,2000],在光照条件良好的环境中,该值约在 1000,0 表示环境非常黑暗,2000 表示环境非常明亮
sphericalHarmonicsCoefficients	对环境中多个光源方向与强度的综合表达。球谐因子提供了一种在某点反映全局环境光照信息的简洁紧凑模型,描述了在该点的多个光源光照分布与颜色值。在 IML 渲染中,球谐因子非常高效 ARKit 光照估计提供二级(Second level)红、绿、蓝分离的 3 通道球谐因子,总数据包括 3 级 9 个因子,总计 27 个 32 位的浮点值

在 RealityKit 中,开发人员亦无须关注这些光照估计值,当设置 isLightEstimationEnabled 值为 true 时,RealityKit 就会自动使用环境光照估计值渲染虚拟元素。但在使用自定义渲染时,开发人员必须自己处理光照估计。

下面我们演示在使用 ARFaceTrackingConfiguration 配置时,启用光照估计并获取实时的光照估计值,如代码清单 6-6 所示。

代码清单 6-6

```
1.  struct ARViewContainer: UIViewRepresentable {
2.    func makeUIView(context: Context) -> ARView {
3.        let arView = ARView(frame: .zero)
4.        let config = ARFaceTrackingConfiguration()
5.        config.isLightEstimationEnabled  = true
6.        let faceAnchor = try! FaceMask.loadGlass1()
7.        arView.scene.addAnchor(faceAnchor)
8.        arView.session.delegate = arView
9.        arView.session.run(config, options:[ ])
10.       return arView
11.   }
12.   func updateUIView(_ uiView: ARView, context: Context) {}
13. }
14.
15. var times : Int = 0
16. extension ARView : ARSessionDelegate{
17.   public func session(_ session: ARSession, didUpdate frame: ARFrame) {
18.       guard let estimatLight = frame.lightEstimate as? ARDirectionalLightEstimate, times < 10 else {return }
19.       print("light intensity: \(estimatLight.ambientIntensity),light temperature: \(estimatLight.ambientColorTemperature)")
20.       print("primary light direction: \(estimatLight.primaryLightDirection), primary light intensity: \(estimatLight.primaryLightIntensity)")
21.       times += 1
22.   }
23. }
```

6.3 环境反射

在使用 RealityKit 渲染虚拟物体时，RealityKit 默认使用了一个简单的天空盒（Skybox，即 IBL 环境资源贴图），所有带反射材质的物体默认会对天空盒产生反射，如图 6-10 所示。

图 6-10   使用 RealityKit 渲染虚拟物体时默认带环境反射效果

但在 AR 中，使用 IBL 技术实现的天空盒反射有一个很大的问题，那就是不真实，因为天空盒由开发者在开发时设置，不能实时地反映用户使用时的真实环境。为解决这个问题，ARKit 提出了环境探头（Environment Probe）的概念，环境探头在一个特定点模拟了一个全向相机，向 6 个方向以 90°视场角拍摄 6 张照片（这 6 个方向分别是 $+X$、$-X$、$+Y$、$-Y$、$+Z$、$-Z$），因为视场角是 90°，这 6 张照片捕捉到了它周围各个方向的球面图，然后将捕获的图像存储为一个 Cubemap（立方体贴图），这样就可供具有反射材质的对象使用。

利用环境探头捕捉的立方体贴图环境信息，在 PBR 渲染的基础上，我们就可以实现动态环境的实时反射，而且可以通过调整 PBR 中的 Metallic 和 Smoothness 值实现不同程度的反射效果以便更好进行虚实融合，如图 6-11 所示。

图 6-11   在 AR 中实现对环境光反射效果图

6.3.1　环境探头

环境探头理论上能够实时地反映动态的环境,但在 AR 中还存在一个问题,其原因在于 AR 中需要反射的环境是用户的真实环境,而这些真实环境信息只能来自于用户的设备摄像机,在用户 720°扫描其周围环境之前,环境探头无法获取其所需要的所有环境信息,因此无法生成立方体贴图。

这是一个需要权衡折中的问题,我们无法强制要求用户必须先 720°扫描其周边环境,那只能采用另外一种不精确的以用户已经扫描过的环境信息推测用户所在环境的技术来补充所需信息。ARKit 也是基于类似的原理,采用机器学习的方法从用户当前扫描的环境生成补充不足的信息,然后生成立方体贴图,实现虚拟物体非精准的实时环境反射,这就是在 AR 中使用环境探头的技术原理。

考虑以下场景,一个游戏角色从广场行走穿过一个门厅然后进入室内的过程,这时,角色周边的环境发生了非常大的变化,如果在广场设置的环境探头在角色进入室内后继续起作用则会导致错误的渲染,给人一种非常迷惑的渲染表现。这种情况下,就应当设置多个环境探头以反映不同的周边环境,如在广场设置一个,在大厅设置一个,然后根据就近原则对最近的环境探头生成的立方体贴图采样反射。

设置多环境探头的方式对静态的、范围有限的场景是一种很好的解决方案,但在大场景中,这就需要设置非常多的环境探头,如赛车游戏中,需要在整个赛道上布置非常多的环境探头,这显然也不是最理想的解决方案。而且,静态布置的环境探头无法反映动态的内容,在赛车游戏中,静态的环境探头无法反映实时移动的赛车,即用户控制的赛车无法反射在它旁边的赛车玻璃上。这时,以角色赛车所在位置实时动态地生成立方体贴图就能解决这个问题。

每一个反射探头的实质是不断拍摄其所在位置 6 个方向的纹理制作成立方体贴图供反射物体使用,这是一个性能消耗很大的操作,实时的反射探头每帧都会生成一个立方体贴图,在提供对动态物体良好的反射时也会对性能造成很大的影响,为了降低性能消耗,常用的做法有烘焙(Bake)、手动更新(Manually),如对一个大厅的反射,可以预先烘焙到纹理中,但这种方式不能反映运行过程中的环境变化,手动更新可以根据需要在合适的时机人工更新,为达到比较好的性能与表现均衡,控制动态立方体贴图生成速率就非常重要。

环境探头有位置(Probe Origin)和尺寸(Size)属性,Probe Origin 即为反射探头的原点,Size 定义了从其原点出发可以抓取的图像范围,Origin 和 Size 构成了反射探头的反射盒和所在位置,如图 6-12 所示,只有在反射盒里的物体才能被拍摄捕获,才能被利用该反射探头的物体所反射。

在 RealityKit 中,使用 ARWorldTrackingConfiguration 配置类的 environmentTexturing 属性设置生成环境探头的方式,支持 3 种方式:None、Manual、Automatic,分别表示不使用环境探头、手动更新环境探头、ARKit 自动使用环境探头,具体如表 6-4 所示。

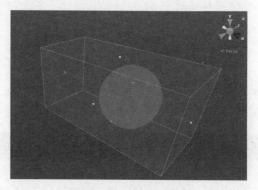

图 6-12　反射盒示意图

表 6-4　environmentTexturing 类型值

名　　称	描　　述
ARWorldTrackingConfiguration.EnvironmentTexturing.none	不使用环境探头,不使用环境反射
ARWorldTrackingConfiguration.EnvironmentTexturing.manual	由开发人员手动设置,手动更新环境探头
ARWorldTrackingConfiguration.EnvironmentTexturing.automatic	由 ARKit 自动设置,自动更新环境探头

environmentTexturing 属性所描述的环境信息也是 ARKit 基于图像估计光照算法的基础，RealityKit 会根据 environmentTexturing 属性的设定自动调整虚拟元素渲染。

在 AR 中使用环境探头采集真实环境信息并用于虚拟元素反射渲染能极大地提高虚拟元素的可信度和真实感，如图 6-13 所示，采用了这种技术的圆球能反射真实的白色纸杯，这对反射率很高的材质可以极大地增强其真实感，营造虚实难辨的自然感。

图 6-13 采用反射探头技术使虚拟圆球反射真实环境中的纸杯

为进一步增强反射的真实性，ARKit 还支持环境探头配合 wantsHDREnvironmentTextures 属性使用，该属性为布尔值，用于设置是否使用 HDR(High Dynamic Range，高动态范围)反射，HDR 图像能更真实地反映现实环境的亮度差，高保真还原真实环境信息。

在 RealityKit 中使用环境探头反射需要使用 AREnvironmentProbeAnchor 类，该类继承自 ARAnchor，用于在指定位置生成环境探头并采集环境信息。

> **提示**
>
> ARKit 只在配置 ARSession 为 ARWorldTrackingConfiguration 或者 ARBodyTrackingConfiguration 时才能使用环境反射，在其他配置情况下不支持环境反射。

6.3.2 环境反射操作

RealityKit 在渲染场景时默认不开启环境反射，在使用时，我们也可以手动将配置中 environmentTexturing 属性设置为 none 来强制关闭环境反射，代码如代码清单 6-7 所示。

代码清单 6-7

```
1.  struct ARViewContainer: UIViewRepresentable {
2.  func makeUIView(context: Context) -> ARView {
3.     let arView = ARView(frame: .zero)
4.     let config = ARWorldTrackingConfiguration()
5.     config.planeDetection = .horizontal
6.     config.environmentTexturing = .none
7.     arView.session.delegate = arView
8.     arView.session.run(config, options:[ ])
9.     return arView
10.   }
```

```
11.      func updateUIView(_ uiView: ARView, context: Context) {}
12.  }
13.
14.  extension ARView : ARSessionDelegate{
15.      public func session(_ session: ARSession, didAdd anchors: [ARAnchor]) {
16.          guard let anchor = anchors.first as? ARPlaneAnchor else{return}
17.          let planeAnchor = AnchorEntity(anchor:anchor)
18.          let sphereRadius : Float = 0.1
19.          let sphere: MeshResource = .generateSphere(radius: sphereRadius)
20.          let sphereMaterial = SimpleMaterial(color:.blue,isMetallic: true)
21.          let sphereEntity = ModelEntity(mesh: sphere, materials: [sphereMaterial])
22.          sphereEntity.transform.translation = [0,planeAnchor.transform.translation.y + 0.05,0]
23.          planeAnchor.addChild(sphereEntity)
24.          self.scene.addAnchor(planeAnchor)
25.          self.session.delegate = nil
26.          self.session.run(ARWorldTrackingConfiguration())
27.      }
28.  }
```

代码 6-7 中,我们手动将 environmentTexturing 属性设置为 none 来关闭环境反射功能,这样创建的球体将不会对用户真实的环境进行反射,如图 6-14 所示。但在前文的学习中我们已经知道,RealityKit 默认会使用其内置的天空盒进行反射,这也就是我们能在光滑的球体表面看到模糊光斑的原因。

图 6-14　关闭环境探头效果图

对代码清单 6-7 进行修改,当我们设置 environmentTexturing 为 automatic 时,RealityKit 将自行决定在用户的环境中放置一个或者多个环境探头,并利用这些环境探头采集的环境信息渲染虚拟元素的反射,代码如代码清单 6-8 所示。

代码清单 6-8

```
1.   struct ARViewContainer: UIViewRepresentable {
2.     func makeUIView(context: Context) -> ARView {
3.         let arView = ARView(frame: .zero)
4.         let config = ARWorldTrackingConfiguration()
5.         config.planeDetection = .horizontal
```

```
6.          arView.automaticallyConfigureSession = false
7.          config.environmentTexturing = .automatic
8.          config.wantsHDREnvironmentTextures = true
9.          arView.session.delegate = arView
10.         arView.session.run(config, options:[ ])
11.         return arView
12.     }
13.     func updateUIView(_ uiView: ARView, context: Context) {}
14. }
15.
16. extension ARView : ARSessionDelegate{
17.     public func session(_ session: ARSession, didAdd anchors: [ARAnchor]) {
18.         guard let anchor = anchors.first as? ARPlaneAnchor else{return}
19.         let planeAnchor = AnchorEntity(anchor:anchor)
20.         let sphereRadius : Float = 0.1
21.         let sphere: MeshResource = .generateSphere(radius: sphereRadius)
22.         let sphereMaterial = SimpleMaterial(color:.blue,isMetallic: true)
23.         let sphereEntity = ModelEntity(mesh: sphere, materials: [sphereMaterial])
24.         sphereEntity.transform.translation = [0,planeAnchor.transform.translation.y + 0.05,0]
25.         planeAnchor.addChild(sphereEntity)
26.         self.scene.addAnchor(planeAnchor)
27.         self.session.delegate = nil
28.         self.session.run(ARWorldTrackingConfiguration())
29.     }
30. }
```

代码清单 6-8 与代码清单 6-7 逻辑完全一致，但需要注意的是，在代码清单 6-8 中我们加入了 arView. automaticallyConfigureSession = false 这一行语句，如果不设置禁止 automaticallyConfigureSession，自动环境反射不会起作用，因为 ARKit 的自动配置会覆盖开发者关于环境反射的设置。另外，我们还加入了 config. wantsHDREnvironmentTextures = true 这一行语句，这是允许 ARKit 使用 HDR 环境图进行反射，使反射效果更真实，效果如图 6-15 所示。

图 6-15　自动放置环境探头效果图

从图 6-15 可以看到，相比于图 6-14，现在的圆球反射效果明显要好得多，更重要的是虚拟的圆球能对用户的真实环境进行反射，并且随着 ARKit 对用户环境理解的加深反射效果会更真实。读者可以自行测试移动手机设备,多角度扫描环境后看看圆球对环境反射的变化,也可以尝试关闭 HDR,实际查看一下使用与不使用 HDR 对环境反射的影响。

在使用自动环境反射时,开发人员无须进行有关环境反射的任何操作,只需要设置自动环境反射即可,其余工作完全由 RealityKit 自动完成,这适用于基本的常见环境反射。但这种环境反射方案是一种普适性的反射,并没有专门针对某特定虚拟元素进行优化,在某些情况下效果并不精细,并且我们也无法进行干预调优,如一辆行驶的赛车对环境的反射就需要更精细的控制,这时就需要手动控制环境探头的生成及更新。

使用手动控制环境探头时,我们需要将配置中 environmentTexturing 属性设置为 manual,并决定在什么地方、什么时候设置与更新环境探头。通常而言,可以遵循以下流程:

(1)在场景中某个特定位置创建 AREnvironmentProbeAnchor 锚点。

(2)将创建的 AREnvironmentProbeAnchor 锚点添加到 ARSession 中。

(3)使用 session(_:didUpdate:) 代理方法根据需要更新环境探头。

使用手动方式控制环境探头的示例代码如代码清单 6-9 所示。

代码清单 6-9

```
1.  struct ManualProbe {
2.      var objectProbeAnchor: AREnvironmentProbeAnchor?
3.      var requiresRefresh: Bool = false
4.      var lastUpdateTime: TimeInterval = Date().timeIntervalSince1970
5.      var dateTime = Date()
6.      var sphereEntity : ModelEntity!
7.      var isPlanced = false
8.  }
9.  struct ContentView : View {
10.     var body: some View {
11.         return ARViewContainer().edgesIgnoringSafeArea(.all)
12.     }
13. }
14.
15. struct ARViewContainer: UIViewRepresentable {
16.     func makeUIView(context: Context) -> ARView {
17.         let arView = ARView(frame: .zero)
18.         let config = ARWorldTrackingConfiguration()
19.         config.planeDetection = .horizontal
20.         arView.automaticallyConfigureSession = false
21.         config.isLightEstimationEnabled = true
22.         config.environmentTexturing = .manual
23.         arView.session.delegate = arView
24.         arView.session.run(config, options:[ ])
25.         return arView
26.     }
27.
28.     func updateUIView(_ uiView: ARView, context: Context) {}
29.
30. }
31. var manualProbe = ManualProbe()
32. extension ARView : ARSessionDelegate{
```

```
33.    public func session(_ session: ARSession, didAdd anchors: [ARAnchor]) {
34.        guard let anchor = anchors.first as? ARPlaneAnchor, !manualProbe.isPlanced else{return}
35.        let planeAnchor = AnchorEntity(anchor:anchor)
36.        let sphereRadius : Float = 0.1
37.        let sphere: MeshResource = .generateSphere(radius: sphereRadius)
38.        let sphereMaterial = SimpleMaterial(color:.blue,isMetallic: true)
39.        manualProbe.sphereEntity = ModelEntity(mesh: sphere, materials: [sphereMaterial])
40.        manualProbe.sphereEntity.transform.translation = [0,planeAnchor.transform.translation.y + 0.05,0]
41.        manualProbe.requiresRefresh = true
42.        updateProbe()
43.        planeAnchor.addChild(manualProbe.sphereEntity)
44.        self.scene.addAnchor(planeAnchor)
45.        manualProbe.isPlanced = true
46.    }
47.    public func session(_ session: ARSession, didUpdate frame: ARFrame) {
48.        if manualProbe.requiresRefresh && (manualProbe.dateTime.timeIntervalSince1970 − manualProbe.
    lastUpdateTime > 1)
49.        {
50.            manualProbe.lastUpdateTime = manualProbe.dateTime.timeIntervalSince1970
51.            updateProbe()
52.        }
53.    }
54.
55.    func updateProbe(){
56.        if let probeAnchor = manualProbe.objectProbeAnchor {
57.            self.session.remove(anchor: probeAnchor)
58.            manualProbe.objectProbeAnchor = nil
59.        }
60.        var extent = (manualProbe.sphereEntity.model?.mesh.bounds.extents)! * manualProbe.sphereEntity.
    transform.scale
61.        extent.x *= 3
62.        extent.z *= 3
63.        let verticalOffset = SIMD3(0, extent.y, 0)
64.        var probeTransform = manualProbe.sphereEntity.transform
65.        probeTransform.translation += verticalOffset
66.        let position = simd_float4x4(
67.            SIMD4( 1,  0,  0, 0),
68.            SIMD4( 0,  1,  0, 0),
69.            SIMD4( 0,  0,  1, 0),
70.            SIMD4(manualProbe.sphereEntity.transform.translation, 1)
71.        )
72.        extent.y *= 2
73.        manualProbe.objectProbeAnchor = AREnvironmentProbeAnchor(name: "objectProbe", transform: position,
    extent: extent)
74.        self.session.add(anchor: manualProbe.objectProbeAnchor!)
75.    }
76. }
```

在代码清单 6-9 中,为更好地组织代码,我们自定义了 ManualProbe 类管理环境探头。在 ARKit 检测到水平平面并放置圆球后,将生成的环境探头放置在圆球上方 5cm 的地方以更精准地反射圆球的周边环境。在 session(_:didUpdate:)代理方法中我们对环境探头更新率进行了控制,设置为每秒更新一次,与所有的 ARAnchor 一样,AREnvironmentProbeAnchor 锚点无法修改,更新时只能移除原锚点信息,创建新的锚点使用。updateProbe()方法负责所有的环境探头更新操作(具体细节稍后详述)。通过及时地更新就能反射用户环境中动态的变化,效果如图 6-16 所示。

图 6-16　手动放置环境探头效果图

在图 6-16 中可以看到,虚拟圆球反射了真实环境中的书,并且当用户移动书时,反射能及时地反映这种变化。

手动放置环境探头主要是为了获得对特定虚拟对象的最精确环境反射信息,绑定环境探头与虚拟对象位置可以提高反射渲染的质量,因此,手动将反射探头放置在重要的虚拟对象中或其附近会产生为该对象生成最准确的环境反射信息。通常而言,自动放置可以提供对真实环境比较好的宏观环境信息,而手动放置能提供在某个特定点上对周围环境更准确的环境映射从而提升反射的质量。

反射探头负责捕获环境纹理信息,每个反射探头都有一个比例(Scale)、方向(Orientation)、位置(Position)和大小(Size)。比例、方向和位置属性定义了反射探头相对于 ARSession 空间的空间信息,大小则定义了反射探头反射的范围,无限大小表示环境纹理可用于全局,而有限大小表示反射探头只能捕获其周围特定区域的环境信息。

在手动放置时,为了使放置的反射探头能更好地发挥作用,通常反射探头的放置位置与大小设置应遵循以下原则:

(1)反射探头的位置应当放在需要反射的虚拟物体顶部中央,高度应该为虚拟物体高的两倍,如图 6-17 所示。这可以确保反射探头下部与虚拟物体下部对齐,并捕获到虚拟物体放置平面的环境信息。

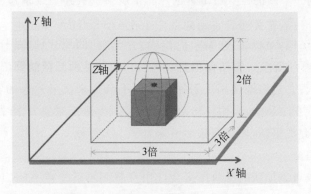

图 6-17　手动放置反射探头示意图

（2）反射探头的长与宽应该为虚拟物体长与宽的 3 倍,确保反射探头能捕获到虚拟物体周边的环境信息。

> **提示**
>
> 使用手动处理环境反射时,我们也可以使用 wantsHDREnvironmentTextures 提高反射质量。

6.3.3　性能优化

在 AR 中使用反射探头反射环境可以大大增强虚拟物体的可信度,但由于 AR 摄像头获取的环境信息不充分,ARKit 只能得到摄像头拍摄的真实环境部分数据,而无法获取摄像头未拍摄部分的环境数据,需要利用人工智能的方式对不足信息进行补充,需要补充的信息计算量大,对资源要求高,这对移动平台的性能与电池续航提出了非常高的要求,因此为更好的扬长避短,在 AR 中使用反射探头反射真实环境需要注意以下几点。

1. 避免精确反射

如上所述,AR 中从摄像头获取的信息不足以对周围环境进行精准再现,即不能生成完整的立方体贴图,因此反射体对环境的反射也不能做到非常精准,希望利用反射探头实现对真实环境的镜面反射是不现实的。通常的做法是通过合理的设计,既能发挥反射增强虚拟物体可信度的优势,但也要同时避免对真实环境的精确反射。同时,因为在 AR 中不能获取完全的立方体贴图并且立方体贴图更新也不实时(为降低硬件消耗),通常在小面积上可以使用高反射率而在大面积上使用低反射率,达到既营造反射效果又避免反射不准确而带来的负面作用。

2. 对移动对象的处理

烘焙的环境贴图不能反映环境的变化,实时的反射探头又会带来过大的性能消耗,对移动对象的反射处理需要特别进行优化。在设置反射探头时可以考虑以下方法:

（1）如果移动物体移动路径可知或可以预测,可以提前在其经过的路径上放置多个反射探头并进行烘焙,这样移动物体可以根据距离的远近对不同的反射探头生成的立方体贴图采样。

（2）创建一个全局的环境反射,如 Skybox,这样当移动物体移动出某个反射探头的范围时仍然可以反射而不是突然出现反射中断。

（3）当移动物体移动到一个新的位置后重新创建一个反射探头并销毁原来位置的反射探头。

3. 防止滥用

在 AR 中,生成立方体贴图不仅仅是在某个点拍摄 6 个方向的照片做贴图,因为真实环境信息的不充分,AR 需要更多时间收集来自摄像头的图像信息,并且还要使用人工智能算法对缺失的信息进行计算补充,这是个耗时耗性能的过程。过多地使用反射探头不仅不会带来反射效果的实质性提升,相反会导致应用卡顿和电池的快速消耗。在 AR 中,当用户移动位置或者调整虚拟对象大小时,应用程序都会重新创建反射探头,因此我们需要限制此类更新,如更新频率不应大于 1 次每秒。

4. 避免突然切换

突然地移除反射探头或者添加新的反射探头会让用户感到不适。在 ARKit 中使用自动放置反射探头的模式下,只要 ARSession 启动,就会创建一个全局的类似 Skybox 的大背景以防止反射突然切换。在手动放置时,开发者应该确保反射的自然过渡,确保虚拟物体始终能反射合适的环境,或者使用一个全局的在各种环境下都能适应的静态立方体贴图作为过渡手段。

　　在 AR 中实现环境光反射是一项非常高级的功能,也是增强 AR 虚拟物体可信度的一个重要组成部分,虚拟物体反射其周边环境,能极大地增强其真实感,但因为 AR 中对环境光的估计信息往往都不完整,需要利用人工智能技术推算并补充不完整的环境信息,因此,AR 中的环境反射不能做到非常精准。

第7章

肢体动作捕捉与人形遮挡

人体肢体动作捕捉在动漫影视制作、游戏 CG 动画、实时模型驱动中有着广泛的应用，ARKit 3.0 已经将人体肢体动作捕捉及人形遮挡技术带入到移动 AR 领域，利用 ARKit，无须额外的硬件设备即可实现 2D 和 3D 人体一系列关节和骨骼的动态捕捉，由于移动 AR 的便携性及低成本，必将促进相关产业的发展。人形遮挡可以解决当前 AR 虚拟物体一直悬浮在人体前面的问题，实现正确的深度遮挡关系，大大增强 AR 的真实感和可信度，不仅如此，利用人形提取功能，曾经科幻的远程虚拟会议或将有望成为现实。

7.1 ARBodyTrackingConfiguration 配置

ARKit 配置类 ARBodyTrackingConfiguration 专用于 2D、3D 人体肢体检测捕捉，同时，该配置类也可以设置实现 2D 图像检测和平面检测，构建对现实环境的跟踪。为更真实地渲染虚拟元素，ARBodyTrackingConfiguration 还支持 HDR(High Dynamic Range Imaging，高动态范围成像)环境反射功能。其主要属性如表 7-1 所示。

表 7-1　ARBodyTrackingConfiguration 主要属性

属 性 名	描 述
automaticSkeletonScaleEstimationEnabled	布尔值，指定 ARKit 是否进行人体骨骼尺寸评估，设置为 true 时，ARKit 会根据人体距离摄像头的远近调整所驱动的模型大小，使其更匹配
isAutoFocusEnabled	设置是否自动对焦
planeDetection	在进行人体肢体检测跟踪时是否进行平面检测，可以设置为水平(horizontal)或者垂直(vertical)，或者两者都设置。设置该值后就会启动平面检测功能
automaticImageScaleEstimationEnabled	自动评估检测到的 2D 图像的尺寸，这在设置 2D 图像跟踪时有效
detectionImages	参考图像库
maximumNumberOfTrackedImages	最大可同时跟踪的 2D 图像数量
wantsHDREnvironmentTextures	是否使用 HDR 环境纹理反射，使用后渲染的虚拟元素更真实
environmentTexturing	环境纹理来源，可设置为自动(automatic)、手动(manual)、无(none)三者之一，当设置为手动时，需要提供环境纹理图

通常，在实现人体肢体检测和人形遮挡功能时，还需要设置 frameSemantics 语义属性，使用 ARBodyTrackingConfiguration 配置类进行人体肢体检测和动作捕捉时，frameSemantics 语义属性值只能设置为 bodyDetection(默认值)。

> **提示**
>
> frameSemantics 语义属性中 bodyDetection 用于肢体检测跟踪，后两个用于人形遮挡，personSegmentation 现实屏幕空间的人形分离，而 personSegmentationWithDepth 则是带有深度信息的人形分离。

由于使用了机器学习方法，人体肢体动作捕捉与人形分离对计算资源有很高要求，因此只有 A13 及以上处理器设备才能使用该功能，所以，在运行该功能前应当对设备支持情况进行检查，典型的运行人体肢体动作检测跟踪的代码如代码清单 7-1 所示。

代码清单 7-1

```
1.  guard ARBodyTrackingConfiguration.isSupported else {
2.      fatalError("当前设备不支持人体肢体捕捉")
3.  }
4.  let config = ARBodyTrackingConfiguration()
5.  //config.environmentTexturing = .automatic
6.  //config.wantsHDREnvironmentTextures = true
7.  //config.planeDetection = [.horizontal,.vertical]
8.  config.automaticSkeletonScaleEstimationEnabled = true
9.  config.frameSemantics = .bodyDetection
10. arView.session.delegate = arView
11. arView.session.run(config)
```

7.2　2D 人体姿态估计

在 ARKit 中，2D 人体姿态估计是指对摄像头采集的视频图像中人像在屏幕空间中的姿态进行估计，通常使用人体骨骼关节点来描述人体姿态。近年来，随着深度学习技术的发展，人体骨骼关节点检测效率与效果不断提升，已经开始广泛应用于计算机视觉的相关领域。2D 人体姿态检测估计在视频安防、动作分类、行为检测、人机交互、体育科学中有着广阔的应用前景。

7.2.1　人体骨骼关节点检测

人体骨骼关节点检测（Pose Estimation）主要检测人体的一些关键节点，如关节、头部、手掌等，通过关节点描述人体骨骼及姿态信息。人体骨骼关节点检测在计算机视觉人体姿态检测相关领域的研究中起到了基础性的作用，是智能视频监控、病人监护系统、人机交互、虚拟现实、智能家居、智能安防、运动员辅助训练等应用的基础性算法。理想的人体骨骼关节点检测结果如图 7-1 所示。

但在实际应用中，由于人体具有相当的柔性，会出现各种姿态和形状，人体任何一个部位的微小变化都会产生一种新的姿态，同时其关节点的可见性受穿着、姿态、视角等影响非常大，而且还受到光照、遮挡等环境影响。除此之外，2D 人体关节点和 3D 人体关节点在视觉上会有明显的差异，身体不同部位都会有视觉上的缩短效应（Fore Shortening），使得人体骨骼关节点检测成为计算机视觉领域中一个极具挑战性的课题，这些挑战还来自于以下方面：

（1）视频流图像中包含人的数量是未知的，图像中人越多，计算复杂度越大（计算量与人数正相关），这会让处理时间变长，从而使实时处理变得困难。

图 7-1　理想人体骨骼关节点检测效果图

（2）人与人或人与其他物体之间会存在如接触、遮挡等关系，导致将不同人的关节节点区分出来的难度增加。

（3）关节点区域的图像信息区分难度比较大，关节点检测时容易出现检测位置不准或者置信度不高，甚至会出现将背景图像当成关节点的错误。

（4）人体不同关节点检测的难易程度不一样，对于腰部、腿部这类没有明显特征关键点的检测比头部附近关键点检测难度大，需要对不同的关键点进行区分处理。

人体骨骼关节点检测定位仍然是计算机视觉领域较为活跃的一个研究方向，人体骨骼关节点检测算法还没有达到成熟的程度，在较为复杂的场景下仍然会出现不正确的检测结果。除此之外，降低算法复杂度，实时准确检测关节点仍然还有不少困难。

7.2.2　使用 2D 人体姿态估计

在 ARKit 中，我们不必关心底层的人体骨骼关节点检测算法，也不必自己去调用这些算法，在运行使用 ARBodyTrackingConfiguration 配置的 ARSession 之后，基于摄像头图像的 2D 人体姿态估计任务就会启动。2D 人体姿态检测基于屏幕空间，获取的人体姿态信息没有深度值。在 ARKit 检测到屏幕空间中的人形后，可以通过 ARFrame.detectedBody 获取一个 ARBody2D 对象，也就是说 ARKit 目前对屏幕空间中的 2D 人体，只支持单个人形检测。ARBody2D 对象描述了检测到的人形结构信息，其结构如图 7-2 所示。

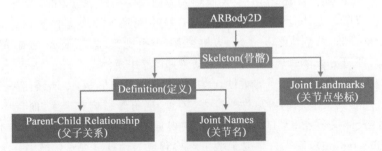

图 7-2　ARBody2D 人体结构层次图

通过图 7-2 可以看到，在使用 session(_ session：ARSession, didUpdate frame：ARFrame)方法获取当前 ARFrame 中表示 2D 人体的 ARBody2D 对象后，就可以使用其 skeleton.jointLandmarks 获取所有关节

点位置信息，也可以通过其 skeleton. definition. jointNames 获取所有关节点名称。jointLandmarks 是一个包含所有关节点位置信息的数组，我们可以通过索引值检索某个关节点的位置，也可以通过 skeleton. landmark(for：ARSkeleton. JointName(rawValue：jointName))方法获取指定关节点名称的位置信息。

ARBody2D 对象除了从 ARFrame 对象中获取，也可以从 ARBodyAnchor 中获取，典型的获取 ARBody2D 对象的代码如代码清单 7-2 所示。

代码清单 7-2

```
1.  //方法一
2.  func session(_ session ARSession, didUpdate frame: ARFrame){
3.      let body2D = frame.detectedBody
4.  }
5.  //方法二
6.  public func session(_ session: ARSession, didUpdate anchors: [ARAnchor]){
7.      guard let bodyAnchor = anchor as? ARBodyAnchor else {continue}
8.      let body2D = bodyAnchor.referenceBody
9.  }
```

2D 人体姿态估计是在屏幕空间中对摄像头采集的图像进行逐帧分析，解算出的关节点位置也是在屏幕空间中的归一化坐标，以屏幕左上角为(0,0)右下角为(1,1)，如图 7-3 所示。

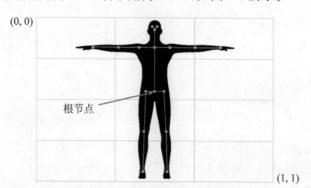

图 7-3　2D 人体坐标归一化示意图

为了描述人体骨骼关节点，ARKit 新建了一个 ARSkeleton 类，该类包含一个人体关节点(Joint)集合及各关节之间关系的定义，该类预定义了 8 个关节点，分别是 head、leftFoot、leftHand、leftShoulder、rightFoot、rightHand、rightShoulder、root，这是在应用开发中使用最多的关节点，2D 和 3D 人体肢体都包含这些关节点，因此我们可以通过这些预定义的节点名字快速找到骨骼节点位置。ARSkeleton 类是 ARSkeleton2D 和 ARSkeleton3D 类的父类。

ARSkeleton2D 类继承自 ARSkeleton，其 jointLandmarks 包含了所有 2D 关节点的位置信息，也可以通过该类的 landmark(forJointNamed：)方法获取某个名字关节点的位置，此方法需要传递关节点的原始名称(rawValue)而不是 ARSkeleton 预定义的关节点名(预定义关节点名可以通过其. rawValue 获取原始名称)。jointLandmarks 是一个 simd_float2 类型数组，因此我们也可以直接通过下标获取特定的关节点位置信息，下标方法取值比使用 landmark(forJointNamed：)快得多，特别是对每帧都要执行的循环操作，可以节省很多时间。获取特定节点名称的索引值可以通过 definition. index(for：)方法实现。除此之外，还可以通过 ARSkeleton2D 的 isJointTracked(_:)方法查询每一个关节点在当前帧的检测跟踪情况，还可以获取每一个节点的父节点。

ARKit 2D 人体骨骼关节点定义及它们之间的关联关系如表 7-2 所示,通过表 7-2 可以看到,在 ARKit 中,检测到的 2D 人体共包含 17 个关节点(root 节点代表了整个 ARBody2D 对象,不计算在内时包含 16 个关节点),这些关节点相互之间有很强的相关性,存在紧密的父子连接关系,通过节点之间的相互关系,就可以画出各骨骼节点之间的连结图。

表 7-2 2D 骨骼关节点及其关联关系

骨骼关节点名称	索引	父节点名称	索引
invalid	−1	无	
head_joint	0	neck_1_joint	1
neck_1_joint	1	root	16
right_shoulder_1_joint	2	neck_1_joint	1
right_forearm_joint	3	right_shoulder_1_joint	2
right_hand_joint	4	right_forearm_joint	3
left_shoulder_1_joint	5	neck_1_joint	1
left_forearm_joint	6	left_shoulder_1_joint	5
left_hand_joint	7	left_forearm_joint	6
right_upLeg_joint	8	root	16
right_leg_joint	9	right_upLeg_joint	8
right_foot_joint	10	right_leg_joint	9
left_upLeg_joint	11	root	16
left_leg_joint	12	left_upLeg_joint	11
left_foot_joint	13	left_leg_joint	12
right_eye_joint	14	head_joint	0
left_eye_joint	15	head_joint	0
root	16	Invalid	−1

通过对上述知识的学习,我们可以很方便地获取屏幕空间中的 2D 人体、每个关节点的位置、关节点之间的连接关系等,典型示例代码如代码清单 7-3 所示。

代码清单 7-3

```
1.  func session(_ session ARSession, didUpdate frame: ARFrame){
2.      guard let person = frame.detectedBody else { return }
3.      let skeleton2D = person.skeleton
4.      let definition = skeleton2D.definition
5.      let jointLandmarks = skeleton2D.jointLandmarks
6.      for (i, joint) in jointLandmarks.enumerated() {
7.          //获取父节点索引
8.          let parentIndex = definition.parentIndices[i]
9.          //检测是否是 Root 节点
10.         guard parentIndex != −1 else { continue }
11.         //获取父节点位置
12.         let parentJoint = jointLandmarks[parentIndex.intValue]
13.         ...
14.     }
15. }
```

下面演示利用 ARKit 检测到的 2D 人体骨骼关节点信息，将每一个关节点用一个圆圈标示出来，具体代码如代码清单 7-4 所示。

代码清单 7-4

```
1.  let circleWidth: CGFloat = 10
2.  let circleHeight: CGFloat = 10
3.  var isPrinted = false
4.
5.  extension ARView : ARSessionDelegate{
6.      public func session(_ session: ARSession, didUpdate frame: ARFrame) {
7.          ClearCircleLayers()
8.          if let detectedBody = frame.detectedBody {
9.              guard let interfaceOrientation = self.window?.windowScene?.interfaceOrientation else { return }
10.             let transform = frame.displayTransform(for: interfaceOrientation, viewportSize: self.frame.size)
11.
12.             detectedBody.skeleton.jointLandmarks.forEach { landmark in
13.                 let normalizedCenter = CGPoint(x: CGFloat(landmark[0]), y: CGFloat(landmark[1])).applying(transform)
14.                 let center = normalizedCenter.applying(CGAffineTransform.identity.scaledBy(x: self.frame.width, y: self.frame.height))
15.                 let rect = CGRect(origin: CGPoint(x: center.x - circleWidth/2, y: center.y - circleHeight/2), size: CGSize(width: circleWidth, height: circleHeight))
16.                 let circleLayer = CAShapeLayer()
17.                 circleLayer.path = UIBezierPath(ovalIn: rect).cgPath
18.                 self.layer.addSublayer(circleLayer)
19.             }
20.
21.             if !isPrinted {
22.                 let jointNames = detectedBody.skeleton.definition.jointNames
23.                 for jointName in jointNames {
24.                     let joint2dLandmark = detectedBody.skeleton.landmark(for: ARSkeleton.JointName(rawValue: jointName))
25.                     let joint2dIndex = detectedBody.skeleton.definition.index(for: ARSkeleton.JointName(rawValue: jointName))
26.                     print("\(jointName), \(String(describing: joint2dLandmark)),the index is \(joint2dIndex), parent index is\(detectedBody.skeleton.definition.parentIndices[joint2dIndex])")
27.                 }
28.                 isPrinted = true
29.             }
30.         }
31.     }
32.
33.     private func ClearCircleLayers() {
34.         self.layer.sublayers?.compactMap { $0 as? CAShapeLayer }.forEach { $0.removeFromSuperlayer() }
35.     }
36. }
```

　　代码清单7-4实现的主要功能是在每一个检测到的2D人体关节点位置画一个圆圈,很多语句都是执行画图操作,但也演示了ARKit 2D人体检测使用的几个重要功能:

　　(1)演示了如何获取屏幕空间中的ARBody2D对象,为确保代码在没有检测到2D人体时也能正确执行,我们使用了guard语句。

　　(2)演示了如何获取2D人体所有骨骼关节点名字集合,以及各关节点索引及其父节点索引。

　　(3)演示了如何利用关节点名字获取该关节点在屏幕空间中的位置信息。

　　如前所述,使用索引值获取特定的关节点位置信息比使用关节点名字快得多,代码清单7-4演示了利用关节点名字获取对应索引值,在实际开发中,可以直接使用表7-2中各关节点的索引值以提高性能。

　　利用表7-2所示的人体关节点连接信息,我们也可以在相互关联的两个节点之间画上连线,这样便可以更清晰地展示2D人体骨骼连接关系,实际2D人体关节点检测效果如图7-4所示。

图7-4　ARKit实际人体骨骼关节点检测效果图

7.3　3D人体姿态估计

　　与基于屏幕空间的2D人体姿态估计不同,3D人体姿态估计是尝试还原人体在三维世界中的形状与姿态,包括深度信息。绝大多数的现有3D人体姿态估计方法依赖2D人体姿态估计,通过获取2D人体姿态后再构建神经网络算法,实现从2D到3D人体姿态的映射。

　　在ARKit中,由于是采用计算机视觉的方式估计人体姿态,与2D人体姿态估计一样,3D人体姿态估计也受到遮挡、光照、姿态、视角的影响,并且相比于2D人体姿态估计,3D人体姿态估计计算量要大得多,也要复杂得多。但幸运的是,我们并不需要去关注底层的算法实现,ARKit会在检测到人体时直接提供一个ARBodyAnchor类型对象,该对象包含一个ARSkeleton3D类型的人体骨骼类型,通过这个类型可以获取所有检测到的人体骨骼关节点信息。ARBodyAnchor描述了检测到的3D人形结构信息,其结构如图7-5所示。

　　对比图7-2与图7-5,可以看到,在ARKit中,2D与3D人体关节结构层次基本一致,唯一不同的是,在3D人体结构中,多了一个表示3D人体空间位置信息的Transform(ARBodyAnchor下的Transform)。在使用上,这两者使用方法完全一样,只是代表3D人体骨骼的Skeleton结构比2D更复杂。

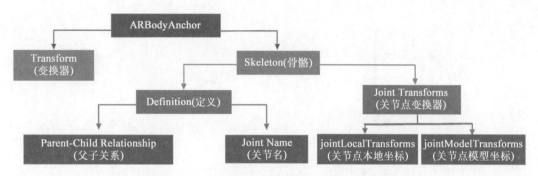

图 7-5　ARBodyAnchor 所描述的 3D 人体关节结构

　　描述 3D 人体骨骼结构的类为 ARSkeleton3D,也继承自 ARSkeleton 类,ARSkeleton3D 描述了 3D 空间中的人体骨骼节点结构。由于描述的人体结构是在三维空间中的层次结构,该类包含两个表示位置信息的数组 jointLocalTransforms 和 jointModelTransforms,其中 jointLocalTransforms 描述的位置信息是某个节点相对其父节点的位置,而 jointModelTransforms 描述的位置信息是相对检测到的 ARBodyAnchor 位置。jointLocalTransforms 和 jointModelTransforms 包含的是 3D 空间中各关节点的位置信息矩阵。

　　在使用中,可以通过 ARSkeleton3D 的 localTransform(for: ARSkeleton.JointName) 方法得到某个关节点相对其父节点的位置,此方法需要传递关节点的原始名称(rawValue)而不是 ARSkeleton 预定义的关节点名(预定义关节点名可以通过其 .rawValue 获取原始名称)。同样,我们也可以通过 modelTransform(for: ARSkeleton.JointName)方法得到某个关节点相对 ARBodyAnchor 的位置。

　　jointLocalTransforms 和 jointModelTransforms 都是 simd_float4x4 类型数组,因此我们也可以直接通过下标取到特定的关节点位置信息,下标方法取值比使用 localTransform() 和 modelTransform() 方法快得多,特别是对每次 ARAnchor update 都要执行的循环操作,可以节省很多时间。获取特定节点名称的索引值可以通过 definition.index(for:)方法实现。除此之外,还可以通过 ARSkeleton3D 的 isJointTracked(_:)方法查询每一个关节点在当前帧的检测跟踪情况,也可以获取每一个关节点的父节点。

7.3.1　3D 人体姿态估计基础

　　3D 人体姿态估计在娱乐电玩、体育科学、人机交互、教育培训、工业制造等领域都有着广泛的应用。在 ARKit 中,我们可以很简单方便地从底层 API 中获取检测到的 3D 人体姿态估计数据信息,但应用这些数据却需要详细了解 3D 人体姿态估计数据结构。本节先从原理技术上阐述应用数据的机制,然后学习 ARKit 中对 3D 人体骨骼节点的结构描述。

　　在 2D 人体姿态估计中,ARKit 使用了 17 个人体骨骼关节点对姿态信息进行描述,在 3D 人体姿态估计中,这个数量要大得多,共使用了 91 个人体骨骼关节点进行描述,并且这 91 个关节点并不在一个平面内,而是以三维的形式分布在 3D 空间中,如图 7-6 所示。

　　在图 7-6 中,每一个小圆球代表一个骨骼关节点,可以看到,ARKit 对人体手部、面部的骨骼进行了非常精细的关节区分,因此,ARKit 能对人体面部动作和手指运动进行很细致的描述。

　　与 2D 人体骨骼关节点一样,这些骨骼关节点对应真实人体骨骼位置,它们的分布与相互连接关系如图 7-7 所示。

　　在图 7-7 中,我们也可以看到,定义人体根骨骼的 Root 节点不在脚底位置,而是在尾椎骨位置,所有其他骨骼都以 Root 节点为根。详细的骨骼节点关联关系如表 7-3 所示。

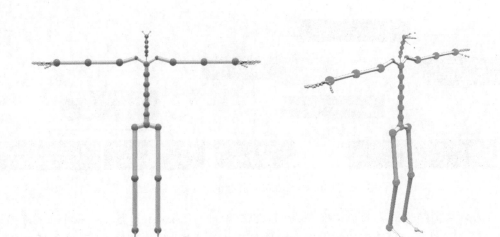

图 7-6　3D 人体骨骼节点分布

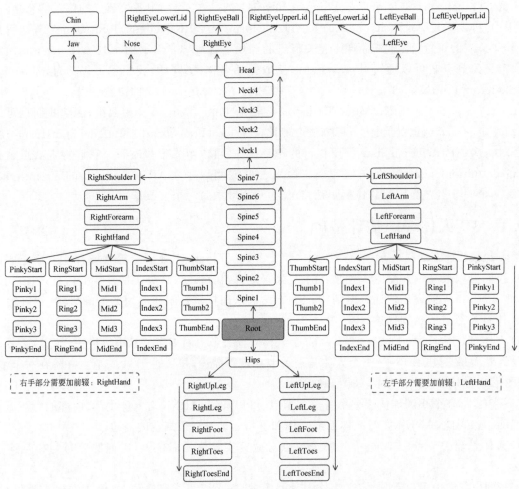

图 7-7　3D 人体姿态骨骼关节点分布及相互关系

表 7-3　3D 骨骼关节点及其关联关系

肢体部位	骨骼关节点名称	索引	父节点名称	索引
尾椎骨	root	0	无	—1
臀部	hips_joint	1	root	0
左腿	left_upLeg_joint	2	hips_joint	1
	left_leg_joint	3	left_upLeg_joint	2
	left_foot_joint	4	left_leg_joint	3
	left_toes_joint	5	left_foot_joint	4
	left_toesEnd_joint	6	left_toes_joint	5
右腿	right_upLeg_joint	7	hips_joint	7
	right_leg_joint	8	right_upLeg_joint	7
	right_foot_joint	9	right_leg_joint	8
	right_toes_joint	10	right_foot_joint	9
	right_toesEnd_joint	11	right_toes_joint	10
脊柱	spine_1_joint	12	hips_joint	1
	spine_2_joint	13	spine_1_joint	12
	spine_3_joint	14	spine_2_joint	13
	spine_4_joint	15	spine_3_joint	14
	spine_5_joint	16	spine_4_joint	15
	spine_6_joint	17	spine_5_joint	16
	spine_7_joint	18	spine_6_joint	17
左臂	left_shoulder_1_joint	19	spine_7_joint	18
	left_arm_joint	20	left_shoulder_1_joint	19
	left_forearm_joint	21	left_arm_joint	20
左手	left_hand_joint	22	left_forearm_joint	21
左手食指	left_handIndexStart_joint	23	left_hand_joint	22
	left_handIndex_1_joint	24	left_handIndexStart_joint	23
	left_handIndex_2_joint	25	left_handIndex_1_joint	24
	left_handIndex_3_joint	26	left_handIndex_2_joint	25
	left_handIndexEnd_joint	27	left_handIndex_3_joint	26
左手中指	left_handMidStart_joint	28	left_hand_joint	22
	left_handMid_1_joint	29	left_handMidStart_joint	28
	left_handMid_2_joint	30	left_handMid_1_joint	29
	left_handMid_3_joint	31	left_handMid_2_joint	30
	left_handMidEnd_joint	32	left_handMid_3_joint	31
左手无名指	left_handPinkyStart_joint	33	left_hand_joint	22
	left_handPinky_1_joint	34	left_handPinkyStart_joint	33
	left_handPinky_2_joint	35	left_handPinky_1_joint	34
	left_handPinky_3_joint	36	left_handPinky_2_joint	35
	left_handPinkyEnd_joint	37	left_handPinky_3_joint	36

肢体部位	骨骼关节点名称	索引	父节点名称	索引
左手小指	left_handRingStart_joint	38	left_hand_joint	22
	left_handRing_1_joint	39	left_handRingStart_joint	38
	left_handRing_2_joint	40	left_handRing_1_joint	39
	left_handRing_3_joint	41	left_handRing_2_joint	40
	left_handRingEnd_joint	42	left_handRing_3_joint	41
左手母指	left_handThumbStart_joint	43	left_hand_joint	22
	left_handThumb_1_joint	44	left_handThumbStart_joint	43
	left_handThumb_2_joint	45	left_handThumb_1_joint	44
	left_handThumbEnd_joint	46	left_handThumb_2_joint	45
颈椎	neck_1_joint	47	spine_7_joint	18
	neck_2_joint	48	neck_1_joint	47
	neck_3_joint	49	neck_2_joint	48
	neck_4_joint	50	neck_3_joint	49
头部	head_joint	51	neck_4_joint	50
下巴	jaw_joint	52	head_joint	51
	chin_joint	53	jaw_joint	52
左眼	left_eye_joint	54	head_joint	51
	left_eyeLowerLid_joint	55	left_eye_joint	54
	left_eyeUpperLid_joint	56	left_eye_joint	54
	left_eyeball_joint	57	left_eye_joint	54
鼻子	nose_joint	58	head_joint	51
右眼	right_eye_joint	59	head_joint	51
	right_eyeLowerLid_joint	60	right_eye_joint	59
	right_eyeUpperLid_joint	61	right_eye_joint	59
	right_eyeball_joint	62	right_eye_joint	59
右臂	right_shoulder_1_joint	63	spine_7_joint	18
	right_arm_joint	64	right_shoulder_1_joint	63
	right_forearm_joint	65	right_arm_joint	64
右手	right_hand_joint	66	right_forearm_joint	65
	right_handIndexStart_joint	67	right_hand_joint	66
右手食指	right_handIndex_1_joint	68	right_handIndexStart_joint	67
	right_handIndex_2_joint	69	right_handIndex_1_joint	68
	right_handIndex_3_joint	70	right_handIndex_2_joint	69
	right_handIndexEnd_joint	71	right_handIndex_3_joint	70
右手中指	right_handMidStart_joint	72	right_hand_joint	66
	right_handMid_1_joint	73	right_handMidStart_joint	72
	right_handMid_2_joint	74	right_handMid_1_joint	73
	right_handMid_3_joint	75	right_handMid_2_joint	74
	right_handMidEnd_joint	76	right_handMid_3_joint	75

续表

肢体部位	骨骼关节点名称	索引	父节点名称	索引
右手无名指	right_handPinkyStart_joint	77	right_hand_joint	66
	right_handPinky_1_joint	78	right_handPinkyStart_joint	77
	right_handPinky_2_joint	79	right_handPinky_1_joint	78
	right_handPinky_3_joint	80	right_handPinky_2_joint	79
	right_handPinkyEnd_joint	81	right_handPinky_3_joint	80
右手小指	right_handRingStart_joint	82	right_hand_joint	66
	right_handRing_1_joint	83	right_handRingStart_joint	82
	right_handRing_2_joint	84	right_handRing_1_joint	83
	right_handRing_3_joint	85	right_handRing_2_joint	84
	right_handRingEnd_joint	86	right_handRing_3_joint	85
右手母指	right_handThumbStart_joint	87	right_hand_joint	66
	right_handThumb_1_joint	88	right_handThumbStart_joint	87
	right_handThumb_2_joint	89	right_handThumb_1_joint	88
	right_handThumbEnd_joint	90	right_handThumb_2_joint	89

　　这 91 个人体骨骼关节点位置及索引是预先定义好的，ARKit 提供给我们的 jointLocalTransforms 和 jointModelTransforms 两个关节点数组均包含所有 91 个骨骼关节点的位置、姿态信息，并且索引与表 7-3 所示索引一致。

　　典型获取 3D 人体骨骼节点信息的代码如代码清单 7-5 所示。

代码清单 7-5

```
1.  func session(_ session: ARSession, didUpdate anchors: [ARAnchor]){
2.      for anchor in anchors {
3.          guard let bodyAnchor = anchor as? ARBodyAnchor else { return }
4.          //获取 Root 节点在世界空间中的姿态
5.          let hipWorldPosition = bodyAnchor.transform
6.          //获取骨骼 Skeleton 对象
7.          let skeleton = bodyAnchor.skeleton
8.          //获取相对于 Root 节点的所有关节点姿态信息数组
9.          let jointTransforms = skeleton.jointModelTransforms
10.         for (i, jointTransform) in jointTransforms.enumerated() {
11.             //获取父节点索引
12.             let parentIndex = skeleton.definition.parentIndices[ i ]
13.             //检测是否是 Root 节点
14.             guard parentIndex != -1 else { continue }
15.             //获取父节点位置
16.             let parentJointTransform = jointTransforms[parentIndex.intValue]
17.             …
18.         }
19.     }
20. }
```

提示

人体骨骼关节点名称开发者可以自行定义,但关节点数量、序号、关联关系必须与表7-3一致。如果用于驱动三维模型,人体骨骼关节点命名建议应与模型骨骼命名完全一致以减少错误和降低程序绑定压力。

7.3.2　3D人体姿态估计实例

与2D人体姿态检测一样,在ARKit中,我们不必关心底层的人体骨骼关节点检测算法,也不必自己去调用这些算法,在运行使用ARBodyTrackingConfiguration配置的ARSession之后,基于摄像头图像的3D人体姿态估计任务也会启动,我们可以通过session(_ session:ARSession, didUpdate anchors:[ARAnchor])代理方法直接获取检测到的ARBodyAnchor。

在ARKit中,与检测2D图像或者3D物体一样,在检测到3D人体后会生成一个ARBodyAnchor用于在现实世界和虚拟空间之间建立关联关系,绑定虚拟元素到检测的人体上。在获取ARBodyAnchor后,就可以通过ARBodyAnchor. skeleton. definition. jointNames获取所有3D人体骨骼关节点名称,通过ARBodyAnchor. skeleton. modelTransform(for:)方法获取指定关节点相对ARBodyAnchor的位置姿态信息,通过ARBodyAnchor. skeleton. localTransform(for:ARSkeleton. JointName)方法获取指定关节相对于其父节点的位置姿态信息。示例代码如代码清单7-6所示。

代码清单7-6

```
1.  public func session(_ session: ARSession, didUpdate anchors: [ARAnchor]){
2.    for anchor in anchors {
3.      guard let bodyAnchor = anchor as? ARBodyAnchor else { continue }
4.      if ! isPrinted {
5.        let jointNames = bodyAnchor. skeleton. definition. jointNames
6.        for jointName in jointNames {
7.          let modelTransform = bodyAnchor. skeleton. modelTransform(for: ARSkeleton. JointName
    (rawValue: jointName))
8.          let index = bodyAnchor. skeleton. definition. index(for: ARSkeleton. JointName(rawValue:
    jointName))
9.          print("\(jointName), \(String(describing: modelTransform?. columns. 3)), the index is \(index),
    parent index is \(bodyAnchor. skeleton. definition. parentIndices[index])")
10.        }
11.        isPrinted = true
12.      }
13.    }
14.  }
```

代码清单7-6演示了如何获取ARKit生成的ARBodyAnchor;如何获取3D人体所有骨骼关节点名字集合,以及各关节点及其父节点索引;如何利用关节点名字获取该关节点相对ARBodyAnchor的位置信息。

捕捉人体3D姿态信息后除了进行运动姿态分析最重要的用途就是驱动3D模型,在理解ARKit提供的3D人体骨骼关节点数据结构信息及关联关系之后,我们就可以利用这些数据实时驱动三维模型,基本思路如下：

（1）建立一个与表 7-3 一致，拥有相同人体骨骼关节点的三维模型。

（2）开启 3D 人体姿态估计功能。

（3）建立 ARKit 3D 人体姿态估计骨骼关节点与三维模型骨骼关节点的对应关系，并利用 3D 人体姿态估计骨骼关节点数据驱动三维模型骨骼关节点。

下面我们来讲解具体的实施过程。

（1）建立带骨骼的人体模型。

模型制作与骨骼绑定工作一般由美术使用 3ds Max 等建模工具完成，在绑定骨骼时一定要按照图 7-7 与表 7-3 所示骨骼关联关系进行绑定，绑定好骨骼的模型如图 7-8 所示（本图骨骼关节点名与表 7-3 中不一致，为减少错误和降低 ARKit 3D 人体骨骼关节点数据与 3D 模型骨骼映射绑定压力，推荐使用表 7-3 中骨骼关节点命名），然后将绑定好骨骼的模型转换成 USDZ 格式。

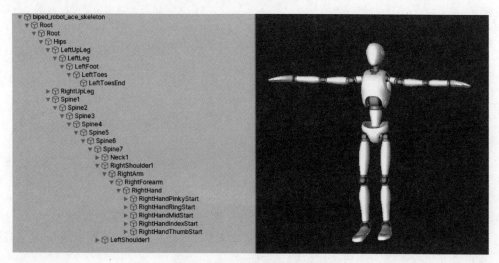

图 7-8　已绑定骨骼的人体模型

（2）开启 3D 人体姿态估计功能。

启动 3D 人体姿态估计功能很简单，运行以 ARBodyTrackingConfiguration 为配置文件的 ARSession 即可，ARKit 默认会进行 2D 与 3D 人体骨骼姿态检测。

（3）建立检测到的人体骨骼关节点与模型骨骼关节点的对应关系，并利用检测到的骨骼关节点数据驱动模型骨骼关节点。

如前文所述，我们可以从生成的 ARBodyAnchor 中获取所有骨骼关节点的位置信息，利用这些位置信息，就可以将模型关节点与检测到的人体骨骼关节点关联起来。为了简单起见，下面我们演示利用检测到的人体 ARBodyAnchor，在人眼处绘制两个球体。代码如代码清单 7-7 所示。

代码清单 7-7

```
1.  var leftEye: ModelEntity!
2.  var rightEye: ModelEntity!
3.  var eyeAnchor = AnchorEntity()
4.
5.  extension ARView : ARSessionDelegate{
```

```
6.      func CreateSphere(){
7.          let eyeMat = SimpleMaterial(color: .green, isMetallic: true)
8.          leftEye = ModelEntity(mesh: .generateSphere(radius: 0.02), materials: [eyeMat])
9.          rightEye = ModelEntity(mesh: .generateSphere(radius: 0.02), materials: [eyeMat])
10.         eyeAnchor.addChild(leftEye)
11.         eyeAnchor.addChild(rightEye)
12.         self.scene.addAnchor(eyeAnchor)
13.     }
14.
15.     public func session(_ session: ARSession, didUpdate anchors: [ARAnchor]){
16.         for anchor in anchors {
17.             guard let bodyAnchor = anchor as? ARBodyAnchor else { continue }
18.             let bodyPosition = simd_make_float3(bodyAnchor.transform.columns.3)
19.             guard let leftEyeMatrix = bodyAnchor.skeleton.modelTransform(for: ARSkeleton.JointName
    (rawValue: "left_eye_joint")),let rightEyeMatrix = bodyAnchor.skeleton.modelTransform(for:
    ARSkeleton.JointName(rawValue: "right_eye_joint")) else{ return}
20.             let posLeftEye = simd_make_float3(leftEyeMatrix.columns.3)
21.             leftEye.position =   posLeftEye
22.             let posRightEye = simd_make_float3(rightEyeMatrix.columns.3)
23.             rightEye.position = posRightEye
24.             eyeAnchor.position = bodyPosition
25.             eyeAnchor.orientation = Transform(matrix: bodyAnchor.transform).rotation
26.         }
27.     }
28. }
```

在代码清单 7-7 中,我们首先创建了两个球体,代表人体的左右两只眼睛,然后在 session(：didUpdate anchors：)方法中检查 ARBodyAnchor,利用检测到的 3D 人体骨骼左右眼关节点(left_eye_joint 和 right_eye_joint)信息设置并实时更新两个球体的位置及方向。

需要注意的是,在实际使用人体骨骼关节点位置信息时,通过 modelTransform(for：)方法获取的关节点位置是相对于 ARBodyAnchor 的位置,并不是世界坐标空间中的坐标。在上述代码中,获取某特定关节点位置信息我们使用了 modelTransform(for：)方法,通过关节点名字获取该关节点位置数据,因为关节点的位置数据存储在数组中,使用 bodyAnchor.skeleton.jointModelTransforms[index]的方式效率更高,如左眼索引为 54,直接将 54 作为参数传递即可以获取人体左眼位置数据。表 7-3 列出了所有 91 个骨骼关节点的索引值,可以直接使用。

运行该示例,在 ARKit 检测到人体时,会在人体双眼处放置两个球体,效果如图 7-9 所示。

采用同样的方法,可以将获取的所有人体 3D 骨骼关节点数据绑定到 3D 模型中的骨骼关节点上,并以此来驱动 3D 模型的运动,这是以手工的方式绑定检测到的骨骼关节点与模型。

在 RealityKit 中,使用了一个名为 BodyTrackedEntity 的实体类描述带骨骼绑定的人体模型,如果模型骨骼关节点命名与相互之间的关系与表 7-3 所示一致,也可以直接通过使用 BodyTrackedEntity.jointTransforms[3] = Transform(matrix：bodyAnchor.skeleton.modelTransform(for：ARSkeleton.JointName.head)!)语句将检测到的人体关节点位置信息赋给人体模型,从而达到驱动模型的目的。

ARKit 检测到的 3D 人体骨骼关节点有 91 个,采用人工绑定骨骼关节点的工作量很大且很容易出错,为此,RealityKit 会自动检测场景中加载的 BodyTrackedEntity 实体对象,并尝试自动执行将检测到的人体

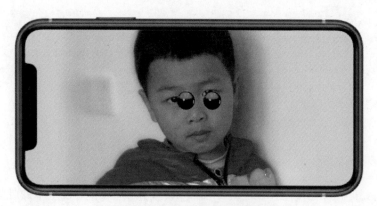

图7-9 检测人体双眼效果图

骨骼关节点与模型骨骼关节点匹配,如果模型骨骼关节点命名和相互之间的关系与表 7-3 所示一致,则无须人工手动绑定,RealityKit 会自动进行关节点绑定。因此,在模型骨骼完全符合要求的情况下,利用 ARKit 检测到的 3D 人体关节点驱动模型变得格外简单,只需要加载模型为 BodyTrackedEntity 实体对象,并添加到 AnchorEntity 中。代码如代码清单 7-8 所示。

代码清单 7-8

```
1.   var robotCharacter: BodyTrackedEntity?
2.   let robotOffset: SIMD3 < Float > = [ − 1.0, 0, 0]
3.   let robotAnchor = AnchorEntity()
4.
5.   extension ARView : ARSessionDelegate{
6.      func loadRobot(){
7.         var cancellable: AnyCancellable? = nil
8.         cancellable = Entity.loadBodyTrackedAsync(named: "robot.usdz").sink(
9.            receiveCompletion: { completion in
10.               if case let .failure(error) = completion {
11.                  print("无法加载模型,错误: \(error.localizedDescription)")
12.               }
13.               cancellable?.cancel()
14.         }, receiveValue: { (character: Entity) in
15.            if let character = character as? BodyTrackedEntity {
16.               character.scale = [1.0, 1.0, 1.0]
17.               robotCharacter = character
18.               self.scene.addAnchor(robotAnchor)
19.               cancellable?.cancel()
20.            } else {
21.               print("模型格式不正确,不能解析成人体骨骼")
22.            }
23.         })
24.      }
25.
26.      public func session(_ session: ARSession, didUpdate anchors: [ARAnchor]){
27.         for anchor in anchors {
28.            guard let bodyAnchor = anchor as? ARBodyAnchor else { continue }
```

```
29.            let bodyPosition = simd_make_float3(bodyAnchor.transform.columns.3)
30.            robotAnchor.position = bodyPosition + robotOffset
31.            robotAnchor.orientation = Transform(matrix: bodyAnchor.transform).rotation
32.            if let character = robotCharacter, character.parent == nil{
33.                robotAnchor.addChild(character)
34.            }
35.        }
36.    }
37. }
```

在代码清单 7-8 中,我们首先使用异步的方式加载 3D 人体模型,并对模型中的骨骼信息进行检查,如果模型骨骼都符合要求则生成可供驱动的 3D 模型对象,然后在 session(:didUpdate anchors:)方法中实时更新模型的姿态信息。

上述代码对 robotAnchor 位置进行了偏移处理,这是因为我们获取的 ARBodyAnchor 所在位置为检测到的 3D 人体关节点的 Root 位置,如果不进行偏移,则模型与人体会重合显示,代码中我们将模型向 X 轴负方向移动了 1m(ARBodyAnchor 位置为三维空间中的位置,可以向任何方向偏移)。

我们也可以不加这个偏移,编译运行代码,将设备摄像头对准真实人体,在检测到人体时,加载一个机器人,并且人体姿态可以实时驱动机器人模型同步运动,效果如图 7-10 所示。

图 7-10　3D 人体姿态估计及模型驱动测试效果图

经过测试,目前 ARKit 可以正确检测追踪人体正面或背面站立姿态,对坐姿也能比较好地跟踪,但不能检测跟踪倒立、俯卧姿态。并且我们在测试中发现,实时跟踪一个真实人体与跟踪显示器上视频中的人体跟踪精度似乎没有区别,使用 iPad Pro 与 iPhone 11 跟踪精度也似乎没有区别。

在人体尺寸估计方面,使用纯图像处理时,虚拟模型有时会出现跳跃或者突然改变大小的现象。在配备了 LiDAR 传感器的设备上,由于可以直接从 LiDAR 传感器中采集到人体深度信息,因此在人体尺寸估计方面有很大提升,相比使用纯图像方式,估计的尺寸精度更高,对虚拟模型的大小控制更合理。

从本节与 7.2 节的实例可以看到,在运行 ARSession 进行人体检测跟踪时,将 ARBodyTrackingConfiguration. frameSemantics 设置为 bodyDetection(即默认值),既可以检测 2D 人体骨骼关节点,也可以检测 3D 人体骨骼关节点,区别是检测的 2D 人体骨骼关节点是在屏幕空间中,而检测的 3D 人体骨骼关节点是在世界空间中,因此,我们一般会在 session(:didUpdate frame:) 代理方法中处理 2D 人体检测,在 session(:didUpdate anchors:)代理方法中处理 3D 人体检测。

提示

也可以在 session(:didUpdate anchors:)代理方法中处理 2D 人体检测,在使用 session(:didUpdate anchors:)方法处理 2D 人体检测时,由于获取的 ARBodyAnchor 是在世界空间中,因此需要按照 3D 人体检测的步骤进行处理。

7.4　人形遮挡

在 AR 系统中,计算机通过对设备摄像头采集的图像进行视觉处理和组织,建立起实景空间,然后将生成的虚拟对象依据几何一致性原理嵌入到实景空间中,形成虚实融合的增强现实环境,再输出到显示系统中呈现给使用者。目前,AR 虚拟物体与真实背景在光照、几何一致性方面已取得非常大的进步,融入现实背景的几何、光照属性让虚拟物体看起来更真实。

当将虚拟物体叠加到真实场景中时,虚拟物体与真实场景间存在一定的空间位置关系,即遮挡与被遮挡关系,但目前在移动 AR 领域,通过 VIO 与 IMU 实现的 AR 技术无法获取真实环境的深度信息,所以虚拟物体无法与真实场景进行深度比较,即无法实现遮挡与被遮挡,以致虚拟物体一直呈现在真实场景前方,这在一些时候就会使虚拟物体看起来像飘在空中,如图 7-11 所示。

图 7-11　虚拟物体无法与真实环境实现正确遮挡

提示

这里讨论的是目前主流的没有使用 LiDAR 传感器的移动设备,在使用 LiDAR 传感器后,可以重建场景表面几何,因此就能够正确地实现虚实之间的遮挡与被遮挡。在视觉重建方面,当前也有利用环境 3D 点云实现遮挡的技术,由于点云是真实世界的精确几何地图,可以利用它创建遮挡遮罩,但这种方法需要点云的数据量庞大,并且无法解决移动物体遮挡的问题。

正确实现虚拟物体与真实环境的遮挡关系,需要基于对真实环境 3D 结构的了解,感知真实世界的 3D 结构、重建真实世界的数字 3D 模型,然后基于深度信息实现正确的遮挡。但真实世界是一个非常复杂的 3D 环境,精确快速地感知周围环境,建立一个足够好的真实世界 3D 模型非常困难,特别是在不使用其他传感器的情况下(如结构光、TOF、双目、激光等)。

随着移动设备处理性能的提高、新型传感设备的发明、新型处理方式的出现,虚实遮挡融合的问题也在逐步得到改善。在 ARKit3 中,苹果公司通过神经网络引入了人形遮挡功能,通过对真实场景中人体的精确检测识别,实现虚拟物体与人体的正确遮挡,虚拟物体可以被人体所遮挡,提升了 AR 使用体验。

7.4.1 人形遮挡原理

遮挡问题在计算机图形学中其实就是深度排序问题。在 AR 初始化成功后,场景中所有的虚拟物体都有一个相对于 AR 世界坐标系的坐标,包括虚拟摄像机与虚拟物体,因此,图形渲染管线通过深度缓冲区(Depth Buffer)可以正确地渲染虚拟物体之间的遮挡关系。但是,从摄像机输入的真实世界图像数据并不包含深度信息,无法与虚拟物体进行深度对比。

为解决人形遮挡问题,ARKit 借助于神经网络技术将人体从背景中分离出来,并将分离出来的人体图像保存到新增加的人体分隔缓冲区(Segmentation Buffer)中,人体分隔缓冲区是一个像素级缓冲区,可以精确地将人体与环境区分开来,因此,通过人体分隔缓冲区,可以得到精确的人形图像数据。但仅仅将人体从环境中分离出来还不够,还是没有人体的深度信息,为此,ARKit 又新增一个深度估计缓冲区(Estimated Depth Data Buffer),这个缓冲区用于存储人体的深度信息,但这些深度信息从何而来呢? 借助 A12 及以上仿生处理器的强大性能及神经网络技术,ARKit 工程师们设计了一个只从输入的 RGB 图像估算人体深度信息的算法,这个深度信息每帧都进行更新。

至此,通过 ARKit 既可以从人体分隔缓冲区得到人体区域信息,也可以通过深度估计缓冲区得到人体深度信息,图形渲染管线就可以正确地实现虚拟物体与人体的遮挡,如图 7-12 所示。

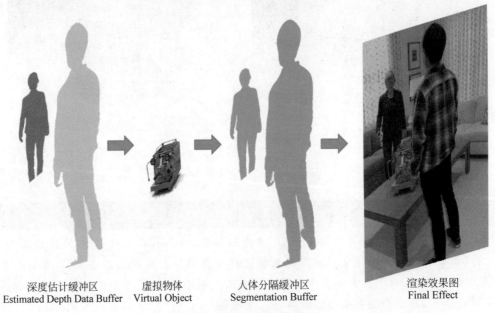

深度估计缓冲区 　　　虚拟物体 　　　人体分隔缓冲区 　　　渲染效果图
Estimated Depth Data Buffer 　　Virtual Object 　　Segmentation Buffer 　　Final Effect

图 7-12　人体遮挡实现原理

　　鉴于神经网络巨大的计算量,实时地深度估算相当困难,特别是在 AR 每秒刷新 30 帧或者 60 帧的情况下,为解决这个问题,只能降低深度分辨率,即在神经网络进行计算时,人形数据采样分辨率并不是与人体分隔缓冲区分辨率一致,而是降低到实时计算可以处理的程度,如 128×128 像素。在神经网络处理完深度估计后,还需要将分辨率调整到与人体分隔缓冲区一样的大小,因为这是像素级操作,如果分辨率不一致,就会导致在深度排序时出问题,即深度估计缓冲区与人体分隔缓冲区中人形大小不一致。在将神经网络处理结果放大到与人体分隔缓冲区分辨率一致时,由于细节的缺失,导致边缘不匹配,表现出来就是边缘闪烁和穿透。为解决这个问题,需要进行额外的操作,称为磨砂或者适配(Matting),原理就是利用人体分隔缓冲区匹配分辨率小的深度估算结果,使最终的 Estimated Depth Data Buffer 与 Segmentation Buffer 达到像素级一致,从而避免边缘穿透的问题,如图 7-13 所示。

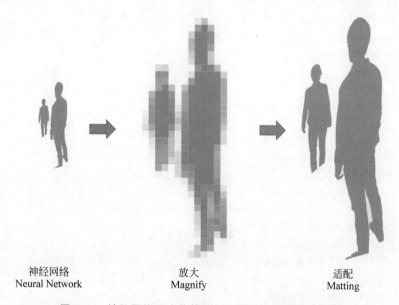

神经网络　　　　　　放大　　　　　　　适配
Neural Network　　　Magnify　　　　　　Matting

图 7-13　神经网络深度估算值与人体分隔缓冲区的匹配

7.4.2　人形遮挡实现

　　人形遮挡的实现技术非常复杂,对计算资源要求也非常高,但在 ARKit 中使用该技术实现人形遮挡却非常简单。在 AR 应用中使用人形遮挡需要使用 ARWorldTrackingConfiguration 配置类,并设置其 frameSemantics 值为 personSegmentation 或者 personSegmentationWithDepth 之一。

　　当使用 personSegmentation 时,ARKit 不会估算检测到人形的深度信息,人形会无条件遮挡虚拟元素而不管虚拟元素远近。

　　当使用 personSegmentationWithDepth 时,ARKit 在检测到人体时,不仅会分离出人形,还会计算人体到摄像机的距离,从而实现正确的人形遮挡。

　　需要注意的是,只有 A13 及以上处理器才支持人形遮挡功能,因此在使用前需要先检查设备是否支持。人形遮挡的基本使用方法如代码清单 7-9 所示。

代码清单 7-9

```
1.   struct ARViewContainer: UIViewRepresentable {
2.       func makeUIView(context: Context) -> ARView {
3.           let arView = ARView(frame: .zero)
4.           guard ARWorldTrackingConfiguration.supportsFrameSemantics(ARConfiguration.FrameSemantics.personSegmentationWithDepth) else {
5.               fatalError("当前设备不支持人形遮挡")
6.           }
7.           let config = ARWorldTrackingConfiguration()
8.           config.frameSemantics = .personSegmentationWithDepth
9.           config.planeDetection = .horizontal
10.          arView.session.delegate = arView
11.          arView.session.run(config)
12.          arView.loadModel()
13.          return arView
14.      }
15.      func updateUIView(_ uiView: ARView, context: Context) {}
16.  }
17.
18.  extension ARView : ARSessionDelegate{
19.      func loadModel(){
20.          var cancellable: AnyCancellable? = nil
21.          cancellable = Entity.loadModelAsync(named: "fender_stratocaster.usdz").sink(
22.              receiveCompletion: { completion in
23.                  if case let .failure(error) = completion {
24.                      print("无法加载模型,错误: \(error.localizedDescription)")
25.                  }
26.                  cancellable?.cancel()
27.              }, receiveValue: { entity in
28.                  let planeAnchor = AnchorEntity(plane:.horizontal)
29.                  planeAnchor.addChild(entity)
30.                  self.scene.addAnchor(planeAnchor)
31.                  cancellable?.cancel()
32.              })
33.      }
34.  }
```

编译运行,在检测到的平面上放置虚拟物体,当人从虚拟物体前面或后面经过时会出现正确的虚实遮挡,AR 虚拟物体不会再漂浮于环境之上,可信度大幅提升。

ARKit 对完整人形检测遮挡效果表现很好,除此之外,对人体局部肢体,如手、脚也有比较好的检测识别和遮挡效果,如图 7-14 所示。

从图 7-14 可以看到,ARKit 对人形的区分还是比较精确的,当然,由于深度信息是由神经网络估计得出,而非真实的深度值,所以也会出现深度信息不准确、边缘区分不清晰的问题。

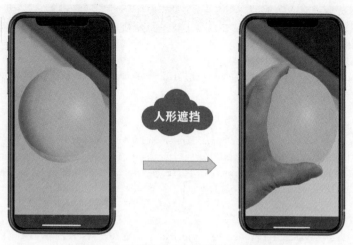

图 7-14　人体部分肢体与虚拟物体遮挡效果

7.5　人形提取

为解决人形分离和深度估计问题，ARKit 新增加了 Segmentation Buffer（人体分隔缓冲区）和 Estimated Depth Data Buffer（深度估计缓冲区）两个缓冲区。人体分隔缓冲区作用类似于图形渲染管线中的 Stencil Buffer（模板缓冲区），用于区分人形区域与背景区域，它是一个像素级的缓冲区，用于精确地描述人形区域。

人体分隔缓冲区用于标识人形区域，所以可以使用非常简单的结构，如使用 1 标识该像素是人形区域，而用 0 标识该像素为背景区域，如图 7-15 左图所示。人体分隔缓冲区每帧都更新，所以可以动态地追踪摄像头采集的人形变化。

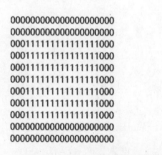

图 7-15　人体分隔缓冲区原理及截取效果图

既然人体分隔缓冲区标识了人形区域，我们也就可以利用该缓冲区提取出场景中的人形以便后续应用，如将人形图像通过网络传输到其他 AR 设备中，实现类似虚拟会议的效果；或者将人形图像放入虚拟世界中，营造更绚酷的体验；或者对提取的人形图像进行模糊和打马赛克等处理，实现以往只能使用绿幕才能实现的实时人形捕捉效果。

为简单起见，本节我们直接获取人体分隔缓冲区数据并将其保存为图像，关键代码如代码清单 7-10 所示。

代码清单 7-10

```
1.  var arFrame : ARFrame!
2.  extension ARView : ARSessionDelegate{
3.      public  func session(_ session: ARSession, didUpdate frame: ARFrame) {
4.          arFrame = frame
5.      }
6.      func catchHuman(){
7.          if let segmentationBuffer = arFrame.segmentationBuffer {
8.              if let uiImage = UIImage(pixelBuffer: segmentationBuffer)?.rotate(radians: .pi / 2) {
9.                  UIImageWriteToSavedPhotosAlbum(uiImage, self, #selector(imageSaveHandler(image:
    didFinishSavingWithError:contextInfo:)), nil)10.                }
11.             }
12.         }
13.     @objc func imageSaveHandler(image:UIImage,didFinishSavingWithError error:NSError?,contextInfo:
    AnyObject) {
14.         if error != nil {
15.             print("保存图片出错")
16.         } else {
17.             print("保存图片成功")
18.         }
19.     }
20. }
21.
22. extension UIImage {
23.     public convenience init?(pixelBuffer: CVPixelBuffer) {
24.         var cgImage: CGImage?
25.         VTCreateCGImageFromCVPixelBuffer(pixelBuffer, options: nil, imageOut: &cgImage)
26.         if let cgImage = cgImage {
27.             self.init(cgImage: cgImage)
28.         } else {
29.             return nil
30.         }
31.     }
32.
33.     func rotate(radians: CGFloat) -> UIImage {
34.         let rotatedSize = CGRect(origin: .zero, size: size)
35.             .applying(CGAffineTransform(rotationAngle: CGFloat(radians)))
36.             .integral.size
37.         UIGraphicsBeginImageContext(rotatedSize)
38.         if let context = UIGraphicsGetCurrentContext() {
39.             let origin = CGPoint(x: rotatedSize.width / 2.0,
40.                                 y: rotatedSize.height / 2.0)
41.             context.translateBy(x: origin.x, y: origin.y)
42.             context.rotate(by: radians)
43.             draw(in: CGRect(x: -origin.y, y: -origin.x,
44.                         width: size.width, height: size.height))
45.             let rotatedImage = UIGraphicsGetImageFromCurrentImageContext()
46.             UIGraphicsEndImageContext()
47.             return rotatedImage ?? self
```

```
48.         }
49.         return self
50.     }
51. }
```

在代码清单 7-10 中，人体分隔缓冲区数据每帧都会更新，所以我们需要从 ARFrame 中实时获取值，然后将缓冲区中的数据转换成图像，由于缓冲区中的数据是直接对应硬件摄像头采集的图像数据，为与屏幕显示保持一致，需要对图像进行 90° 旋转，保存的图像如图 7-15 右图所示。

进行人形提取时，只是提取屏幕空间中的人形图像，无须使用深度信息，因此无须使用 personSegmentationWithDepth 语义，只使用 personSegmentation 语义有助于提高应用性能。

第 8 章

持久化存储与多人共享

到现在为止,前面章节中的所有 AR 应用案例都存在一个问题,即应用运行中的数据不能持久化保存。在应用启动后我们所扫描检测到的平面、加载的虚拟物体、所做的环境检测、设备姿态等数据都会在应用关闭后丢失。在很多应用场景下,这种模式是可以被接受的,每次打开应用都会是一个崭新的应用,不受前一次操作的影响,但对一些需要连续间断性进行的应用或者多人共享的应用来说这种模式就有很大的问题,这时我们更希望应用能保存当前状态,在下一次进入时能恢复到中断前的状态,继续进行下一步操作而不是从头再来,或者我们希望能与别人一起共享 AR 体验,而不仅仅局限于本机设备。本章我们将主要学习 AR 应用如何持久化地保存数据及跨设备多人共享 AR 体验。

8.1　AR 锚点

在持久化存储与共享 AR 体验技术实施过程中,AR 锚点(ARAnchor)起到了非常大的作用,AR 锚点连接着虚实,是持久化存储与共享的最关键因素,是场景恢复的基础。

8.1.1　锚点概述

从第 2 章中我们知道,锚点(Anchor)是指将虚拟物体固定在 AR 空间上的一种技术。被赋予 Anchor 的对象将被视为固定在空间上的特定位置,并自动进行姿态校正,通过锚点可以确保虚拟物体在空间中保持相同的位置和方向,让虚拟物体在 AR 场景中看起来固定在空间中的某个位置,如图 8-1 所示。

图 8-1　连接到锚点上的虚拟对象就像是固定在现实世界空间中

8.1.2　使用锚点

在 ARKit 中,很多锚点都由系统自动创建,如 ARPlaneAnchor、ARFaceAnchor、ARMeshAnchor 等。锚点也可以手动创建,使用锚点的一般步骤如下。

第一步:在可跟踪对象(如平面、人脸)或 ARSession 上下文中创建锚点(也可以在检测到的特征点上创建锚点)。

第二步:将一个或多个虚拟物体连接到该锚点。

在 RealityKit 中,由 ARKit 创建的锚点不能够直接使用(ARKit 中创建的锚点不是实体组件模式,不能直接添加到 Scene 节点中),因此,需要将 ARKit 中的锚点转换成 AnchorEntity 实体。通常而言,在表 8-1 所示情况下可能需要使用锚点。

表 8-1　需要使用锚点的场合

使　用　场　景	连　接　目　标
让虚拟对象看起来像"焊接"到可跟踪对象上,并与可跟踪对象具有相同的旋转效果。包括:看起来粘在平面表面,保持相对于可跟踪对象的位置,例如漂浮在可跟踪对象上方或前方	可跟踪对象
让虚拟物体在整个用户体验期间看起来以相同姿态固定在现实世界空间中	Scene
在持久化存储和共享 AR 体验时必须使用锚点	Scene

一般来说,在虚拟对象之间、虚拟对象与可跟踪对象之间、虚拟对象与现实世界空间之间存在相互关系时,可以将一个或多个物体连接到一个锚点以便保持它们之间的相互位置关系。

有效使用锚点可以提升 AR 应用的真实感和性能,连接到锚点附近的虚拟对象会在整个 AR 体验期间看起来严格地保持它们的位置和彼此之间的相对位置关系,而且借助于锚点有利于减少 CPU 开销。

但同时,锚点又是一种对资源消耗比较大的可跟踪对象,锚点的跟踪、更新、管理需要大量的计算开销,因此需要谨慎使用并在不需要的时候及时分离。

8.1.3　使用锚点的注意事项

(1)尽可能复用锚点。在大多数情况下,应当让多个相互靠近的虚拟物体使用同一个锚点,而不是为每个虚拟物体创建一个新锚点。如果虚拟物体需要保持与现实世界空间中的某个可跟踪对象或位置之间独特的空间关系,则需要为该对象创建新锚点。因为锚点将独立调整姿态以响应 ARKit 在每一帧中对现实世界空间的估算,如果场景中的每个物体都有自己的锚点,则会带来很大的性能开销。另外,独立锚定的虚拟对象可以相对彼此平移或旋转,从而破坏虚拟物体应保持相对位置不变的 AR 场景体验。

(2)保持虚拟物体靠近锚点。锚定物体时,最好让需要连接的虚拟对象尽量靠近锚点,避免将物体放置在离锚点几米远的地方,避免 ARKit 在更新世界空间坐标时产生意外的旋转运动。如果确实需要将物体放置在离现有锚点几米远的地方,应该创建一个更靠近此位置的新锚点,并将物体连接到新锚点。

(3)分离未使用的锚点。为提升应用性能,通常需要将不再使用的锚点分离。在 AR 应用运行时,每个可跟踪对象的跟踪、更新都会产生一定的 CPU 开销,ARKit 不会释放具有连接锚点的可跟踪对象,从而造成无谓的性能损失。

8.2　持久化存储与共享体验技术基础

AR 数据持久化存储与体验共享是一个庞大的主题,ARKit 提供了目前业内最好的解决方案。为解决数据持久化存储的问题,ARKit 提供了 ARWorldMap 技术;为解决体验共享的问题,ARKit 提供了协作

Session(Collaborative Session)技术,通过这两种技术手段将复杂的技术简单化,并给予了开发者良好的支持。在 RealityKit 中,每一个实体对象都包含一个 Synchronization 组件用于同步通信,通过内建的同步支持,实现 AR 体验共享更便捷。

8.2.1　initialWorldMap 属性

ARKit 借助 ARWorldMap 技术实现 AR 运行数据的持久化保存,ARWorldMap 是将 ARSession 运行的状态信息进行了收集打包,这些状态信息包括设备对物理环境的感知信息、用户操作信息(用户添加的 ARAnchor)及开发者自定义的一些信息。在 ARSession 运行时可以通过 getCurrentWorldMap(completionHandler:)方法获取这些状态信息,并可以在序列化后保存到文件系统或者数据库等介质中,或者通过网络传输到其他设备上。

为加载保存的 AR 应用进程数据,ARWorldTrackingConfiguration 配置类提供了一个 initialWorldMap 属性,在 ARSession 运行前为 initialWorldMap 属性设置一个 ARWorldMap,ARSession 通过 run(_: options:)方法运行时将会尝试利用 ARWorldMap 中存储的信息恢复 AR 进程。

通过存储和加载 ARWorldMap,解决了 AR 体验的持久化和多用户共享的技术问题。

(1) 持久化存储 AR 体验。利用 ARWorldMap 可以将使用者的 AR 进程数据存储起来,并可以在相同的物理环境中恢复该进程,可以通过 ARAnchor 恢复所有的虚拟元素,而且这些虚拟元素在物理环境中的位置和方向与之前的状态保持一致。

(2) 多用户共享 AR 体验。可以通过网络将 ARWorldMap 发送到其他用户设备,当这些设备在相同的物理空间环境中时,通过加载 ARWorldMap 就可以共享这些体验,即所有设备都可以看到放置在物理环境中相同位置的虚拟元素。

给 initialWorldMap 属性赋予一个 ARWorldMap 并启动 ARSesson 后,ARSession 会进入 ARCamera. TrackingState.limited(_:) 状态,跟踪受限的原因是 ARCamera. TrackingState. Reason. relocalizing,即 ARKit 尝试进行重定位。如果重定位成功,则状态改变为 ARCamera. TrackingState. normal,即环境匹配成功,应用进程就可以恢复;如果重定位不成功,例如在完全不相同的物理环境中尝试恢复进程,这时 ARSession 的状态就会持续保持受限状态(ARCamera. TrackingState. Reason. relocalizing)。

8.2.2　isCollaborationEnabled 属性

为实时通过网络传输 AR 应用进程数据,ARWorldTrackingConfiguration 配置类提供了一个 isCollaborationEnabled 属性,该属性为布尔值类型,用于标识是否通过点对点网络传输 AR 进程数据。

该值默认为 false,在需要时可以将其设置为 true,当设置为 true 时,ARKit 会周期性调用 session(_: didOutputCollaborationData:)方法,通过这个方法就可以将 AR 运行时数据(Collaboration Data)共享给其他用户。Collaboration Data 数据包括 ARKit 检测到的物理表面特征信息、当前用户设备的姿态信息、用户添加的 ARAnchor 信息。

通过 Collaboration Data,多个用户之间可以实时地共享 AR 体验数据,包括对 ARAnchor 的操作数据。ARKit 会融合所有参与用户对物理环境的感知数据,从而增强和加快了 ARKit 对环境的探索进程。

在使用协作 Session(Collaborative Session)时,开发人员需要负责 Collaboration Data 数据的发送与接收处理,在进行数据发送时,所有传输的数据(ARSession. CollaborationData)都必须序列化,获取并发送数据的典型示例代码如代码清单 8-1 所示。

代码清单 8-1

```
1.  func session(_ session: ARSession, didOutputCollaborationData data: ARSession.CollaborationData) {
2.      if let collaborationDataEncoded = try? NSKeyedArchiver.archivedData(withRootObject: data,
requiringSecureCoding: true) {
3.          multipeerSession.sendToAllPeers(collaborationDataEncoded)
4.      } else {
5.          fatalError("序列化数据出错")
6.      }
7.  }
```

在接收到 Collaboration Data 数据后，需要进行反序列化，并使用 update(with：)方法应用到 ARSession 中，接收数据的典型示例代码如代码清单 8-2 所示。

代码清单 8-2

```
1.  func receivedData(_ data: Data) {
2.      if let collaborationData = try? NSKeyedUnarchiver.unarchivedObject(ofClass: ARSession.CollaborationData.self,
from: data) {
3.          session.update(with: collaborationData)
4.      } else {
5.          fatalError("反序列化数据出错")
6.      }
7.  }
```

通过代码清单 8-1 和代码清单 8-2 可以看到，在 RealityKit 中，Collaboration Data 的获取、更新到 ARSession 中操作都非常便捷，不需要开发人员了解过多的细节。

提示

通常，在 ARKit 中，为了提高性能与提升 AR 应用体验效果，一般情况下参与协作 Session 的用户不应该超过 5 个。

8.3 ARWorldMap

ARWorldMap 用于存储 ARSession 检测扫描到的空间信息数据，包括地标（Landmark）、特征点（Feature Point）、平面（Plane）等，以及使用者的操作信息，如使用者添加的 ARAnchor 和开发者自定义的一些信息。ARWorldMap 可以看作 ARSession 运行时的一次状态快照。

在技术上，每个具备世界跟踪的 ARSession 都会时刻维护一个内部的世界地图（internal world map），ARKit 正是利用这个地图定位跟踪用户设备的姿态，利用 getCurrentWorldMap（completionHandler：）方法获取的 ARWroldMap 只是特定时刻内部世界地图的一个快照。

ARKit 可以利用 ARWorldMap 在应用中断后进行状态恢复、继续 AR 进程。一个用户也可以将 ARWorldMap 发送给其他用户，当其他用户接收并加载 ARWorldMap 后，就可以在相同的物理环境看到同样的虚拟元素,达到共享 AR 体验的目的。

在 ARKit 中,ARWorldMap 可以保存的 ARSession 状态包括对物理环境的感知(特征点信息)、地标信息、用户添加到场景中的 ARAnchor,但不包括虚拟元素本身。ARWorldMap 并不会存储虚拟元素,理解这点对我们还原场景非常重要,由于虚拟元素都依赖于 ARAnchor,因此 ARAnchor 就成为最重要的桥梁,只有通过 ARAnchor,我们才能再度恢复场景。

8.3.1　ARWorldMap 概述

为持久化地存储应用进程数据,ARKit 提供了 ARWorldMap 功能,ARWorldMap 本质是将 AR 场景的状态信息转换为可存储可传输的形式(即序列化)保存到文件系统或者数据库中,当使用者再次加载这些场景状态信息后即可恢复应用进程。ARWorldMap 不仅保存了应用进程状态信息,还保存了场景特征点云信息,在使用者再次加载这些状态数据后,ARKit 可通过保存的特征点云信息与当前用户摄像头获取的特征点云信息进行对比匹配从而更新当前用户的坐标,确保两个坐标系的匹配。

如图 8-2 所示,设备①的 AR 应用在启动完进行环境扫描、平面检测、虚拟物体放置等相关操作后,可以将其当前应用场景中的 ARSession 状态信息、环境特征点信息、设备姿态信息序列化保存到文件系统或数据库系统中。稍后,设备①或者设备③可以加载这些信息以恢复设备①之前的应用进程,重新定位设备、还原虚拟物体。设备①也可以将 ARSession 状态信息、环境特征点信息、设备姿态信息序列化后通过网络传输给设备②,设备②接收并加载这些信息后也可以恢复设备①之前的应用进程,从而达到共享体验的目的。

不管是将场景 ARSession 状态、设备姿态信息存储到文件系统还是通过网络传输给其他设备,都需要对数据进行序列化,在读取数据后需要进行反序列化还原信息,如图 8-3 所示。

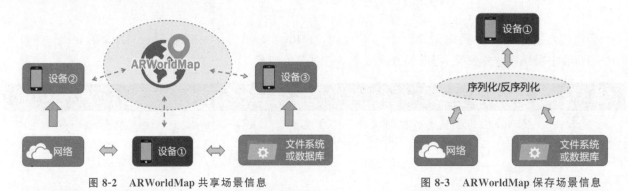

图 8-2　ARWorldMap 共享场景信息　　　　　图 8-3　ARWorldMap 保存场景信息

> **提示**
>
> 　　序列化是将结构对象转换成字节流的过程,序列化使得对象信息更加紧凑,更具可读性,同时降低错误发生概率,有利于通过网络传输或者在文件和数据库中持久化保存。反序列化即是根据字节流中保存信息恢复对象状态及描述信息,重建对象的过程。

8.3.2　存储与加载 ARWorldMap

存储 ARWorldMap 最重要的是从 ARSession 中获取场景的 ARWorldMap 并序列化之,然后保存到文件系统中。加载 ARWorldMap 则首先要从文件系统中获取 ARWorldMap 并反序列化之,然后利用这个

ARWorldMap 重启 ARSession。

存储与加载 ARWorldMap 完整代码如代码清单 8-3 所示，稍后我们将对代码中所用技术进行详细解析。

代码清单 8-3

```
1.   struct ARViewContainer: UIViewRepresentable {
2.     func makeUIView(context: Context) -> ARView {
3.       arView = ARView(frame: .zero)
4.       let config = ARWorldTrackingConfiguration()
5.       config.planeDetection = .horizontal
6.       arView.session.run(config, options:[ ])
7.       arView.session.delegate = arView
8.       arView.createPlane()
9.       arView.setupGestures()
10.      return arView
11.    }
12.    func updateUIView(_ uiView: ARView, context: Context) {
13.    }
14.  }
15.  var arView : ARView!
16.  var planeMesh = MeshResource.generatePlane(width: 0.15, depth: 0.15)
17.  var planeMaterial = SimpleMaterial(color:.white, isMetallic: false)
18.  var planeEntity : ModelEntity? = ModelEntity(mesh:planeMesh, materials:[planeMaterial])
19.  var planeAnchor = AnchorEntity()
20.  var raycastResult : ARRaycastResult?
21.  var isPlaced = false
22.  var robotAnchor: AnchorEntity?
23.  let robotAnchorName = "drummerRobot"
24.
25.  var mapSaveURL: URL = {
26.    do {
27.      return try FileManager.default
28.        .url(for: .documentDirectory,
29.            in: .userDomainMask,
30.            appropriateFor: nil,
31.            create: true)
32.        .appendingPathComponent("arworldmap.arexperience")
33.    } catch {
34.      fatalError("获取路径出错: \(error.localizedDescription)")
35.    }
36.  }()
37.
38.  extension ARView :ARSessionDelegate{
39.    func createPlane(){
40.      let planeAnchor = AnchorEntity(plane:.horizontal)
41.      do {
42.        planeMaterial.baseColor = try .texture(.load(named: "AR_Placement_Indicator.png"))
43.        planeMaterial.tintColor = UIColor.yellow.withAlphaComponent(0.9999)
44.        planeAnchor.addChild(planeEntity!)
45.        self.scene.addAnchor(planeAnchor)
```

```
46.        } catch {
47.            print("找不到文件")
48.        }
49.    }
50.    public func session(_ session: ARSession, didUpdate frame: ARFrame){
51.        if(isPlaced){ return }
52.        guard let result = self.raycast(from: self.center, allowing: .estimatedPlane, alignment:
    .horizontal).first else {
53.            return
54.        }
55.        raycastResult = result
56.        planeEntity!.setTransformMatrix(result.worldTransform, relativeTo: nil)
57.    }
58.    public func session(_ session: ARSession, didAdd anchors: [ARAnchor]) {
59.        guard let pAnchor = anchors.first,robotAnchor == nil, pAnchor.name == robotAnchorName  else {
60.            return
61.        }
62.        let usdzPath = "toy_drummer"
63.        var cancellable: AnyCancellable? = nil
64.        cancellable = ModelEntity.loadModelAsync(named: usdzPath)
65.            .sink(receiveCompletion: { error in
66.                print("发生错误: \(error)")
67.                cancellable?.cancel()
68.            }, receiveValue: { entity in
69.                robotAnchor = AnchorEntity(anchor: pAnchor)
70.                robotAnchor!.addChild(entity)
71.                self.scene.addAnchor(robotAnchor!)
72.                cancellable?.cancel()
73.            })
74.        isPlaced = true
75.        planeEntity?.removeFromParent()
76.        planeEntity = nil
77.        print("加载模型成功")
78.    }
79.    func setupGestures() {
80.        let tap = UITapGestureRecognizer(target: self, action: #selector(self.handleTap(_:)))
81.        self.addGestureRecognizer(tap)
82.    }
83.    @objc func handleTap(_ sender: UITapGestureRecognizer? = nil) {
84.        sender?.isEnabled = false;
85.        sender?.removeTarget(nil, action: nil)
86.        isPlaced = true
87.        let anchor = ARAnchor(name: robotAnchorName, transform: raycastResult!.worldTransform)
88.        self.session.add(anchor: anchor)
89.        robotAnchor = AnchorEntity(anchor: anchor)
90.        let usdzPath = "toy_drummer"
91.        var cancellable: AnyCancellable? = nil
92.        cancellable = ModelEntity.loadModelAsync(named: usdzPath)
93.            .sink(receiveCompletion: { error in
```

```
94.            print("发生错误：\(error)")
95.            cancellable?.cancel()
96.      }, receiveValue: { entity in
97.            robotAnchor!.addChild(entity)
98.            self.scene.addAnchor(robotAnchor!)
99.            cancellable?.cancel()
100.         })
101.      planeEntity?.removeFromParent()
102.      planeEntity = nil
103.   }
104.
105.   func saveARWorldMap() {
106.      self.session.getCurrentWorldMap { worldMap, error in
107.         guard let map = worldMap
108.           else { print("当前无法获取 ARWorldMap:\(error!.localizedDescription)"); return }
109.         do {
110.           let data = try NSKeyedArchiver.archivedData(withRootObject: map, requiringSecureCoding: true)
111.           try data.write(to: mapSaveURL, options: [.atomic])
112.           print("ARWorldMap 保存成功")
113.         } catch {
114.           fatalError("无法保存 ARWorldMap: \(error.localizedDescription)")
115.         }
116.      }
117.   }
118.
119.   var mapDataFromFile: Data? {
120.      return try? Data(contentsOf: mapSaveURL)
121.   }
122.
123.   func loadARWorldMap() {
124.      let worldMap: ARWorldMap = {
125.         guard let data = mapDataFromFile
126.           else { fatalError("ARWorldMap 文件不存在") }
127.         do {
128.           guard let worldMap = try NSKeyedUnarchiver.unarchivedObject(ofClass: ARWorldMap.self, from: data)
129.              else { fatalError("ARWorldMap 文件格式不正确") }
130.           return worldMap
131.         } catch {
132.           fatalError("无法解压 ARWorldMap: \(error)")
133.         }
134.      }()
135.      let config = ARWorldTrackingConfiguration()
136.      config.planeDetection = .horizontal
137.      config.initialWorldMap = worldMap
138.      self.session.run(config, options: [.resetTracking, .removeExistingAnchors])
139.      print("ARWorldMap 加载成功")
140.   }
141. }
```

代码清单 8-3 实现的功能如下：

(1) 进行平面检测，在检测到可用平面时实例化一个指示图标用于指示放置位置。

(2) 添加屏幕单击手势，在平面可用时通过单击屏幕会在指示图标位置放置虚拟机器人模型。

(3) 当用户单击"保存地图"按钮时会从当前 ARSession 中获取 ARWorldMap 并序列化之，然后保存到文件系统中。

(4) 当用户单击"加载地图"按钮时会从文件系统中加载 ARWorldMap 并反序列化之，然后利用该 ARWorldMap 重启 ARSession。

在第(2)项功能中，即 handleTap() 方法中的代码，我们首先将屏幕单击手势禁用，以防止添加多个机器人模型，然后禁止显示指示图标。随后利用命中点的坐标生成了一个 ARAnchor，并将其添加到 ARSession 中，注意这里设置了 ARAnchor 的名字（name）属性，这步很关键，因为后续我们需要利用该 ARAnchor 的名字来恢复虚拟元素。后续代码是使用异步方式加载机器人模型，不赘述。

在第(3)项功能中，即 saveARWorldMap() 方法中代码，首先使用 getCurrentWorldMap() 方法从 ARSession 中获取 ARWorldMap，在闭包中，使用 let data = try NSKeyedArchiver.archivedData（withRootObject：map，requiringSecureCoding：true）语句对获取的 ARWorldMap 进行序列化，然后使用 try data.write（to：mapSaveURL，options：[.atomic]）方法将序列化后的 ARWorldMap 写入到文件系统中。

在第(4)项功能中，即 loadARWorldMap() 方法中代码，首先从文件系统中读取存储的 ARWorldMap 文件，并使用 let worldMap = try NSKeyedUnarchiver.unarchivedObject（ofClass：ARWorldMap.self，from：data）语句将其反序列化。在得到反序列化后的 ARWorldMap 后，就可以利用其作为配置文件的 initialWorldMap 属性重启 ARSession，当用户设备所在的物理环境与 ARWorldMap 保存时的物理环境一致时（即环境特征点信息匹配时），ARKit 就会校正用户设备坐标信息，将当前用户设备的坐标信息与 ARWorldMap 中存储的用户设备坐标信息关联起来，并恢复相应的 ARAnchor 信息，这时恢复的 ARAnchor 姿态与 ARWorldMap 中存储的姿态就是一致的，即 ARAnchor 在物理环境中的位置与方向是一致的，这就达到了应用进程数据存储与加载的目的。

正如前文所述，ARWorldMap 并不会存储虚拟元素本身，因此，需要手动恢复虚拟元素，因为虚拟元素总是与 ARAnchor 关联，利用 ARAnchor 的名字（name）属性我们就可以恢复关联的虚拟元素。在代码清单 8-3 中，session(_:didAdd:) 方法就用于恢复关联的虚拟元素，在该方法中，通过 ARAnchor.name 进行 ARAnchor 的对比，如果名字一样且当前没有加载机器人模型则使用异步方法加载之。通过这种方式，我们就可以逐一地恢复所有的虚拟元素，从而恢复整个场景。

运行案例，在检测到的平面上添加虚拟元素后单击"保存地图"按钮保存 ARWorldMap，稍后单击"加载地图"按钮，或者关闭应用，在重新运行后单击"加载地图"按钮，可以看到虚拟机器人模型会出现在物理世界中的固定位置，如图 8-4 所示。

事实上，在将 ARWorldMap 设置为 ARWorldTrackingConfiguration.initialWorldMap 属性启动 ARSession 时，ARKit 会进入重定位（relocalize）过程，在这个过程中，ARKit 会尝试将当前设备摄像头采集的环境信息与 ARWorldMap 中存储的环境特征信息进行匹配。因此，保持当前设备姿态与存储 ARWorldMap 时的设备姿态一致时（即提高环境特征点匹配成功率）可以更快速地重定位。

直接使用 ARAnchor 名字进行虚拟元素关联的方式不会附带更多的自定义信息，在某些场景下，可能需要更多的场景状态数据，这时我们可以通过继承 ARAnchor，自定义 ARAnchor 子类来实现这一目标，通

图 8-4 ARWorldMap 存储与加载效果图

过自定义的 ARAnchor 子类可以携带更多关于应用运行时的状态信息。

在 ARKit 中,每生成一个 ARFrame 对象就会更新一次所有与当前 ARSession 关联的 ARAnchor,并且 ARAnchor 对象是不可变的,这意味着,ARKit 会将所有的 ARAnchor 从一个 ARFrame 对象复制到另一个 ARFrame 对象。当创建继承自 ARAnchor 的子类时,为确保这些子类在保存与加载 ARWorldMap 时正常工作,子类创建应当遵循以下原则:

(1) 子类应当完全遵循 ARAnchorCopying 协议,必须提供 init(anchor:)方法,ARKit 需要调用 init(anchor:)方法将其从一个 ARFrame 复制到另一个 ARFrame。同时,在该构造方法中,需要确保自定义的变量值被正确地复制。

(2) 子类应当完全遵循 NSSecureCoding 协议,重写 encode(with:)和 init(coder:)方法,确保自定义变量能正确地被序列化和反序列化。

(3) 子类判等的条件是其 identifier 值相等。

(4) 只有那些不遵循 ARTrackable 协议的 ARAnchor 才能被保存进 ARWorldMap,即类似 ARFaceAnchor、ARBodyAnchor 这类反映实时变化的 ARAnchor 不会通过 ARWorldMap 共享。当使用 getCurrentWorldMap(completionHandler:)方法创建 ARWorldMap 时,所有的非可跟踪(Trackable)的 ARAnchor 都将自动被保存。

除此之外,使用 getCurrentWorldMap(completionHandler:) 方法获取的当前场景 ARSession 运行状态数据的可用性与当前 ARFrame 的状态有关,当 ARFrame.WorldMappingStatus 为 mapped 时获取的 ARWorldMap 数据最可信,反之则可能不准确,从而影响场景恢复,所以在获取 ARWorldMap 时最好选择 ARFrame 状态 ARFrame.WorldMappingStatus 为 mapped 时进行,典型的示例代码如代码清单 8-4 所示。

代码清单 8-4

```
1.  switch frame.worldMappingStatus {
2.  case .notAvailable, .limited:
3.      //最好不要在此状态获取 ARWorldMap
4.  case .extending:
5.      //可以在此状态获取 ARWorldMap
6.  case .mapped:
7.      //最好在此状态获取 ARWorldMap
8.  @unknown default:
9.      //其他情况处理
10. }
```

8.3.3　通过网络传输 ARWorldMap

除了可以将 ARWorldMap 存储到本地文件系统中供本机应用稍后加载继续 AR 体验,也可以通过网络将 ARWorldMap 传输到其他移动设备上供其他设备共享 AR 体验。本节中,我们演示通过网络传输使用 ARWorldMap,网络传输采用 Multipeer Connectivity 通信框架,Multipeer Connectivity 点对点通信框架特别适合物理距离很近的设备通过 WiFi、蓝牙直连。

为便于代码的理解,这里对 Multipeer Connectivity 框架进行必要简述,更详细的信息需读者查阅相关资料。Multipeer Connectivity 框架是点对点通信框架,即任何一方既可以作为主机也可以作为客户机参与通信,进行通信时,该框架使用 MCNearbyServiceAdvertiser 向外广播自身服务,使用 MCNearbyServiceBrowser 搜索发现(Discovering)可用的服务。

根据通信进程,该框架的使用可分成两个阶段:发现阶段与会话通信阶段。假设有两台设备 A 和 B,A 先作为主机广播自身服务,B 作为客户机搜索可用服务,一旦 B 发现了 A 就尝试与其建立连接,在经过 A 同意后二者建立连接。当连接建立后即可进行数据通信,进入会话通信阶段。

在应用程序转到后台时,Multipeer Connectivity 框架会暂停广播与搜索发现并断开已连接的会话,在回到前台后,该框架会自动恢复广播与发现,但会话还需要重新建立连接。

利用网络传输 ARWorldMap 的代码如代码清单 8-5 所示。

代码清单 8-5

```
1.  struct ARViewContainer: UIViewRepresentable {
2.      func makeUIView(context: Context) -> ARView {
3.          arView = ARView(frame: .zero)
4.          let config = ARWorldTrackingConfiguration()
5.          config.planeDetection = .horizontal
6.          arView.session.run(config, options:[ ])
7.          arView.session.delegate = arView
8.          arView.createPlane()
9.          arView.setupGestures()
10.         return arView
11.     }
```

```
12.        func updateUIView(_ uiView: ARView, context: Context) {
13.        }
14.    }
15.
16.    var arView : ARView!
17.    var multipeerSession: MultipeerSession?
18.    var planeMesh = MeshResource.generatePlane(width: 0.15, depth: 0.15)
19.    var planeMaterial = SimpleMaterial(color:.white, isMetallic: false)
20.    var planeEntity : ModelEntity? = ModelEntity(mesh:planeMesh, materials:[planeMaterial])
21.    var planeAnchor = AnchorEntity()
22.    var raycastResult : ARRaycastResult?
23.    var isPlaced = false
24.    var robotAnchor: AnchorEntity?
25.    let robotAnchorName = "drummerRobot"
26.
27.    extension ARView :ARSessionDelegate{
28.        func createPlane(){
29.            let planeAnchor = AnchorEntity(plane:.horizontal)
30.            do {
31.                planeMaterial.baseColor = try .texture(.load(named: "AR_Placement_Indicator.png"))
32.                planeMaterial.tintColor = UIColor.yellow.withAlphaComponent(0.9999)
33.                planeAnchor.addChild(planeEntity!)
34.                self.scene.addAnchor(planeAnchor)
35.                multipeerSession = MultipeerSession(receivedDataHandler: receivedData, peerJoinedHandler:
36.                    peerJoined, peerLeftHandler: peerLeft, peerDiscoveredHandler: peerDiscovered)
37.            } catch {
38.                print("找不到文件")
39.            }
40.        }
41.        public func session(_ session: ARSession, didUpdate frame: ARFrame){
42.            if(isPlaced){ return }
43.            guard let result = self.raycast(from: self.center, allowing: .estimatedPlane, alignment:
    .horizontal).first else {
44.                return
45.            }
46.            raycastResult = result
47.            planeEntity!.setTransformMatrix(result.worldTransform, relativeTo: nil)
48.        }
49.        public func session(_ session: ARSession, didAdd anchors: [ARAnchor]) {
50.            anchors.forEach{
51.                otherAnchor in
52.                if(robotAnchor == nil && otherAnchor.name == robotAnchorName){
53.                    let usdzPath = "toy_drummer"
54.                    var cancellable: AnyCancellable? = nil
55.                    cancellable = ModelEntity.loadModelAsync(named: usdzPath)
56.                        .sink(receiveCompletion: { error in
```

```
57.              print("发生错误：\(error)")
58.              cancellable?.cancel()
59.            }, receiveValue: { entity in
60.              robotAnchor = AnchorEntity(anchor: otherAnchor)
61.              robotAnchor!.addChild(entity)
62.              self.scene.addAnchor(robotAnchor!)
63.              cancellable?.cancel()
64.            })
65.        isPlaced = true
66.        planeEntity?.removeFromParent()
67.        planeEntity = nil
68.        print("加载模型成功")
69.      }
70.    }
71.  }
72.  func setupGestures() {
73.    let tap = UITapGestureRecognizer(target: self, action: #selector(self.handleTap(_:)))
74.    self.addGestureRecognizer(tap)
75.  }
76.  @objc func handleTap(_ sender: UITapGestureRecognizer? = nil) {
77.    sender?.isEnabled = false;
78.    sender?.removeTarget(nil, action: nil)
79.    isPlaced = true
80.    let anchor = ARAnchor(name: robotAnchorName, transform: raycastResult!.worldTransform)
81.    self.session.add(anchor: anchor)
82.    robotAnchor = AnchorEntity(anchor: anchor)
83.    let usdzPath = "toy_drummer"
84.    var cancellable: AnyCancellable? = nil
85.    cancellable = ModelEntity.loadModelAsync(named: usdzPath)
86.        .sink(receiveCompletion: { error in
87.          print("发生错误：\(error)")
88.          cancellable?.cancel()
89.        }, receiveValue: { entity in
90.          robotAnchor!.addChild(entity)
91.          self.scene.addAnchor(robotAnchor!)
92.          cancellable?.cancel()
93.        })
94.    planeEntity?.removeFromParent()
95.    planeEntity = nil
96.  }
97.  func sendARWorldMap() {
98.    self.session.getCurrentWorldMap { worldMap, error in
99.      guard let map = worldMap
100.          else { print("当前无法获取 ARWorldMap:\(error!.localizedDescription)") ; return }
101.          do {
102.            let data = try NSKeyedArchiver.archivedData(withRootObject: map, requiringSecureCoding: true)
```

```
103.             multipeerSession?.sendToAllPeers(data, reliably: true)
104.             print("ARWorldMap 发送成功")
105.         } catch {
106.             fatalError("无法发送 ARWorldMap: \(error.localizedDescription)")
107.         }
108.     }
109.   }
110.   func receivedData(_ data: Data, from peer: MCPeerID) {
111.     if let worldMap = try?NSKeyedUnarchiver.unarchivedObject(ofClass: ARWorldMap.self, from: data){
112.         let config = ARWorldTrackingConfiguration()
113.         config.planeDetection = .horizontal
114.         config.initialWorldMap = worldMap
115.         self.session.run(config, options: [.resetTracking, .removeExistingAnchors])
116.         print("ARWorldMap 加载成功")
117.     }
118.   }
119.
120.   func peerDiscovered(_ peer: MCPeerID) -> Bool {
121.     guard let multipeerSession = multipeerSession else { return false }
122.     if multipeerSession.connectedPeers.count > 3 {
123.         print("加入人数超过 4 人")
124.         return false
125.     } else {
126.         return true
127.     }
128.   }
129.
130.   func peerJoined(_ peer: MCPeerID) {
131.   }
132.   func peerLeft(_ peer: MCPeerID) {
133.   }
134. }
```

代码清单 8-5 中代码功能与代码清单 8-3 基本一致,唯一不同的是序列化后的 ARWorldMap 不是存储到本地文件系统中,而是通过 Multipeer Connectivity 通信框架发送给其他设备。

提示

在使用 Multipeer Connectivity 框架时,每个服务都需要一个类型标识符(serviceType),该标识符用于在多服务主机的情况下区分不同主机,这个标识符由 ASCII 字符、数字和"-"组成,最多 15 个字符,且至少包含一个 ASCII 字符,不得以"-"开头或结尾,也不得两个"-"连用。在进行通信前可以将 sessionType 设置为 host(主机)、peer(客户机)、both(既可以是主机也可以是客户机)三者之一,用于设置设备的通信类型。

同时在两台设备 A 和 B 上运行本案例(确保两台设备连接到同一个 WiFi 网络或者都打开蓝牙),在 A 设备检测到的平面上添加机器人模型后单击"发送地图"按钮,在 A、B 连接顺畅的情况下可以看到 B 设备的 ARSession 会重启,当环境匹配成功后虚拟机器人模型会出现在 B 设备中,并且其所在物理世界中的位置与 A 设备中的一致,如图 8-5 所示。

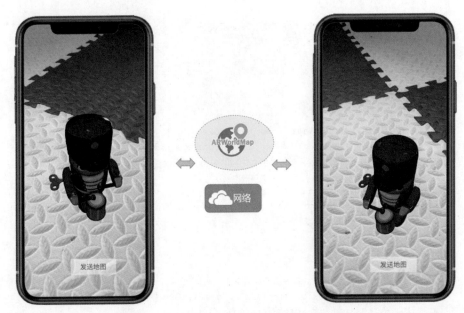

图 8-5　**ARWorldMap** 通过网络发送使用效果图

8.4　协作 Session

使用 ARWorldMap,能解决使用者再次进入同一物理空间时的 AR 场景恢复问题,也能在多人之间共享 AR 体验,但这种共享并不是实时的,在载入 ARWorldMap 后,设备新检测到的环境信息和使用者所做操作不会实时共享,即在载入 ARWorldMap 后,用户 A 所做的操作或者添加的虚拟物体不会在用户 B 的设备上体现。

为解决这个问题,ARKit 3.0 提出了协作 Session(Collaborative Session)的概念,协作 Session 利用 Multipeer Connectivity 近距离通信或者其他网络通信方法,通过实时共享 ARAnchor 的方式达到 AR 体验实时共享的目的。

8.4.1　协作 Session 概述

ARWorldMap 通过地标(Landmark,也即是特征值信息)来恢复与更新用户姿态,ARWorldMap 也通过一系列的 ARAnchor 来连接虚实,并在 ARAnchor 下挂载虚拟物体。但在 ARWorldMap 中,这些数据并不是实时更新的,即在 ARWorldMap 生成之后用户新检测到的地标及所做的操作并不会共享,其他人也无法看到变更后的数据。如在图 8-6 中,在 ARWorldMap 之外用户新检测到的地标或者新建的 ARAnchor 并不会被共享,因此,ARWorldMap 只适用于一次性的数据共享,并不能做到实时交互共享。

协作 Session 的出现就是为了解决这个问题,协作 Session 可以实时地共享 AR 体验,持续性地共享 ARAnchor 及环境理解相关信息,利用 Multipeer Connectivity 近距离通信框架,所有用户都是平等的,没有主从的概念,因此,新用户可以随时加入,老用户也可以随时退出,这并不会影响其他人的体验,也不会中断共享进程。实时共享意味着在整个协作 Session 过程中,任何一个用户做的变更都可以即时地反馈到所有参与方场景中,如一个用户新添加了一个 ARAnchor,其他人可以即时地看到这个 ARAnchor。通过协作 Session 可以营造持续性的、递进的 AR 体验,可以构建无中心、多人 AR 应用,并且所有的物理仿真、场景变更、音效都会自动进行同步。

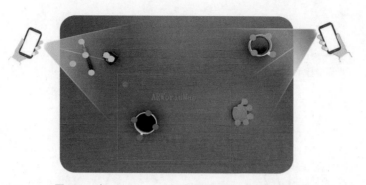

图 8-6　在 ARWorldMap 中新的变化不会实时共享

　　在协作 Session 设计时,为了达到去中心、实时共享目标,ARKit 团队将环境检测分成两部分进行处理,一部分用于存储用户自身检测到的环境地标及创建的 ARAnchor 等信息,叫作 Local Map,另一部分用于存储其他用户检测到的环境地标及创建的 ARAnchor 等信息,叫作 External Map。

　　下面以两个用户使用协作 Session 共享为例进行说明,在刚开始时,用户 1 与用户 2 各自进行环境检测与 ARAnchor 操作,这时他们相互之间没有联系,有各自独立的坐标系,如图 8-7 所示。在 AR 应用进程中,用户 1 检测到的环境地标及创建的 ARAnchor 等信息(这些信息称为 Collaboration Data)会不断地实时共享给用户 2,用户 2 会在其 External Map 里存储这些信息,反之亦然,用户 1 也会在其 External Map 里存储用户 2 检测到的环境地标及创建的 ARAnchor 等信息。随着探索的进一步推进,当用户 1 与用户 2 检测到的地标及 ARAnchor 有共同之处时(即有匹配的特征点),如图 8-8 所示,ARKit 会根据这些三维地标及 ARAnchor 信息解算出用户 1 与用户 2 之间的坐标转换关系,并且定位他们相互之间的位置关系。如果 ARKit 解算成功,这时,用户 1 的 Local Map 会与其 External Map 融合成新的 Local Map,即用户 2 探索过的环境会成为用户 1 环境理解的一部分,用户 2 也会进行同样的操作。这个过程大大地扩展了用户 1 与用户 2 的环境理解范围,即用户 2 环境探索的部分也已成为用户 1 环境探索的一部分,用户 1 无须再去探索用户 2 已探索过的环境,对用户 2 亦是如此。因为此时环境信息已经进行了融合,用户 1 自然就可以看到用户 2 创建的 ARAnchor 了。

图 8-7　用户各自进行环境探索与 ARAnchor 操作

　　需要注意的是,虽然环境探索部分进行了融合,但是用户 1 与用户 2 的世界坐标系仍然是独立的。然而由于 ARAnchor 是相对于特定 Local Map,在进行环境融合时 ARKit 已经解算出了之间的坐标转换关系,所以就能够在真实世界中唯一定位这些 ARAnchor。

图 8-8　用户通过公共的地标及 **ARAnchor** 建立联系

协作 Session 的工作流程可以通过图 8-9 进行说明。

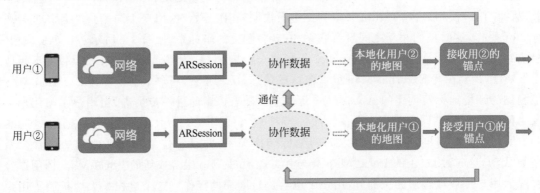

图 8-9　**Collaborative Session** 工作流程图

在图 8-9 中可以看到,使用协作 Session 的第一步是设置并建立网络连接,网络连接可以使用 Multipeer Connectivity 近距离通信框架,也可以使用任何其他可信的网络通信框架。

在建立网络连接之后,需要启用协作 Session 功能,ARWorldTrackingConfiguration 配置类提供了一个 isCollaborationEnabled 属性,该属性为布尔值类型,设置为 true 即可启动协作 Session 功能。

在 AR 应用运行时,ARKit 会周期性调用 session(_:didOutputCollaborationData:)方法,通过这个方法就可以将 AR 运行时数据(Collaboration Data)共享给其他用户。但需要注意的是,这些 Collaboration Data 数据会周期性地产生并积累,但不会自动发送,AR 应用应当及时将这些数据发送给所有其他参与方进行共享,其他用户接收到 Collaboration Data 数据后,需要进行反序列化,并使用 update(with:)方法应用到 ARSession 中。数据产生、发送、接收这个过程会在整个协作 Session 中持续进行,通过实时地数据分发、更新,就能够实现实时多用户的 AR 共享。

> **提示**
>
> 　　需要注意的是,ARKit 对协作 Session 的支持不包括任何网络连接传输,需要由开发人员管理连接并向协作 Session 中的其他参与方发送数据或者接收处理来自其他参与方发送的数据,因此,也可以不使用 Multipeer Connectivity 通信框架而使用其他的通信框架。

在整个协作 Session 中，ARAnchor 起着非常重要的作用，通过实时网络传输，ARAnchor 在整个网络中生命周期是同步的，即用户 1 创建一个 ARAnchor 后用户 2 可以实时地看到，用户 1 销毁一个 ARAnchor，用户 2 也会同步移除这个 ARAnchor。除此之外，每一个 ARAnchor 都有一个 Session Identifier 值，通过这个 Session Identifier 值就可以知道这个 ARAnchor 的创建者，在应用中，可以利用这个属性区别处理自己创建的 ARAnchor 和别人创建的 ARAnchor，只有自己创建的 ARAnchor 才需要共享。

在协作 Session 中，只有用户自己人工创建的 ARAnchor 会被共享，包括用户自己创建的子级 ARAnchor，其他的如 ARImageAnchor、ARObjectAnchor、ARPlaneAnchor 等系统自动创建的锚点则不会被共享（此类锚点遵循 ARTrackable 协议）。

在协作 Session 中，参与用户的位置信息非常关键，因为这涉及坐标系的转换及虚拟物体的稳定性，因此，ARKit 专门引入了一个 ARParticipantAnchor 用于定位和描述用户信息。当用户接收并融合其他用户的数据后，ARKit 会解算出用户之间的相互关系，最重要的就是坐标系转换关系。为直观地描述相互关系并减少运算，ARKit 会创建 ARParticipantAnchor 用于描述其他用户在自己世界坐标系中的位置与姿态。同时，为了实时精确捕捉其他用户的位置与姿态，ARParticipantAnchor 每帧都会更新。

与所有其他可跟踪对象一样，每一个 ARParticipantAnchor 都有一个独立且唯一的 Identifier 值，ARParticipantAnchor 可以随时被添加、更新、移除，用于及时反映协作 Session 中参与者的加入、更新和退出。ARParticipantAnchor 会在协作 Session 中 Local Map 与 External Map 融合时创建，因此，ARParticipantAnchor 可以看作 AR 共享正常运行的标志。正是通过 ARParticipantAnchor 与 ARAnchor，参与者都能在正确的现实环境位置中看到一致的虚拟物体。

通过前面的讲述我们可以看到，共享体验在参与者都探索到公共的地标及 ARAnchor 后开始（通俗地讲就是手机扫描到公共的物理环境），但在不同的设备上匹配公共地标受很多因素影响，如角度、光照、遮挡等，正确快速匹配并不是一件简单的事情，因此，为更快地开始共享体验，参与者最好以相同的摄像机视角扫描同一片物理场景开始，如图 8-10 所示。另外最好确保当前 ARFrame. WorldMappingStatus 处于 mapped 状态，这可以确保参与者看到的三维地标及时保存进 Local Map 或 External Map 中，其他参考者可以本地化（Localize）这些三维坐标并更好地进行匹配，从而开始 AR 共享进程，除此之处，也可以检查这个属性以获取当前协作 Session 工作状态。

图 8-10 以相同的视角扫描环境可以加速 AR 共享的开始

8.4.2　协作 Session 实例

在 ARKit 中,使用协作 Session 主要利用 session(_:didOutputCollaborationData:)方法跟踪同步所有 ARAnchor,其中通过网络收发 Collaboration Data 需要开发人员自行处理,完整代码如代码清单 8-6 所示。

代码清单 8-6

```
1.   import SwiftUI
2.   import RealityKit
3.   import ARKit
4.   import Combine
5.   import MultipeerConnectivity
6.
7.   struct ContentView : View {
8.       var body: some View {
9.           return ARViewContainer()
10.              .edgesIgnoringSafeArea(.all)
11.      }
12.  }
13.  struct ARViewContainer: UIViewRepresentable {
14.      func makeUIView(context: Context) -> ARView {
15.          arView = ARView(frame: .zero)
16.          arView.automaticallyConfigureSession = false
17.          let config = ARWorldTrackingConfiguration()
18.          config.planeDetection = .horizontal
19.          config.isCollaborationEnabled = true
20.          arView.session.run(config, options:[ ])
21.          arView.session.delegate = arView
22.          arView.createPlane()
23.          arView.setupGestures()
24.          return arView
25.      }
26.      func updateUIView(_ uiView: ARView, context: Context) {
27.      }
28.  }
29.  var arView : ARView!
30.  var multipeerSession: MultipeerSession?
31.  var planeMesh = MeshResource.generatePlane(width: 0.15, depth: 0.15)
32.  var planeMaterial = SimpleMaterial(color:.white, isMetallic: false)
33.  var planeEntity : ModelEntity? = ModelEntity(mesh:planeMesh, materials:[planeMaterial])
34.  var planeAnchor = AnchorEntity()
35.  var raycastResult : ARRaycastResult?
36.
37.  extension ARView :ARSessionDelegate{
38.      func createPlane(){
39.          let planeAnchor = AnchorEntity(plane:.horizontal)
40.          do {
41.              planeMaterial.baseColor = try .texture(.load(named: "AR_Placement_Indicator.png"))
42.              planeMaterial.tintColor = UIColor.yellow.withAlphaComponent(0.9999)
```

```
43.            planeAnchor.addChild(planeEntity!)
44.            self.scene.addAnchor(planeAnchor)
45.            multipeerSession = MultipeerSession(receivedDataHandler: receivedData, peerJoinedHandler:
46.            peerJoined, peerLeftHandler: peerLeft, peerDiscoveredHandler: peerDiscovered)
47.        } catch {
48.            print("找不到文件")
49.        }
50.    }
51.    public func session(_ session: ARSession, didUpdate frame: ARFrame){
52.        guard let result = self.raycast(from: self.center, allowing: .estimatedPlane, alignment:
    .horizontal).first else {
53.            return
54.        }
55.        raycastResult = result
56.        planeEntity!.setTransformMatrix(result.worldTransform, relativeTo: nil)
57.    }
58.    public func session(_ session: ARSession, didAdd anchors: [ARAnchor]) {
59.        for anchor in anchors {
60.            if anchor.name == "objectAnchor" {
61.                let boxLength: Float = 0.1
62.                let box = ModelEntity(mesh: MeshResource.generateBox(size: boxLength), materials:
    [SimpleMaterial(color: .green, isMetallic: false)])
63.                box.position = [0, boxLength / 2, 0]
64.                let anchorEntity = AnchorEntity(anchor: anchor)
65.                anchorEntity.addChild(box)
66.                arView.scene.addAnchor(anchorEntity)
67.            }
68.        }
69.    }
70.    public func session(_ session: ARSession, didOutputCollaborationData data: ARSession.CollaborationData) {
71.        guard let multipeerSession = multipeerSession else { return }
72.        if !multipeerSession.connectedPeers.isEmpty {
73.            guard let encodedData = try? NSKeyedArchiver.archivedData(withRootObject: data,
    requiringSecureCoding: true)
74.            else { fatalError("压缩 collaboration data 失败.") }
75.            //Use reliable mode if the data is critical, and unreliable mode if the data is optional.
76.            let dataIsCritical = data.priority == .critical
77.            multipeerSession.sendToAllPeers(encodedData, reliably: dataIsCritical)
78.        } else {
79.            print("当前无人连接.")
80.        }
81.    }
82.    func setupGestures() {
83.        let tap = UITapGestureRecognizer(target: self, action: #selector(self.handleTap(_:)))
84.        self.addGestureRecognizer(tap)
85.    }
86.    @objc func handleTap(_ sender: UITapGestureRecognizer? = nil) {
87.        let anchor = ARAnchor(name: "objectAnchor", transform: raycastResult!.worldTransform)
88.        arView.session.add(anchor: anchor)
89.    }
```

```
90.     func randomColor() -> UIColor{
91.         return UIColor(red:CGFloat(arc4random() % 256)/255.0,green:CGFloat(arc4random() % 256)/255.0,
        blue: CGFloat(arc4random() % 256)/255.0,alpha: 1.0)
92.     }
93.     func receivedData(_ data: Data, from peer: MCPeerID) {
94.         if let collaborationData = try? NSKeyedUnarchiver.unarchivedObject(ofClass:
        ARSession.CollaborationData.self, from: data) {
95.             arView.session.update(with: collaborationData)
96.             print("已接收同步数据")
97.             return
98.         }
99. }
100.
101.     func peerDiscovered(_ peer: MCPeerID) -> Bool {
102.         guard let multipeerSession = multipeerSession else { return false }
103.         if multipeerSession.connectedPeers.count > 3 {
104.             print("加入人数超过 4 人")
105.             return false
106.         } else {
107.             return true
108.         }
109.     }
110.
111.     func peerJoined(_ peer: MCPeerID) {}
112.         func peerLeft(_ peer: MCPeerID) {}
113.     }
```

代码清单 8-6 中代码实现的功能如下：

（1）进行平面检测，在检测到可用平面时实例化一个指示图标用于指示放置位置。

（2）添加屏幕单击手势，在平面可用时单击屏幕会在指示图标位置放置一个 ARAnchor，注意这个 ARAnchor 的名字（name 属性），稍后会详细说明。

（3）检查所有添加到场景中的 ARAnchor，当 ARAnchor 名字（name 属性）为指定值时在 ARAnchor 位置生成一个立方体。

（4）周期性地向所有参与设备发送本设备的 AR 进程数据（Collaboration Data）。

（5）接收来自其他设备的 Collaboration Data 数据并更新到本设备的 ARSession 中。

在第（2）项功能中，即 handleTap() 方法中的代码，利用命中点的坐标生成了一个 ARAnchor，并将其添加到 ARSession 中，这里 ARAnchor 的 name 属性很重要，因为我们后续需要利用该 ARAnchor 的名字来恢复虚拟元素。

在第（3）项功能中，即 session(:didAdd:)方法中代码，遍历所有添加的 ARAnchor，这里的 ARAnchor 既包括本设备的 ARAnchor，也包括从其他设备同步过来的 ARAnchor，当 ARAnchor 名字（name 属性）为功能 2 中指定值时在 ARAnchor 位置生成一个立方体。利用该方法既会生成本设备自身的立方体，也会生成其他设备共享的立方体，即实现了操作同步。

在第（4）项功能中，即 session(_:didOutputCollaborationData:)方法中代码，首先确保通信可用且有参与者，然后利用 let collaborationData = try? NSKeyedUnarchiver. unarchivedObject(ofClass：ARSession.

CollaborationData. self，from：data)语句获取 Collaboration Data 数据并序列化之，设置数据通信优先级后将数据发送到所有参与者。

在第(5)项功能中，即 receivedData()方法中代码，利用 let collaborationData = try? NSKeyedUnarchiver. unarchivedObject(ofClass：ARSession. CollaborationData. self，from：data)语句获取 Collaboration Data 数据并反序列化之，然后将其更新到本设备的 ARSession 中。

与 ARWorldMap 一样，Collaboration Data 数据也不包含虚拟元素本身，因此，需要人工恢复虚拟元素，因为虚拟元素总是与 ARAnchor 关联，利用 ARAnchor 的名字(name)属性我们就可以恢复关联的虚拟元素，通过这种方式，可以逐一地恢复所有的虚拟元素，从而恢复整个场景，达到所有参与方看到完全相同 AR 场景的效果，即实现了 AR 体验的同步。

在两台设备 A 和 B 上同时运行本案例(确保两台设备连接到同一个 WiFi 网络或者都打开蓝牙)，在 A 设备检测到的平面上单击添加立方体，在 AB 连接顺畅的情况下可以看到 B 设备也会同步出现该立方体，并且立方体所在物理世界中的位置与 A 设备中的一致，反之亦然，在 B 设备检测到的平面上单击添加立方体，A 设备也会同步出现该立方体，并且立方体所在物理世界中的位置与 B 设备中的一致，效果如图 8-11 所示。

图 8-11　协作 Session 运行效果图

8.4.3　协作 Session 使用事项

协作 Session 是在 ARWorldMap 基础上发展起来的技术，ARWorldMap 包含了一系列的地标、ARAnchor 及在观察这些地标和 ARAnchor 时摄像机的视场(View)，如图 8-12 所示。在图中，从左到右，摄像机在扫描识别地标时也同时记录了此时的摄像机视场，然后这些扫描到的地标连同此时的摄像机视场会被分组存储到 ARWorldMap 中。如果用户在某一个位置新创建了一个 ARAnchor，这时这个 ARAnchor 位置并不是相对于公共世界坐标系的(实际上此时用户根本就不知道是否还有其他参与者)，而是被存储成离这个 ARAnchor 最近视场的相对坐标，这些信息也会一并存入到用户的 ARWorldMap 中并被发送到其他用户。

由于 ARAnchor 是相对于 View 的坐标，而这些 View 会分组储到 ARWorldMap 中，亦即是说，ARAnchor 与任何设备的世界坐标系都没有关系，不管这些 ARAnchor 是被本机设备解析到本机场景中，还是通过网络发送到其他设备而被解析到其他用户的场景中，都不会改变 ARAnchor 与 View 之间的相互关系。因此，即使其他用户使用了不同的世界坐标系，他们也能在相同的真实环境位置中看到这个 ARAnchor。

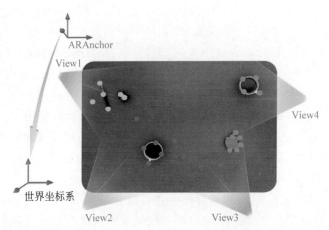

图 8-12　**ARWorldMap** 会同时存储地标、**ARAnchor** 及摄像机视场

从以上原理可以看到，ARAnchor 对共享 AR 体验起到了非常关键的作用，所以为了更好地共享 AR 体验，开发人员应当在开发时注意以下几点：

（1）跟踪 ARAnchor 的更新。在 ARKit 探索环境时，随着采集的特征点信息越来越多，对环境的理解也会越来越精准，ARKit 会通过对之前的摄像机视场（View）进行微调来优化与调整地标信息，因此，与某一摄像机视场（View）相关联的 ARAnchor 姿态也会随之发生调整，所以应当保持对 ARAnchor 的跟踪以确保在 ARAnchor 发生更新时能及时反映到当前用户场景中。

（2）虚拟物体应靠近 ARAnchor。在 ARAnchor 发生更新时，连接到其上的虚拟物体也会发生更新，离 ARAnchor 远的虚拟物体在更新时可能会出现误差而导致偏离真实位置，如图 8-13 所示。所以连接到 ARAnchor 的虚拟对象应当靠近对应的 ARAnchor 以减少误差带来的影响。

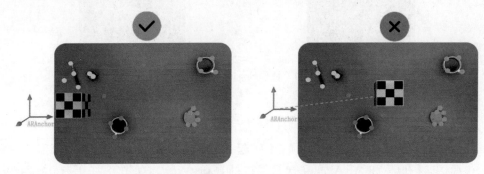

图 8-13　虚拟物体应靠近 **ARAnchor**

（3）处理好 ARAnchor 与虚拟物体的关系。独立的虚拟物体应当使用独立的 ARAnchor，这样每一个独立虚拟物体都可以尽量靠近 ARAnchor，并且在存储时可以存储到 ARWorldMap 相同分组中。对若干个距离较近并且希望保持相互之间位置关系的虚拟物体应当使用同一个 ARAnchor，因为在 ARAnchor 更新时，这些虚拟物体会得到相同的更新矩阵，从而保持相互间的位置关系不发生任何变化。

（4）使用协作 Session 必须要将 isCollaborationEnabled 设置为 true，只有设置为 true，ARKit 才会周期性的调用 session(_:didOutputCollaborationData:)方法，也才能将 Collaboration Data 数据发送给所有参与方。

（5）为更高效可靠地传输 AR 进程数据，ARKit 对 Collaboration Data 数据进行了优先级区分，由

ARSession. CollaborationData. Priority 枚举表示，分为两种类型：Critical（关键）和 Optional（可选）。Critical 数据定期更新，对同步 AR 体验非常关键，应当被可靠地发送到所有参与设备；Optional 数据产生频率高，几乎每帧产生，重要性不及 Critical 数据，因此有所丢失也不会有太大影响。标记为 Optional 的数据包括设备位置数据。区分优先级可以允许我们对不同的 Collaboration Data 数据采取不同的处理策略，提高同步的性能。

（6）在使用协作 Session 时，有时我们需要知道某个 ARAnchor 是不是由本机设备生成，ARAnchor 的创建者属于哪个设备，如在某个场合需要在某个参与者退出后清除所有该参与者创建的虚拟物体。

在 ARKit 中，每个 ARSession 在运行时会都会生成一个 UUID（Universally Unique Identifier，全局唯一 ID）用于唯一标识该 Session，同时，在协作 Session 中，每个 ARParticipantAnchor 也都有一个独立且唯一的 Identifier 值标识该参与者，ARParticipantAnchor 与 ARAnchor 都有一个 sessionIdentifier 属性，这个 sessionIdentifier 值与所在设备的 ARSession UUID 值相同。因此，利用这些信息我们就可以判断 ARAnchor 的创建者，并依据结果进行后续处理，典型的示例代码如代码清单 8-7 所示。

代码清单 8-7

```
1.  if(arView.session.identifier == anchor.sessionIdentifier){
2.      //判断是否是本设备生成的 anchor
3.  }
4.  if(participantAnchor.sessionIdentifier == anchor.sessionIdentifier){
5.      //判断某个 anchor 是否由某个参与者生成
6.  }
```

（7）协作 Session 同步从有参与者参与开始，但地图的真正融合开始于参与者物理特征值的匹配，即参与者探索过的物理环境有重叠的部分，一旦地图融合后，每个参与用户都会获得其他参与者探索过的地图，同时会同步所有 ARAnchor，所以为了便于 ARKit 更快地融合地图，参与者应当在相同的物理环境中扫描相同的物理区域。

8.5 RealityKit 同步服务

协作 Session 可以很方便地实现多用户之间的 AR 体验实时共享，但开发者需要自行负责并确保 AR 场景的完整性，自行负责虚拟物体的创建与销毁。为简化同步操作，RealityKit 内建了同步机制，RealityKit 同步机制基于 Multipeer Connectivity，当设置好 MultipeerConnectivityService 属性之后，RealityKit 会自动在参与者之间同步实体对象（Entity）。

8.5.1 RealityKit 同步服务机制

在第 2 章中我们学习过，在 RealityKit 中，组成场景（Scene）的基本元素是实体（Entity），实体由其所挂载的组件（Component）定义外观和行为，如图 8-14 所示。

RealityKit 所有的实体类都继承自 Entity 基类，如 AnchorEntity、ModelEntity，从图 8-14 可以看到，Entity 基类包含了两个组件：Transform 组件和 Synchronization 组件，Transform 组件用于空间定位，而 Synchronization 组件用于同步。因此，RealityKit 中所有的实体对象都默认带有 Synchronization 组件，即都可以通过网络进行同步，这也是 RealityKit 同步的技术基础。

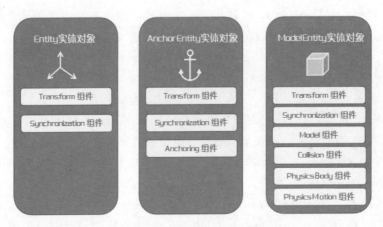

图 8-14　RealityKit 的实体组件模型

　　虽然 RealityKit 网络数据传输仍然依赖于 Multipeer Connectivity,但相对于协作 Session,在 RealityKit 中,开发人员不再需要自行处理数据的发送与接收处理工作,RealityKit 会自动进行相关操作,从而大大简化了开发流程。

　　使用 RealityKit 的同步服务功能只需要两步操作:

　　(1) 使用 Multipeer Connectivity 设置好 MCSession,并生成一个 MultipeerConnectivityService 对象。

　　(2) 将生成的 MultipeerConnectivityService 对象赋给 ARView. scene 的 synchronizationService 属性,场景中所有的实体对象都将继承该值。

　　在进行这两步操作之后,后续的所有同步操作完全由 RealityKit 自动处理,使用 RealtiyKit 同步服务的完整代码如代码清单 8-8 所示,稍后我们会对代码进行详细解析。

代码清单 8-8

```
1.  import SwiftUI
2.  import RealityKit
3.  import ARKit
4.  import Combine
5.  import MultipeerConnectivity
6.
7.  struct ContentView : View {
8.     var body: some View {
9.        return ARViewContainer()
10.          .edgesIgnoringSafeArea(.all)
11.    }
12. }
13.
14. struct ARViewContainer: UIViewRepresentable {
15.    func makeUIView(context: Context) -> ARView {
16.       arView = ARView(frame: .zero)
17.       arView.automaticallyConfigureSession = false
18.       let config = ARWorldTrackingConfiguration()
19.       config.planeDetection = .horizontal
20.    //config.isCollaborationEnabled = true
```

```
21.        arView.session.run(config, options:[ ])
22.        arView.session.delegate = arView
23.        arView.createPlane()
24.        arView.setupGestures()
25.        return arView
26.    }
27.    func updateUIView(_ uiView: ARView, context: Context) {
28.    }
29. }
30. var arView : ARView!
31. var multipeerHelper : MultipeerHelper?
32. var planeMesh = MeshResource.generatePlane(width: 0.15, depth: 0.15)
33. var planeMaterial = SimpleMaterial(color:.white, isMetallic: false)
34. var planeEntity : ModelEntity? = ModelEntity(mesh:planeMesh, materials:[planeMaterial])
35. var planeAnchor = AnchorEntity()
36. var raycastResult : ARRaycastResult?
37.
38. extension ARView :ARSessionDelegate{
39.    func createPlane(){
40.        let planeAnchor = AnchorEntity(plane:.horizontal)
41.        planeAnchor.synchronization = nil
42.        do {
43.            planeMaterial.baseColor = try .texture(.load(named: "AR_Placement_Indicator.png"))
44.            planeMaterial.tintColor = UIColor.yellow.withAlphaComponent(0.9999)
45.            planeAnchor.addChild(planeEntity!)
46.            self.scene.addAnchor(planeAnchor)
47.            multipeerHelper = MultipeerHelper(serviceName: "ar-sharing")
48.            self.scene.synchronizationService = multipeerHelper?.syncService
49.        } catch {
50.            print("找不到文件")
51.        }
52.    }
53.    public func session(_ session: ARSession, didUpdate frame: ARFrame){
54.        guard let result = self.raycast(from: self.center, allowing: .estimatedPlane, alignment: .horizontal).first else {
55.            return
56.        }
57.        raycastResult = result
58.        planeEntity!.setTransformMatrix(result.worldTransform, relativeTo: nil)
59.    }
60.    func setupGestures() {
61.        let tap = UITapGestureRecognizer(target: self, action: #selector(self.handleTap(_:)))
62.        self.addGestureRecognizer(tap)
63.    }
64.    @objc func handleTap(_ sender: UITapGestureRecognizer? = nil) {
65.        let cubeMesh = MeshResource.generateBox(size: 0.1)
66.        let cubeMaterial = SimpleMaterial(color:randomColor(), isMetallic: false)
67.        let cubeEntity = ModelEntity(mesh:cubeMesh, materials:[cubeMaterial])
68.        cubeEntity.position = vector3(0, 0.05, 0)
69.        let cubeAnchor = AnchorEntity(raycastResult:raycastResult!)
```

```
70.          cubeAnchor.addChild(cubeEntity)
71.          self.scene.addAnchor(cubeAnchor)
72.      }
73.  func randomColor() -> UIColor{
74.      return UIColor(red:CGFloat(arc4random()%256)/255.0,green:CGFloat(arc4random()%256)/255.0,
    blue: CGFloat(arc4random()%256)/255.0,alpha: 1.0)
75.      }
76. }
```

代码清单 8-8 比代码清单 8-6 中的代码要清爽很多,一方面是 RealityKit 的同步服务机制简化了人工干预,另一方面是我们对 Multipeer Connectivity 进行了再次封装(利用了 github 上的 MultipeerHelper 代码封装类,https://github.com/maxxfrazer/MultipeerHelper),代码详细功能如下:

(1) 初始化 MultipeerHelper 类,设置 RealityKit 的同步服务。

(2) 进行平面检测,在检测到可用平面时实例化一个指示图标用于指示放置位置。

(3) 添加屏幕单击手势,在平面可用时单击屏幕会在指示图标位置放置一个颜色随机的立方体。

在第(1)项功能中,即 createPlane()方法中的代码,除了在检测到平面时创建一个指示图标,还初始化了 MultipeerHelper 类,即语句 multipeerHelper = MultipeerHelper(serviceName:"ar-sharing"),传入的是一个用于区分网络服务的 serviceName,然后使用语句 self.scene.synchronizationService = multipeerHelper?.syncService 设置 RealityKit 的同步服务功能。

在第(3)项功能中,即 handTap()方法中代码,我们直接在指示图标位置生成了一个颜色随机的立方体。需要注意的是,这里并没有生成 ARAnchor 对象,因为在 RealityKit 中,所有的 AnchorEntity 类都会自动进行同步。

在两台设备 A 和 B 上同时运行本案例(确保两台设备连接到同一个 WiFi 网络或者都打开蓝牙),在 A 设备检测到的平面上单击添加立方体,在 A、B 连接顺畅的情况下可以看到 B 设备也会同步出现该立方体,并且立方体所在物理世界中的位置与 A 设备中的一致,同理,在 B 设备检测到的平面上单击添加立方体,A 设备也会同步出现该立方体,并且立方体所在物理世界中的位置与 B 设备中的一致,效果如图 8-15 所示。

图 8-15 RealityKit 同步服务运行效果图

> **提示**
>
> 　　经过我们的测试,在使用 RealityKit 的同步服务时,并不需要将 ARWorldTrackingConfiguration 的 isCollaborationEnabled 属性设置为 true,即 RealityKit 在实现网络同步时并没有使用协作 Session 的方式,而是使用了更底层的同步机制。

8.5.2　使用 RealityKit 同步服务事项

　　RealityKit 同步服务让 AR 体验实时共享变得前所未有地方便,虚拟元素可以实时地共享到所有参与方,而这主要归功于 Synchronization 组件,该组件的主要功能就是通过网络在不同设备间实时同步实体对象,其主要属性如表 8-2 所示。

表 8-2　Synchronization 组件主要属性

属 性 名 称	描　　述
identifier	每一个实体对象在网络中的唯一标识符
isOwner	布尔值,用于标识本设备是否拥有该实体对象的所有权
ownershipTransferMode	所有权转移类型,为 SynchronizationComponent.OwnershipTransferMode 枚举值,该枚举共有两个值:autoAccept 为自动授受所有权转移;manual 需要使用者进行所有权转移授权

　　从表 8-2 可以看出,Synchronization 组件可以对实体对象进行非常严格的所有权控制,防止不经授权对其他设备生成的实体对象进行操作。

　　所有权是 Synchronization 组件中重要的概念,每一个创建实体对象的 ARSession 拥有对该实体对象的所有权,只有实体对象的所有者才有权修改该实体对象(如修改尺寸、修改材质、旋转、移动等),修改结果尔后会同步到所有参与者。非实体对象所有者可以修改其本机场景中的实体对象,但无法同步到其他参与者,如果需要同步修改结果,可以向实体对象所有者申请授权,得到授权后就成为该实体对象的所有者,修改结果就可以同步到所的参与者,如图 8-16 所示。

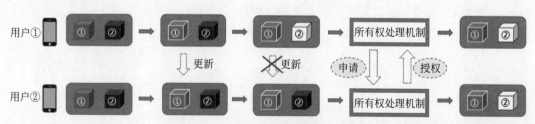

图 8-16　实体对象操控与同步示意图

　　RealityKit 这么处理的原因是为了防止未授权用户擅自修改其他参与方场景中的虚拟元素,影响其他人的使用体验,保证共享场景中的虚拟元素放置都符合预期。

　　在图 8-16 中,假设用户①与用户②已经通过 RealityKit 的同步服务进行了同步,①号立方体由用户①创建,②号立方体由用户②创建,这时用户①与用户②都可以看到这两个立方体,此时用户①可以对①号立方体进行任何修改,修改结果会实时地同步到用户②,用户①也可以对②号立方体进行修改,但修改结果并不会被同步。

　　如果用户①希望能修改②号立方体并且同步到用户②,那么用户①可以申请所有权,在用户②同意授权后,用户①对②号立方体所作的修改就能够同步到用户②。

需要注意的是,这时②号立方体的所有权已经转移到用户①,如果用户②要对②号立方体进行修改操作,用户②也需要向用户①申请授权,即一个实体对象的所有者在同一时刻只有一个。

进行实体对象操控授权的典型代码如代码清单 8-9 所示。

代码清单 8-9

```
1.  func EntityManipulation() {
2.     if entity.isOwner {
3.         //拥有某个实体的所有权,可以进行处理
4.     }
5.     else {
6.         entity.requestOwnership { result in
7.         if result == .granted {
8.             //没有某个实体的所有权,进行所有权申请,得到授权后可进行处理
9.         }
10.     }
11. }
```

在代码清单 8-9 中,对实体对象进行操作时,首先检查是否拥有该实体对象的所有权,如果有则进行操作,如果没有则向实体对象所有者申请授权,如果授权申请通过则可以进行相应操作。

实体对象所有者可以设置实体授权模式,RealityKit 支持两种实体授权模式,其值由 SynchronizationComponent. OwnershipTransferMode 枚举定义,该枚举共有两个枚举值:autoAccept(自动授权)和 manual(手动授权)。默认授权模式为 autoAccept,即实体对象所有权会自动授权给任何参与者对该实体的所有权申请。设置为 manual 时,当有参与者申请所有权时会触发 SynchronizationEvents. OwnershipRequest 事件,我们需要在该事件的 accept()回调方法中对授权进行自定义处理,事件处理可参阅第 2 章相关内容。

在一些场合下,我们可能不想某些实体对象或者某些操作被共享,这时候可以将该实体对象的同步组件设置为 nil,设置为 nil 的实体对象及其子对象将不会被共享。

第 9 章

物 理 模 拟

在前面的学习中,我们知道 RealityKit 支持变换(Transform)和骨骼(Skeleton)两种动画形式,合理组合使用这两种动画形式,可以创造出非常具有真实感的运动效果。但变换动画一般由开发人员使用计算公式和算法控制,通常很难现实高级的动画效果,而骨骼动画则是由 3D 动画制作软件预先制作,这两种动画形式都属于预先设定,使用者无法干预动画过程,更无法更改动画流程。为模拟真实世界中物体的运动,如铁球从高处坠落、冰壶在冰面滑行、两个物体发生碰撞等,就需要借助物理引擎。

9.1 物理引擎

物理引擎(Physics Engine)是通过设定物体的质量、力、材料属性等参数,按照物理定律对数字模型进行受力分析与运动仿真的计算机程序。物理引擎通过为刚体(Rigid Body)赋予真实的物理属性来计算其运动、旋转和碰撞反应。

物理引擎一般会提供对牛顿三大定律、弹簧运动规律的模拟,高级的物理引擎还会提供对流体、布料、关节、铰链等物理行为的模拟。当前,RealityKit 使用 Xcode 内置的物理引擎,支持对刚体的牛顿力学模拟。物理引擎的工作方式与使用物理规律对运动进行人工计算完全一致,所以产生的效果与真实世界中的物体反应一致。典型的物理引擎工作循环如图 9-1 所示,当然,这只是个简化的示意图,实际上,物理引擎还需要处理碰撞、物理约束、遍历所有带物理组件的物体等。物理引擎执行周期与图形引擎执行周期并不一致,如图形引

图 9-1　物理引擎工作循环

擎每秒渲染 30 帧,而物理引擎则可以每秒执行 60 次,每一次循环称为一个物理模拟周期。

提示

刚体是指在受力后,形状和大小不变,而且内部各点相对位置不变的物体,即受力后既不发生弹性形变也不解体的物体。牛顿三大运动定律:①物体总保持匀速直线运动状态或静止状态,直到有外力迫使它改变这种状态为止;②物体加速度的大小与它所受的作用力呈正比、与它的质量呈反比,加速度的方向与作用力的方向相同($F=ma$);③两个物体之间的作用力与反作用力,总是大小相等、方向相反,并且作用在同一条直线上。

9.2 RealityKit 中的物理组件

在 RealityKit 中,对虚拟物体进行物理模拟时需要在该物体实体对象上挂载物理组件,物理引擎会忽略所有未挂载物理组件的物体,RealityKit 包含两个跟物理相关的组件:PhysicsBodyComponent 和 PhysicsMotionComponent,ModelEntity 实体类默认带有这两个组件,即使用 ModelEntity 类创建的实体都会参与物理模拟。

9.2.1 PhysicsBodyComponent 组件

PhysicsBodyComponent 组件以纯物理的方式处理力、质量、材质属性,根据牛顿力学模拟物体的运动。它是 RealityKit 物理模拟最主要的组件,利用该组件可以设置物体质量、物理材质、物理类型、受力等所有与物理相关的属性。需要注意的是,物理模拟要起作用,物体还必须要有 CollisionComponent 组件。

PhysicsBodyComponent 组件属性从功能上可以分为 3 大类:物理属性类、力学属性类和辅助类。物理属性类主要包括表 9-1 所示物理属性。

表 9-1 物理属性类

属 性 名 称	描 述
mode	PhysicsBodyMode 属性,定义物体受力影响的类型
massProperties	PhysicsMassProperties 属性,定义物体质量相关属性
material	PhysicsMaterialResource 属性,定义物体的物理材质
isTranslationLocked	移动限制,定义物体是否在某个或几个轴方向上锁定移动,默认不限制。限制移动可以限制物体在指定范围内,如限制桌子在 Y 轴上的移动,不允许桌子悬空
isRotationLocked	旋转限制,定义物体是否在某个或几个轴方向上锁定旋转,默认不限制。限制旋转可以限制物体的旋转范围,如限制车轮在 Z 轴上的旋转,不允许车轮翻转
isContinuousCollisionDetectionEnabled	连续碰撞检测,常称为 CCD,用于快速运动物体的碰撞检测,性能开销比较大,默认为 false。如子弹射击时,由于子弹速度快,可能会在两次物理模拟循环之间穿过某个物体,导致漏检,利用 CCD 可以检测子弹等快速移动物体与其他物体的碰撞

从表 9-1 可以看出,物理属性类定义了物理模拟所需的各类参数,这些参数设置会直接影响物理模拟后物体的运动表现。

力学属性类主要处理与力相关的动态工作,如表 9-2 所示。

表 9-2 力学属性类

方 法 名 称	描 述
addForce(SIMD3 < Float >, relativeTo: Entity?)	在物体的质心处施加一个力,这个力相对于 relativeTo 实体的坐标空间,nil 为世界空间。施加的力在下一个模拟周期中执行,且在一个完整的模拟周期执行完后被移除
addForce(SIMD3 < Float >, at: SIMD3 < Float >, relativeTo: Entity?)	在物体的指定位置施加一个力,这个力相对于 relativeTo 实体的坐标空间,nil 为世界空间。施加的力在下一个模拟周期中执行,且在一个完整的模拟周期执行完后被移除

续表

方 法 名 称	描　　述
addTorque(SIMD3＜Float＞, relativeTo: Entity?)	在物体的质心处施加一个力矩,这个力矩相对于 relativeTo 实体的坐标空间,nil 为世界空间。施加的力矩在下一个模拟周期中执行,且在一个完整的模拟周期执行完后被移除
clearForcesAndTorques()	清除施加到物体的所有力与力矩
applyLinearImpulse(SIMD3＜Float＞, relativeTo: Entity?)	在物体的质心处施加一个线性冲量,这个冲量相对于 relativeTo 实体的坐标空间,nil 为世界空间
applyAngularImpulse(SIMD3＜Float＞, relativeTo: Entity?)	在物体的质心处施加一个角度冲量,这个冲量相对于 relativeTo 实体的坐标空间,nil 为世界空间
applyImpulse(SIMD3＜Float＞, at: SIMD3＜Float＞, relativeTo: Entity?)	在物体的指定位置施加一个线性冲量,这个冲量相对于 relativeTo 实体的坐标空间,nil 为世界空间
resetPhysicsTransform(recursive: Bool)	重置模拟物理体的位置、方向和速度

使用表 9-2 中的方法,可以按照牛顿力学的方式对物体施加力、力矩、冲量,如果对不活跃的物体(Entity. isActive＝false)施加力、力矩、冲量,物理引擎不会进行模拟计算,也不会有任何效果。

addForce 和 addImpulse 是两种施加力的方式,Impulse 称为冲量,是一个与时间有关的物理量,单位是 kg · m/s,而力是与时间无关的物理量,单位是牛顿。

> **提示**
>
> 　　冲量描述了动量(momentum)的改变量,$Impulse＝m(v_1-v_2)$,而 $F＝ma$,因此 $F＝m(v_1-v_2)/t$,所以 $Impulse＝Ft$,即冲量是力与该力作用时间的乘积。
>
> 　　物理引擎中的材质称为物理材质,物理材质定义了物体的物理特性,如静摩擦力、动摩擦力、弹性系数、恢复系数等

辅助类用于辅助进行初始化或者物理模拟,主要包括表 9-3 所示功能。

表 9-3　辅助类

名　　称	类型	描　　述
init()	方法	初始化方法,共有 4 个重载,用于以指定质量、物理材质、物理类型初始化 PhysicsBodyComponent 组件
physicsBody	属性	指向该实体的 PhysicsBodyComponent 组件
registerComponent()	方法	类方法,用于注册各类组件

在实际的开发过程中,我们一般会通过实体的 physicsBody 属性获取该实体上挂载的 PhysicsBodyComponent 组件,然后利用该组件设置物体的物理属性、施加作用力进行物理模拟。利用 PhysicsBodyComponent 组件进行物理模拟是完全按照物理力学规律进行仿真计算,因此模拟结果与真实物体行为表现相一致。

PhysicsBodyComponent 组件的 mode 属性描述物体的物理类型,该值为 PhysicsBodyMode 枚举值,PhysicsBodyMode 枚举定义了物体受力影响的类型,该枚举有 3 个枚举值:static、kinematic、dynamic。

1. static(静态体)

静态体参与碰撞,但不参与物理模拟,也不会移动位置。静态体存在的重要意义在于其能与动态体产

生相互作用,当动态体与静态体发生碰撞时,静态体本身不会受到任何力与碰撞的影响,但动态体会遵循物理规律,受力并发生变化。

如场景中的墙壁与巨大的石头,因为它们不会移动位置,在使用中,通常会用作环境物体,应当设置为静态体,不应当使用任何方式移动静态体。当一个动态体小球与墙壁或者石头发生碰撞时,墙壁和石头不会受到力的影响,也不会产生位置移动,但小球会发生受力变化,产生反弹或者改变运动方向。

2. kinematic(动力学体)

动力学体与静态体一样,也不参与物理模拟,但动力学体可以运动,其运动由开发人员自行处理,不必遵循物理学规律。动力学体也会与动态体发生碰撞并影响动态体的运动。

例如电梯或者大门,这类物体可以运动,但通常不需要使用物理引擎模拟,一般采用手动的方式控制其运动,如当一个机器人接近大门时,大门可以自动开启,而无须机器人对大门施加作用力。该类物体运动时也会影响与其相关的动态体,如电梯会使电梯内的动态体升高或者降低,门开关时会推动门后的动态体。

3. dynamic(动态体)

动态体的运动受到物理引擎的控制,如给子弹施加一个力,子弹的运动就会受到物理引擎的驱动,呈现与真实世界一致的运动轨迹。动态体可以与静态体、动力学体、动态体发生碰撞反应,并遵循物理规律。

PhysicsBodyComponent 组件的 massProperties 属性为 PhysicsMassProperties 类型,该属性定义了物体的质量属性。PhysicsMassProperties 结构体的主要属性如表 9-4 所示。

表 9-4　PhysicsMassProperties 结构体

属 性 名 称	类型	描　述
init()	方法	初始化方法,共有 4 个重载,用于以指定质量、惯性、质心、包围盒进行初始化
mass	属性	物体质量,单位为千克(kg)
inertia	属性	转动贯量,单位为千克平方米(kg·m^2)
centerOfMass	属性	质心的位置和主轴的方向

该结构体用于描述物体的质量属性,其中 inertia 称为转动惯量,转动惯量用于描述改变物体转动状态的难易程度,转动惯量与物体质量的分布情况和转动轴位置有非常大的关系,同一物体如果质量分布情况不一样或者转动轴位置与方向不一样时转动惯量差异可能会非常大。就像质量对物体非旋转运动状态改变的阻碍一样,转动惯量对物体旋转运动状态改变也产生同样的阻碍,即转动惯量在旋转动力学中的角色相当于线性动力学中的质量,因此转动惯量可以形象地理解为一个物体对旋转运动的惯性,用于建立角动量、角速度、力矩和角加速度等数个物理量之间的关系。centerOfMass 用于描述质心的位置与主轴方向,这个参数影响物体的转动。

PhysicsBodyComponent 组件的 material 属性为 PhysicsMaterialResource 类型,该属性定义了物体的物理材质属性。PhysicsMaterialResource 类包含两个方法和一个 default 属性,如表 9-5 所示。

表 9-5　PhysicsMaterialResource 类

名　称	类型	描　述
default	属性	使用默认的物理材质
generate(friction: Float, restitution: Float) —> PhysicsMaterialResource	方法	以指定的摩擦系数与恢复系数生成物理材质
generate(staticFriction: Float, dynamicFriction: Float, restitution: Float) —> PhysicsMaterialResource	方法	以指定的静摩擦系数、动摩擦系数、恢复系数生成物理材质

PhysicsMaterialResource 类用于描述物体的物理材质属性,其中 friction 为摩擦系数(staticFriction 为静摩擦系数,dynamicFriction 为动摩擦系数),取值范围为 $[0, \infty)$,默认为 0.8;restitution 为恢复系数,取值范围为 $[0, 1]$,默认为 0.8,该属性描述的是物体反弹的程度,如一个球从 1m 高的位置自由下落,恢复系数描述的是这个球能反弹的高度,默认将反弹到 0.8m 的高度。

9.2.2 PhysicsMotionComponent 组件

PhysicsBodyComponent 组件完全按照物理学规律处理物体的运动,通过设置真实的物理参数、施加作用力进行物理模拟,由于是完全依照真实物理世界规律处理物体运动,因此不能直接设置物体的位置与速度参数。

PhysicsMotionComponent 组件则不完全拘泥于真实物理规律,可以通过设置物体的速度、角速度驱动物体运动,虽然可以直接设置非真实物理参数,但在设置完参数后,物体的行为仍然受物理引擎模拟,受物体 PhysicsBodyMode 属性影响。

当物体为静态体时,对该物体设置速度、角速度无效,物理引擎会忽略所有属性设置值,静态体也不参与物理模拟。

当物体为动力学体时,物理引擎会读取开发人员设置的速度值,并相应地处理物体的运动。

当物体为动态体时,物理引擎会实时地更新物体的运动状态,但直接设置速度值不会产生运动效果,直到 resetPhysicsTransform(_:recursive:)方法被调用。换言之,动态体不能通过直接设置速度的方法产生运动效果。

PhysicsMotionComponent 组件由于可以直接设置更容易理解和产生效果的速度、角速度等非基本物理参数,在某些情况下更容易达到预定效果,更方便使用。

PhysicsMotionComponent 组件主要包括两个属性:linearVelocity 和 angularVelocity。linearVelocity 即促使物体直线运动的速度,而 angularVelocity 是促使物体转动的角速度。

需要注意的是,在使用 PhysicsMotionComponent 组件进行物理模拟时,所有模拟相对于 physicsOrigin 进行(速度其实是个相对量,描述两个物体之间距离的变化程度,因此需要一个参考体),默认 physicsOrigin 为场景的原点,即世界坐标系原点,在实际使用时可以将 physicsOrigin 设置到特定的实体上。

9.2.3 CollisionComponent 组件

CollisionComponent 组件不属于 RealityKit 中的物理组件,但物理引擎会忽略没有挂载该组件的物体,CollisionComponent 组件直译为碰撞组件,顾名思义,碰撞组件负责处理碰撞相关事项,不带碰撞组件的实体不能参与碰撞,也不能参与物理模拟。

碰撞组件实现两个关键功能,一个是定义碰撞体形状(Shape),主要目的是提高碰撞检测性能,另一个是检测并处理碰撞。

CollisionComponent 组件包含 3 个属性和 1 个初始化方法,如表 9-6 所示。

表 9-6 CollisionComponent 组件

名　　称	类型	描　　述
init(shapes:[ShapeResource], mode:CollisionComponent.Mode, filter:CollisionFilter)	方法	初始化方法,设置实体碰撞属性
mode	属性	CollisionComponent. Mode 类型,用于设置碰撞器的类型,分为普通碰撞器(default)和触发器(trigger)两种

续表

名　　称	类型	描　　述
filter	属性	CollisionFilter 类型,用于设置碰撞检测过滤类型
shapes·	属性	ShapeResource 数组类型,用于设置碰撞器外形

CollisionComponent. Mode 是一个枚举,该枚举有两个枚举值(default、trigger),用于设定碰撞器为普通碰撞类型还是触发器类型。

CollisionFilter 是一个用于设置碰撞检测过滤属性的结构体,该结构体主要包括 4 个属性,如表 9-7 所示。

表 9-7　CollisionFilter 结构体

名　　称	类　　型	描　　述
default	类属性	默认常规碰撞器
sensor	类属性	传感器,设置该值实体会与所有对象发生碰撞,通常用于射线检测(Raycast)和触发器
group	实例属性	CollisionGroup 类型,用于设置碰撞器所属的分组
mask	实例属性	CollisionGroup 类型,用于设置碰撞器所使用的掩码

通过设置 CollisionFilter 值,将碰撞器设置成不同分组和使用不同掩码,可以对碰撞物体进行分层处理,实现复杂大场景、多物体间的不同碰撞效果,并能提升性能。如在 AR 游戏中,在主角通过发射火球攻击怪物场景,可以通过设置火球与怪物的分组或者掩码将其分割在相同的层中,在进行碰撞检测时火球就只会与怪物发生碰撞反应,而不会与队友发生碰撞,如图 9-2 所示。这样做,一方面在进行碰撞检测时可以只检测特定的分组,提高碰撞检测效率;另一方面,通过分组分层可以简化处理逻辑。

不同分组与掩码物体之间发生接触时,碰撞情况符合以下规则,如代码清单 9-1 所示。

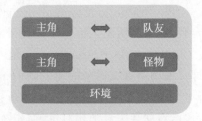

图 9-2　通过 CollisionFilter 可以对碰撞物体分组分层

代码清单 9-1

```
1.  let filterA = entityA.collision!.filter
2.  let filterB = entityB.collision!.filter
3.  let aCanCollideWithB = (filterA.mask & filterB.group) != 0;
4.  let bCanCollideWithA = (filterB.mask & filterA.group) != 0;
5.  if aCanCollideWithB && bCanCollideWithA {
6.      //发生碰撞
7.  } else {
8.      //不发生碰撞
9.  }
```

CollisionGroup 结构体本质上使用一个 32 位的无符合整数(UInit32)作为区分物体碰撞标志,在操作上则使用位操作形式确定两个物体是否发生碰撞。如:

```
CollisionGroup.default   = 0b00000000000000000000000000000001
CollisionGroup.all       = 0b01111111111111111111111111111111
```

通过 CollisionFilter 的 group 值和 mask 值设置,可以实现非常灵活、复杂的碰撞检测功能,并能有效地提升碰撞检测效率。

ShapeResource 是一个用于定义碰撞器形状的类,碰撞器形状定义了物体发生碰撞时的外观。为提高检测效率,碰撞并不是以模型的几何网格为边界进行检查,而是依据碰撞器形状进行检测,模型几何网格可能会非常复杂,通过定义简单的能满足需要的碰撞器形状,可以大幅提高碰撞检测效率。在 RealityKit 中,ShapeResource 类可以生成如表 9-8 所示形状。

表 9-8 ShapeResource 类可生成的形状

方　法	描　　述
offsetBy()	3 个重载,平移或者旋转物体的碰撞器形状,使其更符合物体的几何外观
generateBox()	2 个重载,根据指定的尺寸生成立方体或长方体形状
generateSphere()	根据指定的半径生成球体形状
generateCapsule()	根据指定的高与半径生成胶囊体形状
generateConvex()	根据指定的点或者网格生成形状

9.3　物理模拟实例

在学习完 RealityKit 进行物理模拟的相关理论知识后,下面通过使用 PhysicsBodyComponent 组件进行物理模拟演示,主要代码如代码清单 9-2 所示,稍后对代码进行详细解析。

代码清单 9-2

```
1.   let gameController = GameController()
1.   var sphereEntity : ModelEntity!
2.   extension ARView : ARSessionDelegate{
3.     public func session(_ session: ARSession, didAdd anchors: [ARAnchor]) {
4.       guard let anchor = anchors.first as? ARPlaneAnchor else{return}
5.       let planeAnchor = AnchorEntity(anchor:anchor)
6.       let boxCollider: ShapeResource = .generateBox(size: [0.1,0.2,0.3])
7.       let box: MeshResource = .generateBox(size: [0.1,0.2,0.3], cornerRadius: 0.02)
8.       let boxMaterial = SimpleMaterial(color: .yellow,isMetallic: true)
9.       let boxEntity = ModelEntity(mesh: box,materials:[boxMaterial],collisionShape: boxCollider,mass: 0.05)
10.      boxEntity.physicsBody?.mode = .dynamic
11.      boxEntity.name = "Box"
12.      boxEntity.transform.translation = [0.2,planeAnchor.transform.translation.y + 0.15,0]
13.
14.      let sphereCollider : ShapeResource = .generateSphere(radius: 0.05)
15.      let sphere: MeshResource = .generateSphere(radius: 0.05)
16.      let sphereMaterial = SimpleMaterial(color:.red,isMetallic: true)
17.      sphereEntity = ModelEntity(mesh: sphere, materials: [sphereMaterial], collisionShape: sphereCollider,
         mass: 0.04)
18.      sphereEntity.physicsBody?.mode = .dynamic
19.      sphereEntity.name = "Sphere"
20.      sphereEntity.transform.translation = [ − 0.3,planeAnchor.transform.translation.y + 0.15,0]
21.      sphereEntity.physicsBody?.material = .generate(friction: 0.001, restitution: 0.01)
```

```
22.
23.        let plane :MeshResource = .generatePlane(width: 1.2, depth: 1.2)
24.        let planeCollider : ShapeResource = .generateBox(width: 1.2, height: 0.01, depth: 1.2)
25.        let planeMaterial = SimpleMaterial(color:.gray,isMetallic: false)
26.        let planeEntity = ModelEntity(mesh: plane, materials: [planeMaterial], collisionShape: planeCollider,
     mass: 0.01)
27.        planeEntity.physicsBody?.mode = .static
28.        planeEntity.physicsBody?.material = .generate(friction: 0.001, restitution: 0.1)
29.
30.        planeAnchor.addChild(planeEntity)
31.        planeAnchor.addChild(boxEntity)
32.        planeAnchor.addChild(sphereEntity)
33.
34.        let subscription = self.scene.subscribe(to: CollisionEvents.Began.self,on: boxEntity) { event in
35.            print("box 发生碰撞")
36.            print("EntityA name : \(event.entityA.name)")
37.            print("EntityB name : \(event.entityB.name)")
38.            print("Force : \(event.impulse)")
39.            print("Collision Position: \(event.position)")
40.        }
41.        gameController.collisionEventStreams.append(subscription)
42.        self.scene.addAnchor(planeAnchor)
43.        let gestureRecognizers = self.installGestures(.translation, for: sphereEntity)
44.        if let gestureRecognizer = gestureRecognizers.first as? EntityTranslationGestureRecognizer {
45.            gameController.gestureRecognizer = gestureRecognizer
46.            gestureRecognizer.removeTarget(nil, action: nil)
47.            gestureRecognizer.addTarget(self, action: #selector(self.handleTranslation))
48.        }
49.        self.session.delegate = nil
50.        self.session.run(ARWorldTrackingConfiguration())
51.    }
52.    @objc
53.    func handleTranslation(_ recognizer: EntityTranslationGestureRecognizer) {
54.        guard let ball = sphereEntity else { return }
55.        let settings = gameController.settings
56.        if recognizer.state == .ended || recognizer.state == .cancelled {
57.            gameController.gestureStartLocation = nil
58.            ball.physicsBody?.mode = .dynamic
59.            return
60.        }
61.        guard let gestureCurrentLocation = recognizer.translation(in: nil) else { return }
62.        guard let gestureStartLocation = gameController.gestureStartLocation else {
63.            gameController.gestureStartLocation = gestureCurrentLocation
64.            return
65.        }
66.        let delta = gestureStartLocation - gestureCurrentLocation
67.        let distance = ((delta.x * delta.x) + (delta.y * delta.y) + (delta.z * delta.z)).squareRoot()
68.        if distance > settings.ballPlayDistanceThreshold {
69.            gameController.gestureStartLocation = nil
70.            ball.physicsBody?.mode = .dynamic
```

```
71.            return
72.        }
73.        let realVelocity = recognizer.velocity(in: nil)
74.        let ballParentVelocity = ball.parent!.convert(direction: realVelocity, from: nil)
75.        var clampedX = ballParentVelocity.x
76.        var clampedZ = ballParentVelocity.z
77.        //夹断
78.        if clampedX > settings.ballVelocityMaxX {
79.            clampedX = settings.ballVelocityMaxX
80.        } else if clampedX < settings.ballVelocityMinX {
81.            clampedX = settings.ballVelocityMinX
82.        }
83.        //夹断
84.        if clampedZ > settings.ballVelocityMaxZ {
85.            clampedZ = settings.ballVelocityMaxZ
86.        } else if clampedZ < settings.ballVelocityMinZ {
87.            clampedZ = settings.ballVelocityMinZ
88.        }
89.
90.        let clampedVelocity: SIMD3 < Float > = [clampedX, 0.0, clampedZ]
91.        ball.addForce(clampedVelocity * 0.1, relativeTo: nil)
92.    }
93. }
```

在代码清单 9-2 中,实现的功能如下:

(1) 构建模拟环境。

(2) 通过施加力,对物体运动进行物理模拟。

在功能 1 中,我们通过 session(_ session:ARSession,didAdd anchors:[ARAnchor])方法对平面检测情况进行监视,当 ARKit 检测到符合要求的水平平面后,手动生成一个长方体、一个球体、一个承载这两个物体的平面,构建了基本的模拟环境,如图 9-3 所示。由于生成的长方体与球体均是带有质量与碰撞器的实体,在使用物理引擎时,它们会在重力作用下下坠,生成的平面主要用于承载这两个物体。在设置好物理模拟相关属性后,我们还订阅(subscriptions)了长方体的碰撞事件,当长方体与其他物体发生碰撞时会打印出发生碰撞的两个实体对象名称、碰撞时的受力和碰撞位置信息。

图 9-3 物理模拟界面效果图

在功能 2 中,为方便控制,我们使用了 RealityKit 中的平移手势(EntityTranslationGestureRecognizer),通过计算使用者手指在屏幕上滑动的速度生成作用力,并将该作用力施加在球体上,通过施加作用力就可以观察球体与长方体在物理引擎作用下的运动效果(为防止施加的力过大,我们使用了 GameSettings 结构体并定义了几个边界值,具体可以参看本节源码)。

编译后测试,使用平移手势操作球体,当球体撞击到长方体后,会发生物理交互并触发长方体的碰撞事件。读者可以修改使用不同的物理参数和碰撞形状,看一看物理参数如何影响物体的运动,以及碰撞形状如何影响碰撞位置。

这个例子综合演示了物理参数和属性的设置、物理事件的处理、物理材质对物理模拟的影响,同时也是最简单的物理引擎使用案例,没有使用 group 和 mask 设置碰撞分组,仅演示了 PhysicsBodyComponent 组件的最基本使用方法。

使用 PhysicsBodyComponent 组件,通过设置物理参数、物理材质、施加作用力,能完全模拟物体在真实世界中的行为,这种方式的优点是遵循物理学规律、控制精确,但缺点是不直观。使用 PhysicsMotionComponent 组件则可以通过直接设置速度进行物理模拟,但需要明白的是,对物体施加力与设置物体速度是两种完全不同且不相容的操作,无法混合使用。

下面我们使用 PhysicsMotionComponent 组件进行演示。在代码清单 9-2 中,我们手工构建了模拟环境,这是件枯燥且容易出错的工作,而且很难构建复杂的场景,利用 Reality Composer 工具则可以快速地构建场景模型,本示例我们先使用 Reality Composer 构建基本的场景,然后通过设置速度的方式进行物理模拟。

利用 Reality Composer 工具设置好各实体的大小、物理材质、碰撞属性和位置关系(参阅第 10 章相关内容),然后在 Xcode 中导入 Reality 场景,编写如代码清单 9-3 所示代码。

代码清单 9-3

```
2.   let gameController = GameController()
3.   var sphereEntity : ModelEntity!
4.   extension ARView : ARSessionDelegate{
5.     public func session(_ session: ARSession, didAdd anchors: [ARAnchor]) {
6.       guard let anchor = anchors.first as? ARPlaneAnchor else{return}
7.       let planeAnchor = AnchorEntity(anchor:anchor)
8.       planeAnchor.addChild(gameController.gameAnchor)
9.       self.scene.anchors.append(planeAnchor)
10.      gameController.gameAnchor.backWall?.visit { entity in
11.        entity.components[ModelComponent.self] = nil
12.      }
13.      gameController.gameAnchor.frontWall?.visit { entity in
14.        entity.components[ModelComponent.self] = nil
15.      }
16.      gameController.Ball13?.physicsBody?.massProperties.centerOfMass = ([0.001,0,0.001],simd_quatf
(angle: 0, axis: [0,1,0]))
17.      gameController.Ball4?.physicsBody?.material = PhysicsMaterialResource.generate(friction: 0.3,
restitution: 0.3)
18.      gameController.Ball6?.physicsBody?.mode = .kinematic
19.      //gameController.Ball6?.collision?.shapes.removeAll()
20.      self.session.delegate = nil
21.      self.session.run(ARWorldTrackingConfiguration())
```

```swift
22.          }
23.
24.     func loadModel(){
25.          gameController.gameAnchor = try! Ball.loadBallGame()
26.          if let ball = gameController.gameAnchor.motherBall as? Entity & HasCollision {
27.              let gestureRecognizers = self.installGestures(.translation, for: ball)
28.              if let gestureRecognizer = gestureRecognizers.first as? EntityTranslationGestureRecognizer {
29.                  gameController.gestureRecognizer = gestureRecognizer
30.                  gestureRecognizer.removeTarget(nil, action: nil)
31.                  gestureRecognizer.addTarget(self, action: #selector(self.handleTranslation))
32.              }
33.          }
34.     }
35.     @objc
36.     func handleTranslation(_ recognizer: EntityTranslationGestureRecognizer) {
37.          guard let ball = gameController.motherBall else { return }
38.          let settings = gameController.settings
39.          if recognizer.state == .ended || recognizer.state == .cancelled {
40.              gameController.gestureStartLocation = nil
41.              ball.physicsBody?.mode = .dynamic
42.              return
43.          }
44.          guard let gestureCurrentLocation = recognizer.translation(in: nil) else { return }
45.          guard let gestureStartLocation = gameController.gestureStartLocation else {
46.              gameController.gestureStartLocation = gestureCurrentLocation
47.              return
48.          }
49.          let delta = gestureStartLocation - gestureCurrentLocation
50.          let distance = ((delta.x * delta.x) + (delta.y * delta.y) + (delta.z * delta.z)).squareRoot()
51.          if distance > settings.ballPlayDistanceThreshold {
52.              gameController.gestureStartLocation = nil
53.              ball.physicsBody?.mode = .dynamic
54.              return
55.          }
56.          ball.physicsBody?.mode = .kinematic
57.          let realVelocity = recognizer.velocity(in: nil)
58.          let ballParentVelocity = ball.parent!.convert(direction: realVelocity, from: nil)
59.          var clampedX = ballParentVelocity.x
60.          var clampedZ = ballParentVelocity.z
61.          //夹断
62.          if clampedX > settings.ballVelocityMaxX {
63.              clampedX = settings.ballVelocityMaxX
64.          } else if clampedX < settings.ballVelocityMinX {
65.              clampedX = settings.ballVelocityMinX
66.          }
67.          //夹断
68.          if clampedZ > settings.ballVelocityMaxZ {
69.              clampedZ = settings.ballVelocityMaxZ
70.          } else if clampedZ < settings.ballVelocityMinZ {
71.              clampedZ = settings.ballVelocityMinZ
```

```
72.        }
73.
74.        let clampedVelocity: SIMD3 < Float > = [clampedX, 0.0, clampedZ]
75.        ball.physicsMotion?.linearVelocity = clampedVelocity
76.    }
77. }
78.
```

在代码清单9-3中,实现的功能如下:

(1) 加载模拟场景并进行相应的处理。

(2) 通过设置物体速度,对物体运动进行物理模拟。

在功能1中,我们首先使用loadModel()方法加载Reality场景,然后通过session(_ session:ARSession, didAdd anchors:[ARAnchor])方法对平面检测情况进行监视,当ARKit检测到符合要求的水平平面后,将加载的场景挂载到ARAnchor下显示,对不需要显示的四周围栏进行了隐藏处理,然后设置了各球体的物理参数、物理材质并重启了ARSession(为更好组织代码,方便场景管理,我们使用了GameController类,具体可以参看本节源码),效果如图9-4所示。

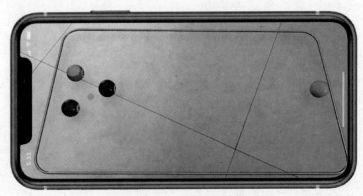

图9-4 加载的场景界面效果图

在功能2中,为方便控制,我们使用了RealityKit中的平移手势(EntityTranslationGestureRecognizer),通过计算使用者手指在屏幕上滑动的速度生成物体速度,并将其作为母球的速度(为防止速度过大,我们使用了GameSettings结构体并定义了几个边界值,具体可以参看本节源码),通过直接赋予母球速度值就可以观察母球与场景中其他球体在物理引擎作用下的运动效果。

编译后测试,使用平移手势操作母球,当母球与场景中的其他球体发生碰撞时,会产生相应的物理效果。通过本例可以看到,在Xcode中也可以修改Reality Composer工具中设定的各球体的物理属性,如代码清单9-3第15行到第17所示,读者也可以修改不同属性看一看它们如何影响物体的行为,取消碰撞体,看一看还能不能发生碰撞。

9.4 触发器与触发域

在9.3节的示例中,所有可见的物体都参与了物理模拟,但在一些应用中,我们并不需要某些物体参与物理模拟,同时又需要了解是否有物体与它们发生了碰撞。如在AR场景中,当角色靠近一扇关闭着的门时,我们并不希望因为角色与门发生碰撞而导致门移动,但又需要了解是否有角色与门发生了碰撞并以此为依据决定是否打开门。在这种应用场合中,使用触发器是最好的选择。

在 RealityKit 中使用触发器非常简单,具体在使用时,只需要将物体的 physicsBody. mode 设置为 static,并将 collision. mode 设置为 trigger 即可,这样既能防止物体产生运动又能捕获到碰撞相关信息。以代码清单 9-2 示例代码为例,我们只要将第 10 行改成如代码清单 9-4 所示代码即可。

代码清单 9-4

```
1.  boxEntity.physicsBody?.mode = .static
2.  boxEntity.collision?.mode = .trigger
```

修改后,运行应用,操作球体与长方体发生碰撞,在碰撞发生后,可以看到相应的碰撞信息依然会打印出来,但由于长方体 physicsBody. mode 属性设置为 static,长方体不会参与物理模拟,也不会发生移动。

使用触发器的方式适合于对可见物体进行碰撞检测,在实际应用开发中,还有一种情况,对不可见物体的碰撞检测,如在 AR 游戏中,当角色进入某一空间后触发新的机关或者激活 AI Agent(NPC,Non-Player Character,智能体)。对于这种情况,我们可以建一个 ModelEntity,但是不渲染相应网格,就像代码清单 9-3 对四周围栏所做的那样。但在 RealityKit 中提供了另一种更简单易用的应对这种情况的实体类,它就是 TriggerVolume。

TriggerVolume(触发区域体)实体类包含 Transform component、Synchronization component、Collision component3 个组件,如图 9-5 所示。

触发域实体包含 Collision component 组件,能够与其他碰撞体发生碰撞,因此,我们可以将触发域实体作为一个传感器使用,当有其他碰撞体进入或者离开触发域实体所占空间时实时地获取相应消息。与其他带碰撞器的实体一样,当有其他碰撞体进入或者离开触发域实体时也会触发 CollisionEvents,我们可以通过订阅这些事件进行相应处理。

图 9-5 触发域实体

触发域实体也是一个实体,但它非常简单,因为不带有网格信息,因此无法对它进行渲染。触发域实体也不参与物理模拟,但将其作为碰撞检测非常高效。

触发域实体的使用与其他实体的使用一样,我们对代码清单 9-2 进行改造,将 boxEntity 换成 TriggerVolume,关键代码如代码清单 9-5 所示。

代码清单 9-5

```
1.  var sphereEntity : ModelEntity!
2.  extension ARView : ARSessionDelegate{
3.    public func session(_ session: ARSession, didAdd anchors: [ARAnchor]) {
4.      guard let anchor = anchors.first as? ARPlaneAnchor else{return}
5.      let planeAnchor = AnchorEntity(anchor:anchor)
6.      let triggerShape :ShapeResource = .generateBox(size: [0.1,0.2,0.3])
7.      let triggerVolume = TriggerVolume(shape: triggerShape)
8.      triggerVolume.name = "Trigger Volume"
9.      triggerVolume.transform.translation = [0.2,planeAnchor.transform.translation.y + 0.15,0]
10.     let sphereCollider : ShapeResource = .generateSphere(radius: 0.05)
11.     let sphere: MeshResource = .generateSphere(radius: 0.05)
```

```
12.        let sphereMaterial = SimpleMaterial(color:. red, isMetallic: true)
13.        sphereEntity = ModelEntity(mesh: sphere, materials: [sphereMaterial], collisionShape: sphereCollider,
    mass: 0.04)
14.        sphereEntity. physicsBody?. mode = .dynamic
15.        sphereEntity. name = "Sphere"
16.        sphereEntity. transform. translation = [ − 0.3, planeAnchor. transform. translation. y + 0.15, 0]
17.        sphereEntity. physicsBody?. material = .generate(friction: 0.001, restitution: 0.01)
18.
19.        let plane :MeshResource = .generatePlane(width: 1.2, depth: 1.2)
20.        let planeCollider : ShapeResource = .generateBox(width: 1.2, height: 0.01, depth: 1.2)
21.        let planeMaterial = SimpleMaterial(color:. gray, isMetallic: false)
22.        let planeEntity = ModelEntity(mesh: plane, materials: [planeMaterial], collisionShape: planeCollider,
    mass: 0.01)
23.        planeEntity. physicsBody?. mode = .static
24.        planeEntity. physicsBody?. material = .generate(friction: 0.001, restitution: 0.1)
25.
26.    planeAnchor. addChild(planeEntity)
27.    planeAnchor. addChild(triggerVolume)
28.    planeAnchor. addChild(sphereEntity)
29.
30.    let subscription = self. scene. subscribe(to: CollisionEvents. Began. self, on: triggerVolume) { event in
31.        print("trigger volume 发生碰撞")
32.        print("EntityA name : \(event. entityA. name)")
33.        print("EntityB name : \(event. entityB. name)")
34.        print("Force : \(event. impulse)")
35.        print("Collision Position: \(event. position)")
36.    }
37.    gameController. collisionEventStreams. append(subscription)
38.    self. scene. addAnchor(planeAnchor)
39.    let gestureRecognizers = self. installGestures(. translation, for: sphereEntity)
40.    if let gestureRecognizer = gestureRecognizers. first as? EntityTranslationGestureRecognizer {
41.        gameController. gestureRecognizer = gestureRecognizer
42.        gestureRecognizer. removeTarget(nil, action: nil)
43.        gestureRecognizer. addTarget(self, action: #selector(self. handleTranslation))
44.    }
45.    self. session. delegate = nil
46.    self. session. run(ARWorldTrackingConfiguration())
47.    }
48. }
```

　　运行上述代码,在加载后的场景中无法看到触发域实体对象,使用移动手势操作球体,当球体经过触发域实体所在区域时,碰撞被检测到,CollisionEvents. Began 事件被触发,相应信息也被打印出来。

　　在本章所有演示示例中,我们只对碰撞发生的 Began 事件进行了处理,CollisionEvents 事件其实包括 3 个事件,如表 9-9 所示。

表 9-9 CollisionEvents 枚举类

事 件 名 称	描　述
CollisionEvents. Began	结构体,当两个碰撞体开始接触时触发,这个事件在每次碰撞中只触发一次
CollisionEvents. Updated	结构体,当两个碰撞体保持接触时,这个事件在每一帧都会触发
CollisionEvents. Ended	结构体,当两个碰撞体脱离接触时触发,这个事件在每次碰撞中只触发一次

通过这 3 个事件,就能方便地处理所有与碰撞相关的事务,关于 RealityKit 中事件的处理,可参阅第 2 章相关章节。

9.5　自定义物理实体类

在 9.4 节,我们通过实体的 PhysicsBodyComponent 组件和 PhysicsMotionComponent 组件实现了物理模拟,在 RealityKit 中,ModelEntity 实体类默认带有这两个组件,使用 ModelEntity 类创建的实体都可以参与物理模拟。

在 RealityKit 中,使用物理引擎进行物理模拟的类必须遵循相应的物理协议,物理模拟类协议的层级结构如图 9-6 所示。

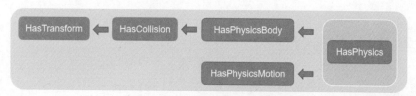

图 9-6　物理模拟类协议的层级结构

因此,我们可以通过遵循 HasPhysicsBody、HasPhysicsMotion 协议或者直接通过遵循 HasPhysics 协议自定义物理实体类,典型代码如代码清单 9-6 所示。

代码清单 9-6

```
1.   class Physics: Entity, HasPhysicsBody, HasPhysicsMotion {
2.       required init() {
3.           super.init()
4.           self.physicsBody = PhysicsBodyComponent(massProperties: .default,
5.                                             material: nil,
6.                                             mode: .dynamic)
7.           self.physicsMotion = PhysicsMotionComponent(linearVelocity: [0.1, 0.1, 0.1],
8.                                          angularVelocity: [1, 2, 3])
9.       }
10.  }
11.
12.  class Physics2: Entity, HasPhysics{
13.      required init() {
14.          super.init()
15.          self.physicsBody = PhysicsBodyComponent(massProperties: .default,
16.                                          material: nil,
17.                                          mode: .kinematic)
```

```
18.        self.physicsMotion = PhysicsMotionComponent(linearVelocity: [0.1, 0.1, 0.2],
19.                                              angularVelocity: [1, 2, 2])
20.    }
21. }
```

　　在自定义物理实体类后,可以更方便灵活地进行物理模拟,并简化代码。

　　物理引擎突破了按照预定脚本执行物体运动计算的方式,通过设置物体的物理参数来运行。使用物理引擎后,虚拟物体之间、虚拟物体与现实环境之间的相互作用不需要进行硬编码,而是按照牛顿运动定律实时计算模拟,由于牛顿运动定律的客观性,这种模拟出来的效果与真实物体间相互作用效果可以做到完全一致,从而大大增强虚拟物体的可信度。

第 10 章

Reality Composer

相对于传统软件应用,AR 应用开发要与真实环境交互,场景搭建无法预先设定,而且目前 AR 应用不能在模拟器中进行测试,这导致在开发时 AR 场景的可视性很差,开发效率很低。Reality Composer 就在这种背景下产生,它的目标是使 AR 场景搭建、测试、调整可视化,以一种所见即所得的方式构建 AR 应用。Reality Composer 有 iOS、iPadOS、macOS 3 个平台的版本,各版本之间可以无缝衔接,甚至可以随时使用内置的 AR Quick Look 对搭建中的场景进行实际环境测试,在场景搭建完后还可以输出 USDZ 文件分享,也可以输出 Reality 文件并导入 Xcode 中使用,甚至可以将整个工程文件导入 Xcode 中使用。

Reality Composer 的出现大大简化了 AR 场景搭建过程,非常适合对产品进行原型设计,其无代码的操作方式也非常适合美术人员,因此,Reality Composer 也与 Reality Converter 和 RealityKit 一起被称为 AR 开发三剑客。

10.1 Reality Composer 主要功能

Reality Composer 因 AR 开发而生,其主要目标也是服务于 AR 应用开发,简化 AR 场景搭建难度,将部分测试功能前移。Reality Composer 以非常直观的方式构建 AR 场景和体验,可以将模型、音频、图片、文字,以及这些对象的行为逻辑构建在一个可视化的场景中,然后导出到 AR Quick Look 或者 Xcode 中使用。Reality Composer 主要包括以下功能。

1. 内建资源库

为方便开发,Reality Composer 内建有资源库,资源库中的资源类型包括基本形状、交通、办公、家具、自然、教育、艺术、食物等 14 种类型,这些资源既包括程序化的形状,也包括写实类的常见物品,不同的资源可以定制化的参数也不一样,但都可以调整资源的尺寸、风格、参与物理模拟的材质等。

2. 动画与音效

Reality Composer 内置了如摆动、旋转、平移、绽放等常见动画,可以设置当用户单击、接近模型对象或者使用触发器时触发的动画,同时,其还内置了 3D 音效,能营造沉浸感很强的空间 3D 音效氛围。

3. 无缝协同

Reality Composer 内置于 Xcode 中,同时也有 iOS、iPadOS 版本,Reality Composer 工程可以在这些版本之间快速传递,既可以利用 macOS 功能强大的优点,也可以利用 iOS、iPadOS 直接真实环境测试的优点,在任何版本中做的修改都可以快速共享到其他版本中,大大方便了场景的搭建和测试。

4. 录制 Session

在 iOS 中使用 Reality Composer 可以录制 ARSession 用于应用调试，以加快应用的测试工作。

5. 导出 USDZ

Reality Composer 工程可以保存为 .rcproject 工程文件，这是可再次编辑的工程格式，保存方式为在菜单栏中依次选择"文件"→"保存"，设置相应工程名即可，.rcproject 工程文件也可直接导入 Xcode 中使用。

Reality Composer 工程也可导出为 .reality 或者 .usdz 格式文件，.reality 格式是 RealityKit 专用格式，它专为 AR 使用进行过优化和压缩，使用该格式可以获得最佳的性能与效果表现；.usdz 格式从 .usd 格式扩展而来，可以导入第三方编辑器中编辑加工。导出方式为在菜单中依次选择"文件"→"导出"→"导出工程"，选择 Reality 或者 USDZ 即可（.usdz 格式导出可参见本章第 6 节）。导出的 .reality 或者 .usdz 格式为经过压缩后的格式，支持动画、3D 音效、锚点，但不能再次进行编辑。

10.2 内容操作

在 macOS 上，Reality Composer 随 Xcode 11 及以上版本自动安装，在 iOS 或 iPadOS 中，用户需要自行从 AppStore 上搜索并安装该应用。Reality Composer 作为 Xcode 开发工具的一部分，可以直接从 Xcode 中打开，在菜单中依次选择 Xcode→Open Developer Tool→Reality Composer 即可打开 Reality Composer 操作界面，如图 10-1 所示。

图 10-1　Reality Composer 选取锚定类型界面

在 Mac 计算机上，Reality Composer 操作主界面如图 10-2 所示，操作界面非常简洁，工具栏中依次排列有场景、边框、吸附、修改、空间、添加、文本、播放、在 iOS 上编辑、行为、属性功能按钮，各功能按钮的作用如表 10-1 所示。主界面即为场景操作台，可以在场景操作台上进行模型资源的添加、调整等各种操作。

图 10-2　Reality Composer 操作界面

表 10-1　功能按钮作用

功能按钮	作 用 描 述
场景	工程场景管理面板,打开后可以添加、选择、删除当前工程场景
边框	资源居中显示,"框住场景"将当前场景中的所有资源居中显示,"框住已选中"居中选中资源
吸附	将资源吸附到锚定参考平面上,取消吸附时,资源可以自由放置
修改	选择程序化内建资源时,激活修改功能可以修改资源参数
空间	切换操作空间(世界空间、本地空间),如在选择资源后,默认在世界空间中操作,当选择本地空间后,即在资源本地空间中操作
播放	运行当前场景,播放行为序列
在 iOS 上编辑	同步当前工程到 iOS 设备,以便真机测试
行为	设置场景、资源行为
属性	设置场景、资源属性

提示

为描述方便,在本章中,我们将在 Reality Composer 中使用的模型、程序化资源、文本、导入的 USDZ/Reality 文件,即在场景中可操作的对象,统称为资源。

10.2.1　锚点选择

Reality Composer 建立的场景最终需要与真实世界相关联,因此,需要选择关联的方式。从前面的学习中我们知道,ARKit 需要使用一个 ARAnchor(锚点)才能将虚拟元素固定于现实世界中的特定位置,在 Reality Composer 中我们也需要选择一个 ARAnchor 用于锚定虚拟物体,可供选择的锚定类型可以是水平平面(horizontal)、垂直平面(vertical)、2D 图像(image)、人脸(face)、3D 物体(object) 5 种类型之一,如图 10-1 所示。选定一个锚定类型后,在通过 AR Quick Look 或者 RealityKit 使用时,应用将自动检测符合要求的锚点类型并自动放置虚拟元素,当然,根据需要我们也可以手动控制虚拟物体放置,这将提供比自动放置更精准的放置能力。

> **提示**
>
> 当在 Xcode 中使用代码方式手动加载 Reality Composer 场景时,如果在代码中指定了锚定方式,原来场景设定的锚定方式将失效。另外,如果在新建场景时锚定类型选择不正确也没关系,后续可以在场景属性中修改。

在每一次新建场景时,Reality Composer 都会打开锚定类型选择对话框,选择不同的锚点类型,在使用自动放置时 AR 应用将会自动检测该类型的条件。对每一种锚定类型,Reality Composer 自动创建一个与之相应的默认场景,我们可以在这个场景中添加资源或进行处理,在创建默认场景时会生成默认的模板内容,可以通过取消锚定选择对话框中的"使用模板内容",创建空白的场景。

1. 水平锚定

水平锚定是默认的锚定类型,放置于水平地面、桌面的虚拟元素通常使用该锚定类型。当选择水平锚定方式创建场景时,Reality Composer 会创建一个水平网格平面用于模拟 AR 应用运行后检测到的水平平面,我们可以在这个网格平面上布置虚拟元素,如图 10-3 所示。

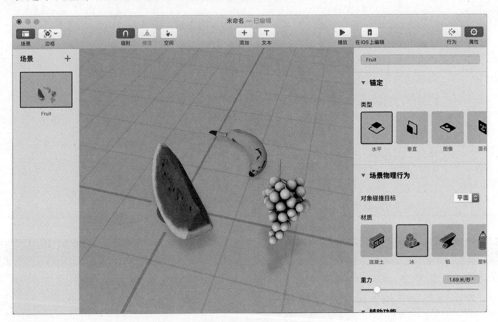

图 10-3　在水平网格平面上放置虚拟元素

2. 垂直锚定

垂直锚定是用于模拟墙壁、立板等垂直的锚定类型,垂直锚点通常用于固定书架、篮球框、挂钟、画框等类似固定于垂直面上的物体,当选择垂直锚定创建场景时,Reality Composer 会创建一个垂直网格平面用于模拟 AR 应用运行后检测到的垂直平面,我们可以在这个网格平面上布置虚拟元素,如图 10-4 所示。

3. 2D 图像锚定

2D 图像锚定用于将资源锚定到指定的 2D 图像位置上,在选择使用 2D 图像锚定方式后,Reality

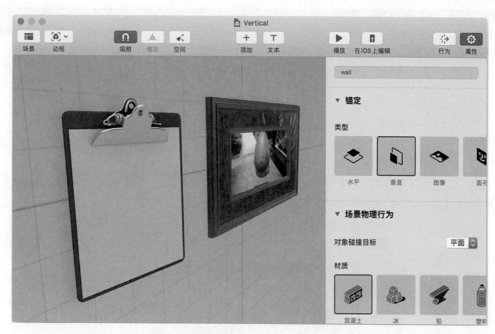

图 10-4　在垂直网格平面上放置虚拟元素

Composer 会在场景中放置一张空白的底图用于指示 ARKit 检测到 2D 图像后的图像位置,可以在这张底图上放置虚拟元素,如图 10-5 所示。

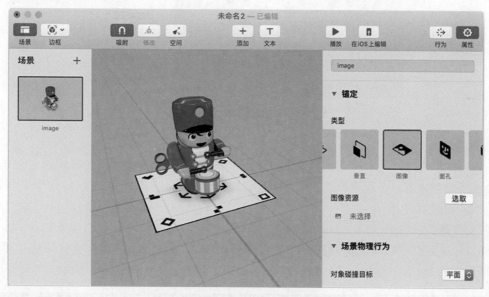

图 10-5　在 2D 图像上放置虚拟元素

选中指示底图,在 Reality Composer 场景属性面板中可以指定待检测的 2D 参考图像,当选择好待检测 2D 图像后,这张指示底图会显示出待检测的图像,表示在应用运行后 ARKit 将在现实场景中检测对应的 2D 图像。待检测的 2D 参考图像的相关要求可参阅第 4 章内容,为提高检测准确度,应当设置待检测 2D 图像的实际尺寸。

> **注意**
>
> 如果没有设置待检测的 2D 参考图像,AR Quick Look 或者 RealityKit 将不会自动进行 2D 图像检测与跟踪。在一些情况下,我们也可以有意将待检测的 2D 参考图像项留空,然后在 RealityKit 中配置参考图像进行手动检测和锚定。

4. 人脸锚定

人脸锚定用于将虚拟元素锚定到检测到的人脸上,在选择使用人脸锚定方式后,Reality Composer 会在场景中放置一个白色人脸模型用于指示检测到的人脸位置,可以在这个人脸模型上挂载虚拟元素,如图 10-6 所示。人脸锚定只在使用设备前置摄像头进行人脸检测时有效。

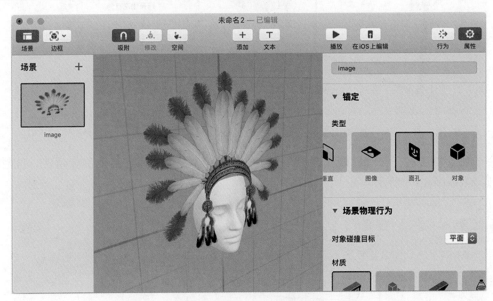

图 10-6　在人脸上挂载虚拟元素

5. 3D 物体锚定

3D 物体锚定用于将虚拟元素锚定到指定的 3D 物体位置上,在选择使用 3D 物体锚定方式后,Reality Composer 会在场景中放置一个透明的立方体用于指示待检测的 3D 物体对象,可以以这个立方体为参考位置放置虚拟元素,如图 10-7 所示。

选中指示立方体,在 Reality Composer 场景属性面板中可以指定待检测的 3D 参考物体(参考物体空间特征信息文件 .arobject 文件),当选择好待检测 3D 参考物体后,立方体上的黄色感叹号将更换为 3D 参考物体图像。待检测的 3D 参考物体空间特征信息文件采集及相关要求可参阅第 4 章内容。

> **注意**
>
> 如果没有设置待检测的 3D 参考物体,AR Quick Look 或者 RealityKit 将不会自动进行 3D 物体检测与跟踪。在一些情况下,我们也可以有意将待检测的 3D 参考物体项留空,然后在 RealityKit 中配置参考物体进行手动检测和锚定。另外,不同于 2D 图像检测,3D 物体检测跟踪不会实时动态地跟踪 3D 物体,因为 3D 物体检测计算密集,当 3D 物体位置移动时,ARKit 需要时间恢复检测与跟踪。

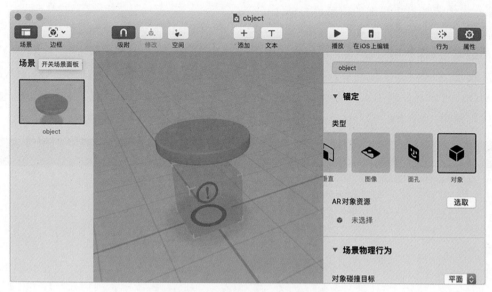

图 10-7　在 3D 物体上放置虚拟元素

设定某一种锚定类型后,如果在使用 Reality Composer 构建场景时发现另一种锚定类型更合适,可以随时进行场景锚定类型的切换。选择场景(不选择任何资源对象),打开场景属性面板,在锚定卷展栏中选择需要切换的锚定类型,如图 10-8 所示。

图 10-8　切换锚定类型

切换锚定类型后,场景中的资源对象不会发生任何变化,但锚点指示会发生变化,场景中原资源需要根据新的锚点指示进行相应的位置与其他属性调整。

10.2.2　控制场景锚定类型

Reality Composer 中设置的锚定类型在应用启动后会立即开始对特定锚定类型条件的检测,一旦条件符合就会将场景锚定到自动选择的锚点上,如设置场景锚定类型为水平锚定,则当应用启动后,ARKit 立即开始对水平平面进行检测,当检测到水平平面时,则自动将场景锚定到自动选择的锚点上。使用这种方式锚定场景非常简单直观,缺点是不好控制锚定点,如在应用运行时检测到多个平面时,ARKit 会自动选择锚定点,有时,我们希望能由使用者自己选择锚定点,或者设定将离使用者最近的平面或者处于屏幕中心的平面作为选用的工作平面,在这种情形下就不能使用自动锚定方式。

为实现类似功能,在加载场景时就不能加载锚定信息,而是由开发者使用代码的方式直接控制锚定方式(使用代码方式加载场景更详细的信息可参阅10.3节)。

1. 加载场景时不加载锚定信息

在同步加载场景时,使用 load(contentsOf:withName:) 代替 loadAnchor(contentsOf:withName:)方法,在异步加载场景时,使用 loadAsync(contentsOf:withName:) 代替 loadAnchorAsync(contentsOf:withName:)方法,可以只加载场景中的模型资源、行为等,而不加载场景锚定信息,以同步加载为例,典型的示例代码如代码清单10-1所示。

代码清单 10-1

```
1.  func loadUnanchoredScene (filename: String,
2.                            fileExtension: String,
3.                            sceneName: String) -> (Entity & HasAnchoring)? {
4.      guard let realitySceneURL = createRealityURL(filename: filename,
5.                                        fileExtension: fileExtension,
6.                                        sceneName: sceneName) else {
7.          return nil
8.      }
9.      let loadedScene = try? Entity.load(contentsOf: realitySceneURL)
10.
11.     return loadedScene
12. }
```

2. 手动锚定场景

加载场景选择使用不加载锚定信息的方式加载场景后,由于没有锚定信息,不能直接将场景添加到scene.anchors中,所以需要在合适的位置手动创建 AnchorEntity,并将加载的场景作为其子实体挂载到该AnchorEntity 上,然后再将 AnchorEntity 添加到 ARView.scene 中。例如,希望在用户单击屏幕的位置放置虚拟场景,通常的做法是使用 raycast(from:allowing:alignment:)射线检测方法确定放置位置,然后在该位置放置虚拟场景,典型的示例代码如代码清单10-2所示。

代码清单 10-2

```
1.  @discardableResult
2.  func addUnanchoredEntityWhereTapped(_ entity: Entity,
3.                          _ touchPoint:CGPoint)   -> Bool {
4.      let results = arView.raycast(from: touchPoint,
5.                          allowing: .estimatedPlane,
6.                          alignment: .horizontal)
7.      if let result = results.first {
8.          let anchorEntity = AnchorEntity(world: result.worldTransform)
9.          anchorEntity.addChild(entity)
10.         arView.scene.addAnchor(anchorEntity)
11.         return true
12.     }
13.     return false
14. }
```

10.2.3　添加资源

Reality Composer 带有内建资源库,并允许导入.usdz、.reality 格式资源。内建资源库中的资源包括 3 种类型:程序化资源、可定制资源、图表工具。程序化资源由程序自动生成,可以通过调整生成参数调整资源外形;可定制化资源有各自特定的属性,也可调整模型外观、形状、纹理等;图表工具包括饼图与柱状图两种类型,通过 CSV 数据源驱动。当资源导入到场景中后,即可通过平移、旋转、缩放操作资源。

1. 库资源添加

单击 Reality Composer 工具栏"添加"(＋)按钮打开资源选择对话框,如图 10-9 所示,选择需要的资源后,通过鼠标双击或者直接拖曳到场景中添加该资源(一些资源需要从网络下载)。

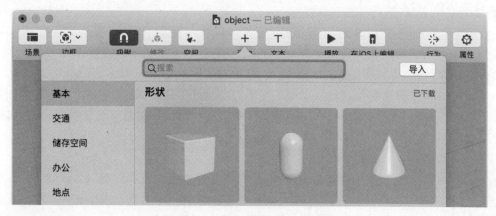

图 10-9　打开内建资源选择对话框

当资源添加到场景中之后,选择该资源,打开属性面板,每一个资源都带有转换(Transform)和物理行为(Physics)两个属性,其中转换属性描述了该资源相对于锚点的相对姿态信息,而物理行为用于设置资源物理模拟相关信息。其他属性则与具体资源类型有关,通常与该资源外观、特定参数相关,如挂钟模型会有时间属性,订书机会有风格属性等。

2. 导入外部资源

在图 10-9 打开的资源选择对话框中,单击右上角的"导入"按钮,选择 USDZ 或者 Reality 资源文件即可导入相应资源到场景中。在 Mac 计算机中,也可以从 Reality Composer 菜单栏依次选择"文件"→"导入",导入选择的资源文件,或者直接将符合要求的 USDZ 或者 Reality 文件拖曳到场景中。导入的外部资源会直接添加到当前场景中,并会存储到当前工程的资源库中。

3. 创建图表

Reality Composer 资源库包含两种类型的图表资源:饼图和柱状图。使用图表时,需要提供数据源文件,数据源使用 CSV 格式文件(Comma-Separated Values,逗号分割值)。CSV 格式文件是一种通用的、相对简单的文件格式,在商业及科学研究中应用广泛,它以纯文本形式存储表格数据(数字和文本),每一个条目包括一个标识符和一个数值类型的数值。

图表工具的一般使用流程:选中场景中的图表工具资源,在属性面板中单击"导入"按钮导入 CSV 格式数据源,图表工具将自动读取并更新显示数据源中的数据。使用图表时,可以指定 CSV 格式数据的行列展示及是否包含标题栏。

10.2.4　修改资源

Reality Composer 带有简单的模型资源编辑功能,可以编辑资源的外观、配置、物理模拟等相关属性。

1. 命名场景及资源

Reality Composer 作为 AR 场景组织管理工具,可以为每一个场景及场景中的资源命名(建议读者为每一个场景及资源命名),当场景导入到 Xcode 中时,Xcode 会利用这些名称生成相应代码。

默认时,Reality Composer 会为每一个新建的场景指定一个不重复的名称,在实际开发时,建议另选一个描述性更好、更容易理解的名称,这有助于在场景较多时简化管理。具体操作方式:单击场景背景,确保不选择任何资源对象,打开属性面板,在名称(Name)文本框中输入场景名称。场景中资源命名方式与此类似,先选中需要命名的资源,然后修改名称即可。

需要注意的是,在 Reality Composer 场景中,资源可以使用重复的名称,但当该场景导入到 Xcode 中时,Xcode 会将具有相同名称的资源合并到一个组中,即具有相同名称的资源将被作为一个整体使用。

场景名称不允许重名,当场景有重名现象时,导入 Xcode 中就会出现异常,因此,需要确保场景名称在整个 Reality Composer 工程中唯一,当然,不同工程中的场景可以使用相同的名称。另外,强烈建议使用英文对场景、模型、资源命名,而不要使用中文,在 Xcode 中使用代码操作场景及其资源时,中文名称在某些情况下可能会出现问题。

2. 调整资源外观

Reality Composer 中,在场景中选择内置资源时,属性面板中通常会有外观(Look)属性栏,在该属性栏中可以设置资源的外观表现。不同的资源类型外观属性栏中具体属性也不一样,简单程序形状类会有材质(Material)属性项,而模型类会有样式(Style)参数项用于调整资源外观表现。

材质属性项用于设置选定资源对象的整体外观表现,可以选择预定义的 PBR 材质,这些预定义材质因不同的具体资源而不同,一些资源可以选择颜色(Color),而另一些则可以设置更直观的预定义材质类型,如橡胶、金属、塑料等,如图 10-10 所示。

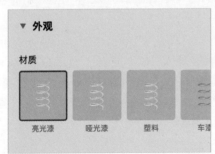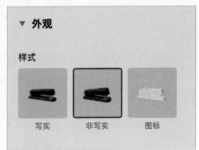

图 10-10　外观属性栏

样式属性项用于设置选定资源对象的预定义外观表现,与材质属性不同,样式属性预定义了不同的风格表现。很多资源可以选择设置写实(Realistic)、非写实(Stylized)、图标(Iconic)样式。写实风格资源被设计得与真实物体的表现一致,更加自然细致,通常会包含划痕、泥点、锈斑等真实的外观细节,在 AR 场景中,这些资源与真实环境融合得更好,表现更自然;非写实项外观表现偏向于理想化,包含的真实细节更少一些;图标项渲染会更加理想化,通常与写实风格相对应。

3. 调整程序化资源参数

在 Reality Composer 中使用内置的程序化资源时,可以通过调整程序参数修改资源外观。在场景中选择程序化资源对象,单击 Reality Composer 窗口上的"修改"(Modify)按钮,使当前场景处于编辑状态,这时,选择的程序化资源对象包围盒上会出现蓝色的控制点,通过鼠标可以拖曳这些控制点调整资源的外形,如改变资源对象的长、宽、高等,也可以通过属性面板直接调整对象参数的数值达到更准确修改资源外形的目的。

> **注意**
>
> 　　在 Mac 计算机上,选择场景中的可修改资源,单击工具栏上的"修改"按钮,或者右击,在弹出的菜单中选择"修改"选项,这时资源上会出现蓝色控制点,即可进行修改。在 iOS 设备上,先选择需要修改的资源,然后在工具栏上单击"修改"按钮进行修改。

4. 使用物理模拟与重力

Reality Composer 可以模拟真实世界中的物理行为,如重力和碰撞。场景中的资源对象,如果选择参与物理模拟则会与场景中其他参与物理模拟的对象、真实世界中检测到的表面(如桌面、地面)发生物理交互。新创建的场景默认选择参与物理模拟,而添加的资源则默认没有选择参与物理模拟,所以在需要资源对象参与物理模拟时需要手动选择参与物理模拟选项。

具体操作如下:选中需要参与物理模拟的资源对象,打开属性面板,选中物理行为卷展栏下方的"参与"选择框。当选中"参与"选择框后,会出现 3 个新的选项,如图 10-11 所示。

运动类型(Motion Type):指定选择的资源如何参与物理模拟,可选择的选项有 3 个:固定(Fix)、动态(Dynamic)、环境遮挡(Occlusion)。当选择"固定"后,该资源只与其他参与物理模拟的对象发生碰撞,但其本身位置与方向不会发生变化,不受其他对象的影响;当选择"动态"时,该资源则会参与物理模拟,如放置在空中的小球会因为重力的影响而向下坠落,下落到地面后则会发生弹跳及滚动等;当选择"环境遮挡"时,该资源会与真实环境中的场景几何发生遮挡与被遮挡的关系(只有配备了 LiDAR 的设备才有效)。

图 10-11　参与物理仿真

材质(Materials):物理材质定义了物体与其他对象发生碰撞时的物理属性,如弹性、摩擦力等,Reality Composer 预定义了若干物理材质,这些预定义的物理材质会根据选择资源对象的尺寸定义其质量,也定义了资源对象与其他对象或者检测到的表面之间的相互作用,如橡胶材质会比其他材质弹性更好、下落碰撞后弹跳更高。

> **注意**
>
> 　　(1)物理材质与定义模型外观的材质完全不同,物理材质定义的是物体在参与物理仿真时的相关物理参数,如质量、摩擦力、弹性系数等,而外观材质则定义了物体的外观表现、质感。因此,可以定义一个外观表现完全一样而物理性质完全不同的物体。
>
> 　　(2)动态的资源对象接受力及其他物体的碰撞影响,具体参阅第9章。

碰撞形状(Shapes):碰撞形状定义物体参与物理模拟时的包围盒形状,碰撞形状设计的目的是简化物理模拟时的计算,使用简单的外形而不是物体的几何网格形状参与物理计算,不仅可以简化碰撞检测,也能大大地减少计算量。在 Reality Composer 中,可以由 RealityKit 自动生成碰撞形态,也可以直接指定预定义的碰撞形状。

10.2.5　操作资源

将资源添加到 Reality Composer 场景中之后,我们可以对资源进行修改、平移、旋转、缩放等各种类型的操作,也可以为资源命名、组合多个资源、复制、替换等。

1. 移动资源

单击选中资源,这时选中的资源上会出现指向外的坐标箭头标识及一个圆形旋转标识,可以通过拖曳箭头标识 X(红)、Y(绿)、Z(蓝)向 3 个方向移动资源,也可以在按住鼠标左键的同时拖曳选中资源的任何位置上下左右移动资源,还可以在选中资源时打开属性面板,在转换(Transform)卷展栏中直接修改其位置(Position)、旋转(Rotation)、缩放(Scale)值,更精确地控制姿态具体数值。位置值是相对于锚定位置原点并且带单位的数值,默认时使用单位与选中资源所使用单位相同,采用国际标准,如果希望使用英制标准,可以通过菜单栏 Reality Composer→"偏好设置"修改。

2. 旋转资源

选中资源,单击坐标箭头标识,将圆形旋转标识切换到以该轴为旋转轴,在按住鼠标左键的同时沿着圆形标识拖动旋转标识进行旋转。Reality Composer 不会同时显示 XZY 轴 3 个旋转标识,可以通过坐标箭头标识进行旋转轴切换。在吸附模式下,以这种方式操作旋转时,最小的旋转角度为 15°,如果想更精确地控制旋转角度,可以通过属性面板进行设置。

3. 缩放资源

选中资源,在按住鼠标左键的同时向内或者向外拖动圆形旋转标识进行缩放,缩放在各轴上等比例进行,不会只对某个特定轴进行缩放,也可以通过属性面板设置精确的缩放比例。

4. 吸附资源

当工具栏中的吸附按钮开启时,场景中的资源操作将受到吸附的影响,如在使用水平锚定类型下,资源移动时会吸附在参考平面上,在使用其他锚定类型时,也会有将资源吸附到锚定点的中心或者边缘的作用。在旋转时,旋转角被吸附住,只能以 15°角的量进行增减,在缩放时,资源会吸附在 100%。

5. 空间切换

默认时,在场景中操作资源是在世界空间中进行,即 X 轴、Y 轴、Z 轴以场景的坐标轴为基准,不管资源本身的旋转如何,在使用世界空间时,沿 X 轴移动即沿场景的 X 轴移动。

有时,我们可能希望在资源本身的本地坐标空间中进旋转、移动,Reality Composer 提供了空间切换的功能。在 Mac 计算机中,选中资源后,鼠标单击工具栏中的"空间"按钮,可以在世界空间与本地空间之间进行切换,如图 10-12 所示。

在 iOS 设备中,单击"属性"按钮,然后在下拉菜单中选择相应的空间类型,如图 10-13 所示。

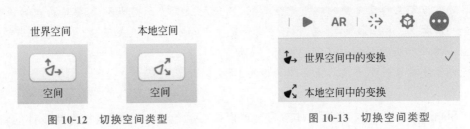

图 10-12　切换空间类型　　　　图 10-13　切换空间类型

6. 复制资源

场景中的资源可以任意复制,在需要复制的资源上右键单击(iOS 设备中需双击资源),然后在弹出的菜单中选择"复制"即可在原资源位置稍偏移一定距离的位置上复制出一个资源复本,该复本的所有属性(包括尺寸、大小、材质等)均与原资源一致。

7. 组合资源

场景中的资源可以进行组合,组合后的资源成为一个单一的资源,拥有同样的行为特性。组合资源与独立资源一样可以进行任何操作,包括设置行为,当导入 Xcode 后,组合资源使用同一个 Entity 进行描述,该组合里的子资源成为 Entity 下的子实体。

在 Mac 计算机上,鼠标左键选择需要组合的资源,按住 Shift 键或者 Command 键可以继续选择其他资源,选择完所需资源后,单击鼠标右键,在弹出菜单中选择"成组(Group)"即可完成资源组合。选择组合后的资源,鼠标右键在弹出菜单中选择"取消成组(UnGroup)"即可解除组合。

在 iOS 设备上,选择第一个需要组合的资源,保持按住该资源不松开,使用第二个手指继续选择其他需要组合的资源(双击某个资源即可取消对该资源的选择),选择完所需资源后,单击任何被选中的资源,在弹出的菜单中选择"成组(Group)"组合资源。选择组合后的资源,再次单击,在弹出的菜单中选择"取消成组(UnGroup)"解除组合。

> **注意**
>
> 在场景中使用物理模拟时,组合体中的子资源行为独立模拟,即在物理模拟中,组合体不是以单一形式进行模拟计算。

10.3　与 AR 应用整合

Reality Composer 搭建的场景可以直接使用 AR Quick Look 浏览展示,但对开发人员来说,更多的是将其导入 AR 应用中使用。这里有两种情形:一种是在开发时场景已确定,可以导入 Xcode 中处理;另一种是在开发时场景未知,需要在 AR 应用运行时从网络或者其他存储介质中加载。下面我们分别对这两种情况进行讨论。

10.3.1　利用 Xcode 自动生成的代码加载场景

对于在开发时场景已确定的情形,我们可以直接将 Reality Composer 工程(.rcproject 文件)或者其生成的 Reality 文件(.reality 文件)导入 Xcode 工程中,这时 Xcode 会自动生成代码协助处理部分常见事务,如场景加载、对象检索、行为触发等。

对 .rcpoject 文件,Xcode 在编译生成应用时会将其转换成更紧凑、更高效、只读的 .reality 文件供应用程序使用,对从 Reality Composer 生成的 .reality 文件,Xcode 则会直接使用而不作更改。由于 .reality 格式的文件为只读文件,无法进行再编辑,因此,在开发过程中,很多时候我们使用 .rcproject 文件,方便在开发时随时调整场景及其资源对象。

对这两种类型的文件,Xcode 会自动生成同步和异步场景加载方法。通常情况下,一般应当使用异步加载方法以防止阻塞应用进程,除非场景非常小或者对同步要求非常高。

1. 异步加载

对 Reality Comopser 中的每一个场景,Xcode 都会生成一个与其名称对应的异步加载方法,如场景为 Box,则对应的异步加载方法名为 loadBoxAsync()。异步加载会在后台线程中进行,因此不会阻塞主线程,可以保持应用的响应能力。异步加载不会立即返回加载的场景,而是会在场景加载完成时从 completion 块中返回场景对象。异步加载 BoxProject. rcproject 文件中场景名为 Box 的典型代码如代码清单 10-3 所示,所有场景异步加载都可以使用类似的代码形式。

代码清单 10-3

```
1.  BoxProject.loadBoxAsync(completion: { (result) in
2.    do {
3.      let boxScene = try result.get()
4.      //后续操作
5.    } catch {
6.      //发生错误
7.    }
8.  })
```

2. 同步加载

对 Reality Comopser 中的每一个场景,Xcode 也会生成一个与其名称对应的同步加载方法,如场景为 Box,则对应的同步加载方法名为 loadBox()。同步加载会在 AR 应用主线程中加载场景文件,因此,如果场景较大会导致应用暂时失去响应,同步加载立即返回加载的场景。同步加载 BoxProject. rcproject 文件中场景名为 Box 的典型代码如代码清单 10-4 所示,所有场景同步加载都可以使用类似的代码形式。

代码清单 10-4

```
1.  do {
2.    let boxAnchor = try Experience.loadBox()
3.    //后续操作
4.  } catch {
5.    //发生错误
6.  }
```

需要注意的是,在 RealityKit 中,同步加载场景文件必须在应用主线程中进行,如果试图通过其他线程同步加载场景则会抛出异常。因此,需要使用其他线程加载场景的情形应当使用异步加载方式。

3. 显示场景

通过同步或者异步的方式加载场景后,通常会通过 ARAnchor 将其显示在用户使用环境中。Reality Composer 场景包含有锚定信息,默认 RealityKit 会使用场景中的锚定方式自动在用户环境中检测对应的合适平面、2D 图像、人脸、3D 物体锚点,如果找到则会自动将场景放置到相应锚点位置。如在 Reality Composer 中选择了水平锚定方式,则在应用启动后,RealityKit 会立即开启平面检测,当检测到水平平面后会自动将该场景放置到该平面上,垂直平面、2D 图像、人脸、3D 物体处理方式类似。

但是通过代码方式加载的场景需要手动将其添加到 ARView. scene 中才能显示出来,即需要将加载的场景添加到 RealityKit 体系结构中才能为 RealityKit 所用。典型的操作加载后的场景资源代码如代码清单 10-5 所示。

代码清单 10-5

```
1.   //添加显示场景
2.   arView.scene.anchors.append(anchor)
3.   //移除指定场景
4.   arView.scene.anchors.remove(anchor)
5.   //清除所有资源
6.   arView.scene.anchors.removeAll()
```

在不需要某个场景时，也可以将其从 ARView 中移除，使用 removeAll() 方法可以清除当前 ARView 中所有加载的资源。

10.3.2　手动加载场景

使用 Xcode 自动生成的场景加载代码可以方便地同步或者异步加载场景，但很多时候虚拟场景并不是在开发应用时确定的，需要动态地从网络或者其他存储设备中加载，这时就需要开发人员手动加载虚拟场景。同样，我们也可以采用同步或者异步加载的方式，一般情况下建议使用异步加载。

1. 创建场景文件 URL

不管是使用同步还是异步加载虚拟场景，首先需要创建指向.reality 文件的 URL，在得到这个 URL 后，才能加载.reality 文件中的指定场景。下面以从应用程序主 bundle 创建 URL 为例，演示 URL 创建过程，典型代码如代码清单 10-6 所示。

代码清单 10-6

```
1.   func createRealityURL(filename: String,
2.                  fileExtension: String,
3.                  sceneName:String) -> URL? {
4.       //创建指向 Reality 文件位置的 URL
5.       guard let realityFileURL = Bundle.main.url(forResource: filename,
6.                                  withExtension: fileExtension) else {
7.           print("找不到指定文件")
8.           return nil
9.       }
10.
11.      //创建指向 Reality 文件中指定场景的 URL
12.      let realityFileSceneURL = realityFileURL.appendingPathComponent(sceneName,  isDirectory: false)
13.      return realityFileSceneURL
14.  }
```

2. 异步加载 Reality 场景

在得到指向特定 Reality 文件中特定场景的 URL 后就可以利用 Entity 类加载虚拟场景。Entity 类提供了一个名为 loadAnchorAsync(contentsOf：withName：) 的方法负责从指定的 URL 中异步加载虚拟场景。

利用这种方式异步加载场景使用了 Combine 框架，所以需要在代码中引入该框架，使用该方法异步加载场景会返回一个 AnyCancellable 对象，利用该对象可以随时中止场景的加载，如果在加载过程中，

AnyCancellable 对象被销毁,则异步加载过程会立刻终止,所以,为正确加载场景需要维护一个 AnyCancellable 对象的强引用直到加载完成,这也是为了防止异步加载时间过长,控制加载过程的一种机制。

为正确而完整地加载场景,通常的做法是维护一个 AnyCancellable 对象数组,确保所有需要加载的场景都能完整加载,如代码清单 10-7 所示,该示例代码演示了如何创建一个 AnyCancellable 对象数组。

代码清单 10-7

```
1.  var streams = [Combine.AnyCancellable]()
```

在创建了 AnyCancellable 对象数组后,我们可以通过 store(in:)或者 append(_:)方法将 AnyCancellable 对象保存到数组中,这两者的区别是: store(in:)添加到数组中的 AnyCancellable 对象不会在场景异步加载完后被移除,而 append(_:)方法则相反,当场景加载完后会自动移除数组中的 AnyCancellable 对象,通常我们使用 store(in:)方法,这可以确保场景正确而完整地被加载。

从 URL 中异步加载场景的示例代码如代码清单 10-8 所示。

代码清单 10-8

```
1.  func loadRealityComposerSceneAsync (filename: String,
2.                          fileExtension: String,
3.                          sceneName: String,
4.                          completion: @escaping (Swift.Result<(Entity & HasAnchoring)?,
    Swift.Error>) -> Void) {
5.
6.      guard let realityFileSceneURL = createRealityURL(filename: filename, fileExtension: fileExtension,
    sceneName: sceneName) else {
7.          print("Error: 无法加载场景")
8.          return
9.      }
10.
11.     let loadRequest = Entity.loadAnchorAsync(contentsOf: realityFileSceneURL)
12.     let cancellable = loadRequest.sink(receiveCompletion: { (loadCompletion) in
13.         if case let .failure(error) = loadCompletion {
14.             completion(.failure(error))
15.         }
16.     }, receiveValue: { (entity) in
17.         completion(.success(entity))
18.     })
19.     cancellable.store(in: &streams)
20. }
```

3. 同步加载 Reality 场景

同步加载与异步加载方式基本类似,通过使用 Entity 类的 loadAnchor(contentsOf:withName:)方法从指定的 URL 中加载虚拟场景,典型的代码如代码清单 10-9 所示。

代码清单 10-9

```
1.   func loadRealityComposerScene (filename: String,
2.                                   fileExtension: String,
3.                                   sceneName: String) -> (Entity & HasAnchoring)? {
4.       guard let realitySceneURL = createRealityURL(filename: filename,
5.                                       fileExtension: fileExtension,
6.                                       sceneName: sceneName) else {
7.           return nil
8.       }
9.       let loadedAnchor = try? Entity.loadAnchor(contentsOf: realitySceneURL)
10.
11.      return loadedAnchor
12.  }
```

4. 异步加载 USDZ 文件

异步加载 USDZ 文件与加载 Reality 文件有点不同，需要使用 Entity 类的 loadModelAsync (contentsOf：withName：) 方法，异步加载 USDZ 文件也需要使用 Combine 框架，为方便使用加载完成后的场景，加载场景的类需要遵循 Subscriber 协议。

下面示例中我们使 ARView 类遵循 Subscriber 协议，然后通过它异步加载虚拟场景，如代码清单 10-10 所示。

代码清单 10-10

```
1.   extension ARView: Subscriber {
2.       //loadModelAsync 方法加载 ModelEntity 对象
3.       typealias Input = ModelEntity
4.       //如果 loadModelAsync 失败,其返回一个 Error 类型实例
5.       typealias Failure = Error
6.       //请求将加载结果作为一个单一项返回
7.       public func receive(subscription: Subscription) {
8.           subscription.request(.max(1))
9.       }
10.
11.      //加载的虚拟场景,应当将结果保存到方法外的变量中以便使用
12.      public func receive(_ input: ModelEntity) -> Subscribers.Demand {
13.          //boxScene 为全局变量,用于保存加载的虚拟场景
14.          boxScene = input
15.          return .none
16.      }
17.
18.      //当发布者(publisher)完成任务或者出错,该方法会被执行
19.      public func receive(completion: Subscribers.Completion<Error>) {
20.          switch (completion) {
21.          case .failure(let error):
22.              print("加载出错: \(error)")
23.          case .finished:
24.              print("加载成功")
```

```
25.        }
26.      }
27. }
```

在 ARView 遵循 Subscriber 协议后,就可以使用如代码清单 10-11 所示代码加载虚拟场景。

代码清单 10-11

```
1.  let request = Entity.loadModelAsync(contentsOf: boxFielURL)
2.  request.receive(subscriber: self)
```

5. 同步加载 USDZ 文件

同步加载 USDZ 模型比异步加载简单许多,直接使用 Entity 类中 loadModel(contentsOf:withName:)方法即可,典型的示例代码如代码清单 10-12 所示。

代码清单 10-12

```
1.  var loadedModel: Entity?
2.  if let theURL = Bundle.main.url(forResource: "myModel", withExtension: "usdz") {
3.      let loadedModel = try? Entity.loadModel(contentsOf: theURL)
4.  }
```

注意

使用手动加载虚拟场景时无法使用.rcproject 格式文件,因为此时无法借助 Xcode 将.rcproject 文件编译成.reality 或者.usdz 文件格式,无法在运行时直接使用。

10.4 行为交互

在 Reality Composer 中,利用行为(Behavior)功能,可以不使用代码创建常见的交互动画、触发器、动作等,如对资源使用预定义的"轻点与翻转"行为,则当使用者单击 AR 场景中的资源时,该资源会通过跳动、旋转等方式对使用者的操作予以反馈。Reality Composer 内置了很多预定义交互行为,利用这些功能可以非常简单地创建常见操作,也可以利用这些功能组合出复杂的行为逻辑。

Reality Composer 提供 7 种常见的交互行为,这些常见交互行为包括单击、接近、播放音频、显隐等,具体如表 10-2 所示。

表 10-2 Reality Composer 内置的交互行为

事 件 名 称	描　　述
轻点与翻转 (Tap & Flip)	当用户单击时,一个或多个资源跳动、旋转、浮动等以响应用户的操作
轻点与播放声音 (Tap & Play Sound)	当用户单击时播放音频

续表

事 件 名 称	描　　述
轻点与施力 （Tap & Add Force）	当用户单击时对参与物理仿真的资源施加作用力
开始时隐藏 （Start Hidden）	场景开始时隐藏资源
等待与显示 （Wait & Show）	资源一开始不可见，在经过指定时间后显示
接近与抖动 （Proximity & Jiggle）	当用户接近资源时，资源开始抖动以响应用户的接近
自定义 （Custom）	开发人员自定义交互行为

在表 10-2 中，前 6 种交互行为由 Reality Composer 预定义，只需在场景中选择好资源并设置这 6 种方式之一即可，一般无须改动其触发器与动作序列（可以调整动作参数）。

添加自定义行为需要开发者自行设置触发器、编辑动作序列，基本流程如下：在场景中选择需要添加行为的资源，打开行为控制面板，单击面板右上角的"添加"（＋）符号打开行为类型选择对话框，选择自定义行为，这时会在行为面板中创建添加的行为并打开行为设置面板，然后就可以根据需求设置触发器类型与动作序列。一般情况下，为资源添加自定义行为的基本流程如图 10-14 所示。

图 10-14　添加自定义行为流程图

Reality Composer 会为每一个新创建的行为设置一个默认的行为名称（Behavior Name），为更清晰地描述行为特性，最好为添加的行为设置一个直观描述该行为的名称。在 iOS 设备上，单击行为名称，在弹出菜单中选择"重命名"设置行为名称，在 Mac 计算机上，直接选择行为名称进行修改即可。

在 Reality Composer 中，每一个行为都由两部分构成：触发器和动作序列，其中触发器定义了如何触发该行为，而动作序列按设定方式执行动作。常见的触发器包括用户单击、接近、来自代码的触发等，常见的动作包括显隐、变换、播放音频等。

动作序列是一系列的按顺序执行的动作集合，当行为触发时，动作序列执行。动作序列可以包含一个或多个动作。在行为中添加动作的具体操作如下：单击行为面板"动作序列"标题右侧的"＋"符号（添加第一个动作也可以单击"动作"虚线框添加动作），然后在弹出的菜单中选择一个可用的动作即可。如果在添加动作时，场景中已选择资源对象，则该动作自动添加到该资源对象上，如果添加动作时场景中没有选择任何资源对象，添加的动作"对象"栏为空，这时可以通过单击"受影响对象"栏后的"选择"按钮选择需要的资源对象（在选择受影响对象时，如果选择了不需要的资源对象，可以再次单击该资源取消对其选择），操作完后单击"完成"按钮返回动作面板。

在动作面板中添加的动作默认会添加在该动作序列队尾，因此，在执行时也会按时间顺序最后执行。通常情况下，一个行为一个动作即可满足绝大部分需求，但有时我们也需要添加复杂的动作序列，这时就需要对这些动作进行组合。默认情况下，添加的动作会一个接一个地形成串行执行动作序列，但有时我们需要某两个或者多个动作并行执行，如在 AR 场景中单击一个篮球时，我们希望这个篮球有一个弹跳的动作，同时播放对应的音效,并行执行两个或者多个动作,我们只需要将希望并行执行的动作拖曳到另一个并行执行的动作上,这时在动作面板中可以看到,独立的动作框被合并成一个大的包括所有并行执行动作的动作框,照此方法,可以将其他动作拖曳到该动作框中,以使它们并行执行,操作完成后,大的动作框内的所有动作都会并行执行。反向操作,即将一个动作从大的动作框中拖曳到该框外,可以取消该动作与其他动作的并行执行。

Reality Composer 预定义的行为使用非常简单,下面主要对自定义行为进行详细说明。使用自定义行为可以创建多种多样、或复杂或简单的行为以满足使用需求,使用自定义行为时,行为面板中没有预定义的触发器和动作序列,完全由开发者自行设定。

> **提示**
>
> Reality Composer 提供的除自定义行为之外的其他 6 种预定义行为实际也是按照不同动作组合的行为预设,我们也可以完全不使用这些预定行为而使用自定义方式创建这些行为。

10.4.1　触发器

Reality Composer 支持 5 种类型的触发器:单击(Tap)、场景开始(Scene Start)、接近(Proximity To Camera)、碰撞(Collide)、通知(Notification)。在行为面板中,单击"触发器"虚线框选择添加所使用的触发器。

1. 单击触发器

在需要使用者单击 AR 场景中的资源触发动作的情形下使用单击触发器,选择添加单击触发器后,在"受影响对象"栏中选择受影响的资源对象(可以是单个资源也可以是多个资源),操作完后单击"完成"按钮完成选择,也可以再次单击"选择"按钮重新选择受影响的对象。

> **注意**
>
> 目前 Reality Composer 只支持单手指单击手势,不支持多手指、双击、长按、拖动等其他类型手势操作,如果在实际开发中确实需要使用这些手势,可以使用代码检测这些手势并触发相应的行为。

2. 场景开始触发器

在场景开始后即执行指定动作序列可以使用场景开始触发器,使用该触发器后,指定动作会在场景加载完显示时执行,例如,在场景开始时隐藏指定资源或者开始资源动画。

3. 接近触发

选择接近触发时,AR 应用会实时地计算使用者设备与该资源对象的距离,当距离小于或等于预设值时就会触发指定动作序列。距离值默认以米为单位,可以直接在触发器中设置具体的距离值,也可以通过拖曳场景中选定资源的范围球可视化地调整距离值。

4. 碰撞触发

碰撞触发应用于指定资源与其他资源对象发生碰撞或者指定资源与真实环境表面发生碰撞时执行动作序列的情形。应用碰撞触发的资源必须参与物理模拟,如果未选中"参与"复选框,在使用该触发器时,Reality Composer 会弹出提示,要求选中参与物理模拟。

5. 通知触发

　　通知触发适用于使用代码触发动作的情形,通知触发非常适合自定义触发方式,可以根据 AR 应用运行时的条件动态决定是否触发,它扩展了预定义的触发方式。在定义通知触发器后,当资源导入 Xcode 时会自动生成触发行为的代码,在代码中使用通知触发器只需要使用 post()方法发送消息。例如,场景中定义了一个名为 spinBox 的通知触发器,可以直接使用如代码清单 10-13 所示代码触发该触发器。

代码清单 10-13

```
1.    arView.Scene.notifications.spinBox.post()
```

10.4.2　动作

　　Reality Composer 中每一个行为都是一个独立的功能流,行为与行为之间保持独立,可以并行执行,相互之间不干扰。每一个行为都可以包含一个或者多个动作(action),Reality Composer 内建了很多动作供开发者使用,默认一个行为中的动作按动作序列依次执行,但也可以通过调整,使其中的两个或者若干个动作并行执行,行为执行流程如图 10-15 所示。

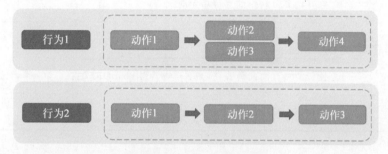

图 10-15　行为独立执行流

　　在使用中,常见的动作包括移动资源、使资源按照一定的规律运动、播放音频、为参与物理仿真的资源添加作用力、切换不同场景等,所有可用的动作如表 10-3 所示。另外,Reality Composer 支持自定义动作,或者触发代码中的动作。

表 10-3　Reality Composer 可用的动作

事 件 名 称	描　　述
变换到 (Move,Rotate,Scale To)	将资源变换到场景中指定的位置、朝向、缩放值
变换为 (Move,Rotate,Scale By)	结合资源初始值,对资源进行位置、朝向、缩放变换
强调 (Emphasize)	通过动画引起使用者的关注
显示 (Show)	使用动画方式显示资源
隐藏 (Hide)	使用动画方式隐藏资源

事 件 名 称	描　　述
施加力 （Add Force）	对参与物理仿真的资源施加作用力
环绕 （Orbit）	使资源围绕固定的圆形轨迹运动
旋转 （Spin）	旋转资源
转场 （Change Scene）	转换到其他场景
播放声音 （Play Sound）	以 3D 音效的方式播放声音
播放环境音 （Play Ambience）	模拟来自某个方向远处的声音
播放音乐 （Play Music）	以非 3D 音效的方式播放音乐
等待 （Wait）	在开始某一动作前等待指定时间
USDZ 动画 （USDZ Animation）	播放 USDZ 中的动画
面向镜头 （Look At Camera）	使资源一直面向镜头,实现公告板（BillBoard）的效果
通知 （Notify）	调用 Xcode 中的代码

1. 变换

变换是最常见的一种动作,变换动作改变资源的姿态和尺寸,为了更好的视觉效果,变换动作会执行一个动画,以使资源从一个姿态或尺寸变换到另一个姿态或尺寸,而且只需要设定终末状态,Reality Composer 会使用程序插值方式生成初始状态到终末状态的动画。

使用变换时有两种基本的方式:一种是使用绝对值(变换到),另一种是使用相对值(变换为)。当使用绝对值时,资源的最终状态与初始状态无关,如设置一个资源的终末状态缩放值(Scale)为 0.5,则不管该资源初始状态的缩放值为多少,动作执行完后,资源的缩放值都会被设置为 0.5。当使用相对值时,资源的最终状态与初始状态相关,如设置一个资源的终末缩放值为 0.5,则当资源初始缩放值为 10 时,执行完该动作后终末缩放值为 5,当资源初始缩放值为 2 时,执行完该动作后终末缩放值为 1。

变换动作还可以设置淡入淡出类型(Ease Type),可以设置无、淡入、淡出、淡入淡出 4 种类型。变换的终末值既可以直接在参数框中输入数值,也可以在场景中通过可视化的方式操作完成。

2. 强调

为引起使用者或者其他人员的注意,通常会对某个特定资源使用动画,如振动、弹跳、旋转等,这时可以使用强调动作。

3. 显隐

以动画的方式显示或者隐藏资源,可以选择动画类型为从左向右、从下向上、弹出、缩放等不同方式。

4. 施加力

对那些参与物理模拟的资源,我们也可以在运行时对其施加作用力,参与物理模拟的资源被施加作用力后,其行为受物理引擎的控制,可以真实地模拟现实世界中物体的反应,如推挤、击打、抛掷等。

在选择的资源上添加施加力动作后,场景中的该资源上会出现蓝色操作指示标识,可以通过拖曳改变力的方向,然后在动作面板中输入速度值。

5. 环绕

围绕以某个资源为中心的圆形轨迹运动,可以设置中心点、持续时间、环绕的圈数(最低 0.01 圈)、环绕方向(顺时针、逆时针)。

6. 旋转

围绕资源本身旋转,可以设置旋转方向、持续时间、圈数。

7. 转场

对一个复杂的 AR 应用,为更好地组织资源及简化管理操作,通常会将应用的不同阶段划分为不同的场景,如在游戏中将整个游戏划分为不同的关卡,根据玩家应用进程切换到不同的关卡场景中。

转场动作就是为该使用情形设计的,通过指定下一个场景触发转场操作。在不需要切换到其他场景时,将下一个场景设置为当前场景即可。

8. 播放音频

Reality Composer 支持 3 种类型的音效:播放音效(Play Sound)、播放环境音(Play Ambience)、播放音乐(Play Music),这 3 种类型的音效播放很相似,但也存在一些不同。

播放音效用于模拟资源发出的声音,如移动桌子发出的吱吱声,这是一种 3D 音效,随设备与声源位置距离、角度的不同而不同,离声源近时音量大,远时音量小。

播放环境音用于模拟环境中某方向发出的声音,模拟的是远处的背景音,环境音与设备的方向有关而与设备距离无关,即环境音不会随着声源与设备距离远近呈现音量变化。

播放音乐是与当前 AR 场景无关的音效,音量大小与设备位置或者面向方向无关,用于模拟背景音乐或者故事叙述,是一种非 3D 的音效。

9. 等待

在执行下个动作前等待指定时间。

10. USDZ 动画

播放 USDZ 内置动画,可以设置循环次数、触发方式。

11. 面向镜头

使资源一直面向镜头,实现公告板效果,可以设置资源哪一面朝向镜头,以及与自身轴的对齐方式。

12. 通知

从 Reality Composer 中调用 Xcode 中的代码,需要使用通知(Notify)动作。该动作包括一个称为标识符(Identifier)的参数,此参数用于唯一标识该动作,默认时,Notify 动作包含的这个参数为所在的行为名称,建议修改成更直观、更符合代码规范的标识符。

当资源导入 Xcode 时会自动生成调用通知符(Notification)。例如,在 Reality Composer 某一行为中创建了一个标识符为 Tapped 的 Notify 动作,则可以在 Xcode 中通过代码清单 10-14 所示代码绑定执行方法。

代码清单 10-14

```
1.  func handleTapOnEntity(_ entity: Entity?) {
2.     guard let entity = entity else { return }
3.     //后续操作
4.  }
5.  //绑定方法
6.  boxAnchor.actions.tapped.onAction = handleTapOnEntity(_:)
```

执行方法必须包含一个以 Entity 为类型的参数,执行方法体中的代码即为希望执行的操作。在定义好执行方法后,使用 Notify 动作的 onAction 句柄即可将动作与执行方法绑定。

10.5 代码交互

使用 Reality Composer 可以快速搭建 AR 应用场景、测试场景功能、加速应用开发过程,而且很多时候需要与 Xcode 结合使用,从代码中访问 Reality Composer 中的场景、资源、行为、属性等。使用代码可以更加方便地动态控制资源的复制和行为的触发,或者执行更复杂的操作。

10.5.1 场景对象操作

使用 Reality Composer 行为设置可以实现很多常见的交互功能,但很多时候我们仍然需要使用代码操作场景中的资源,有时候可能使用代码进行操作还是唯一的选择。使用代码可以更方便地操作场景及场景中的资源,包括显隐、旋转、缩放、平移等。

1. 检索场景中的资源

使用代码检索场景中资源的前提是场景中的每一个资源都有其唯一的名称,如果场景中的资源名称唯一,则在导入 Xcode 时会自动生成对应的资源访问符(accessor)。例如,使用 Reality Composer 导出了名为 myProject.reality 的文件,其中一个场景名为 Box,在该场景中有一个资源名称为 SteelBox,则可以在 Xcode 中通过代码清单 10-15 所示方式访问该资源。

代码清单 10-15

```
1.  if let boxScene = try? myProject.loadBox() {
2.     let box = boxScene.steelBox
3.     //后续操作
4.  }
```

在运行时通过网络或者其他存储设备加载的 Reality 文件则不会自动生成访问符,这时可以使用 findEntity(named:)方法检索场景中的对应资源,示例代码如代码清单 10-16 所示。

代码清单 10-16

```
1.  if let boxScene = try? myProject.loadBox() {
2.     if let box = boxScene.findEntity(named: "SteelBox") {}
```

```
3.        //后续操作
4.    }
5. }
```

2. 显隐资源

除使用 Reality Composer 行为设置资源的显示隐藏,也可以使用代码控制资源的显隐。使用代码控制资源显隐只需要设置该资源的 isEnabled 属性,该属性为布尔值属性,设置为 false 时,RealityKit 不渲染该资源并且不参与任何物理模拟运算,设置为 true 时,RealityKit 渲染该资源并根据该资源参与物理模拟情况进行物理计算。一个资源所有的子资源都继承该资源的 isEnabled 属性,即只要设置该资源为 false,其所有子资源也不再显示。

3. 变换资源

在 Reality Composer 中,可以通过资源的变换(Transform)属性设置资源的相对位置、旋转、缩放,也可以在代码中进行同样的操作,操作对象也是资源的 Transform 属性。

代码清单 10-17 演示了将资源沿 X 轴平移 10cm。

代码清单 10-17

```
1.  myEntity.transform.translation += SIMD3<Float>(10, 0, 0)
```

代码清单 10-18 演示了将资源放大为原尺寸的 2 倍。

代码清单 10-18

```
1.  myEntity.transform.scale *= 2
```

代码清单 10-19 演示了以 Z 轴为轴对资源旋转 $90°$,需要注意,在操作旋转时,需要将角度转换为弧度。

代码清单 10-19

```
1.  let radians = 90.0 * Float.pi / 180.0
2.  //以 Z 轴为轴旋转 90°
3.  anchorEntity.transform.rotation += simd_quatf(angle: radians,
4.                                  axis: SIMD3<Float>(0,0,1))
```

4. 复制资源

在应用运行时,如果需要某一资源的多份复本,应当使用克隆的方法复制加载的资源,而不是多次从文件中加载,这有助于提高性能。在加载一个资源后,可以使用 clone(recursive:) 方法获取该资源的复本,该方法中的参数 recursive 用于指定是否是深度复制,如果为 false,则不会复制该资源的子对象,如果为 true,则会复制该资源的所有子对象。需要注意的是,复制后的资源需要添加到 ARView.scene 中的锚点上才会显示出来。典型的示例代码如代码清单 10-20 所示。

代码清单 10-20

```
1.  let copy = myEntity.clone(recursive: true)
```

5. 施加作用力

如果场景中的资源参与物理模拟,我们也可以使用代码对其施加作用力,对资源施加作用力的方法为 addForce(_:relativeTo:),该方法第一个参数接收一个力向量,第二个参数指定该力向量所在的空间,典型的示例代码如代码清单 10-21 所示,示例中对资源施加了一个远离设备摄像头的作用力。

代码清单 10-21

```
1.   let forceMultiplier = simd_float3(repeating: 10)
2.   ball.addForce(simd_float3(x: cameraForwardVector.x,
3.                     y: cameraForwardVector.y,
4.                     z: cameraForwardVector.z) * forceMultiplier,
5.             relativeTo: nil)
```

10.5.2 添加程序性资源

RealityKit 除可以使用导入的资源,也可以创建简单的程序性资源,如立方体、球体、3D 文字等。程序性资源因为简单,所以高效,在应用开发过程中,可以使用简单的程序性资源代替未完成的美术资源,如使用立方体代替实物模型进行原型开发,或者为提高性能使用程序性的球体代替从文件中导入的球体模型。

在 RealityKit 中,程序性资源网格由 MeshResource 类生成、管理,生成网格时以米为单位,典型的生成网格几何的代码如代码清单 10-22 所示。

代码清单 10-22

```
1.   //生成半径为 5cm 的球体网格
2.   let sphereResource = MeshResource.generateSphere(radius: 0.05)
3.   //生成边长为 8cm 的立方体网格
4.   let boxResource = MeshResource.generateBox(size: 0.08)
```

生成网格后,还需要为其赋予材质,材质定义了网格对象的外观表现,典型的定义材质的代码如代码清单 10-23 所示。

代码清单 10-23

```
1.   //使用简单材质定义了一个颜色为蓝色的非金属材质
2.   let myMaterial = SimpleMaterial(color: .blue, roughness: 0, isMetallic: true)
```

有了网格信息和材质信息后,我们就可以利用它们生成模型实体对象(ModelEntity),只有生成实体对象才可以被添加到锚点实体上,最终在 RealityKit 场景中显示出来,典型的示例代码如代码清单 10-24 所示,更多使用程序性资源的详情可参阅第 3 章。

代码清单 10-24

```
1.   let myEntity = ModelEntity(mesh: myMeshResource, materials: [itemMaterial])
2.   //将资源挂载到场景中已存在的锚点上
```

```
3.    if let anchor = myScene.findEntity(named: "MyAnchorEntity") {
4.        anchor.addChild(myEntity)
5.    }
6.    //创建新的锚点并将资源挂载到锚点上
7.    let anchorEntity = AnchorEntity(world: Transform())
8.    anchorEntity.addChild(myEntity)
9.    arView.scene.addAnchor(anchorEntity)
```

10.6　导出 USDZ

Reality Composer 既可以将场景或工程导出为 Reality 文件,也可以将场景或工程导出为 USDZ 文件,导出 USDZ 文件后就可以在 App 或者 Web 端使用 AR Quick Look 直接进行展示或者分享,由于 USDZ 是一种通用格式,因此可以在第三方软件中进行编辑加工,完成后还可以再导入 Reality Composer 中。

Reality Composer 默认将场景或工程导出为 Reality 文件,Reality 文件是专为 AR 优化的文件格式,除非有其他需求(如导入到第三方软件中进行编辑加工等),建议在 RealityKit 中使用 Reality 格式文件。在需要导出 USDZ 文件格式时需要先进行设置,允许导出 USDZ 格式文件,具体操作为:在 Reality Composer 菜单中依次选择 Reality Composer→偏好设置,打开偏好设置对话框,选中"启用 USDZ 导出"选项,如图 10-16 所示。

在需要导出 USDZ 文件时,在 Reality Composer 菜单中依次选择"文件"→"导出"选项,打开导出对话框,如图 10-17 所示,在"格式"下拉菜单中选择 USDZ,再单击"导出"按钮即可导出 USDZ 文件。

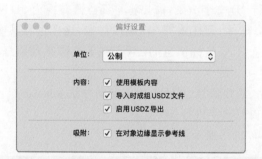

图 10-16　在偏好设置中选中"启用 USDZ 导出"选项

图 10-17　在导出时选择"格式"为 USDZ

USDZ 扩展了 USD 文件的描述,使其具备了.reality 和.rcproject 文件的部分特性,如支持锚点、对象行为、物理模拟等,这些特性是目前通用 USD 文件所没有的,因此,从 Reality Composer 中导出的 USDZ 格式文件包含了比 USD 格式文件更多的功能特性,由于 USD 格式良好的可扩展能力,这些功能特性本质上是写到了 USD 的描述文件中。

> **注意**
>
> Reality Composer 不支持将二次导入的 Reality 格式文件导出为 USDZ。导出的 USDZ 文件支持水平(horizontal)、垂直(vertical)、2D 图像(image)、人脸(face)锚定类型,不支持 3D 物体(object)锚定类型。

第 11 章

3D 文字与音视频

相比屏幕上的 UI 文字，放置于 AR 场景中的 3D 文字更具有视觉冲击力，并可以大大增强 AR 体验的沉浸感。某些应用类型，如实物标注、虚拟物体文字伴随等，使用 3D 文字更符合人类对事物的感性认知规律。虽然人类对世界的认知主要来源于视觉信息，但听觉也同样起着非常重要的作用，在真实世界中，我们不仅利用视觉信息，也利用听觉信息定位 3D 物体。为达到更好的沉浸式体验效果，AR 应用中的定位也不仅仅包括虚拟物体的位置定位，还应该包括声音的 3D 定位，此外，在一些追求视觉效果的应用中也可能有在场景中播放视频的需求。本章我们主要学习在 AR 中使用 3D 文字和 3D 音视频的相关知识。

11.1　3D 文字

首先，开发人员必须明白，3D 场景中渲染的任何虚拟元素都必须具有网格（顶点及顶点间的拓扑关系），没有网格的元素无法利用 GPU 进行渲染，因此，在 3D 场景中渲染 3D 文字时，文字也必须具有网格。在计算机系统中，文字以平面点阵的形式存储和表示，所以进行 3D 文字渲染，需要将平面点阵转换为 3D 网格。

在 RealityKit 中，开发人员可以程序化地生成立方体、球体、圆柱体等 3D 虚拟对象，这个过程其实就是利用算法生成立方体、球体、圆柱体的网格信息、法线信息、UV 坐标信息的过程，有了这些基础信息，CPU 与 GPU 就知道如何将虚拟对象渲染出来。

RealityKit 也提供了根据指定文字自动生成文字网格、法线信息、UV 坐标信息的方法 generateText()，该方法返回 MeshResource 类型对象，利用这个对象就可以对文字进行 3D 渲染。

在 RealityKit 中，生成 3D 文字的典型代码如代码清单 11-1 所示。

代码清单 11-1

```
1.   import SwiftUI
2.   import RealityKit
3.   import ARKit
4.   struct ContentView : View {
5.       var body: some View {
6.           return ARViewContainer().edgesIgnoringSafeArea(.all)
7.       }
8.   }
9.   struct ARViewContainer: UIViewRepresentable {
10.      func makeUIView(context: Context) -> ARView {
11.          let arView = ARView(frame: .zero)
12.          let config = ARWorldTrackingConfiguration()
```

```
13.        config.planeDetection = .horizontal
14.        arView.session.run(config, options:[ ])
15.        arView.createPlane()
16.        return arView
17.    }
18.    func updateUIView(_ uiView: ARView, context: Context) {
19.    }
20. }
21. extension ARView{
22.    func createPlane(){
23.        let planeAnchor = AnchorEntity(plane:.horizontal)
24.        let textMesh = MeshResource.generateText("中文汉字",
25.                                   extrusionDepth:0.05,
26.                                   font:.systemFont(ofSize:0.2),
27.                                   containerFrame:CGRect(),
28.                                   alignment:.left,
29.                                   lineBreakMode:.byWordWrapping
30.                                   )
31.        let textMaterial = SimpleMaterial(color:.red,isMetallic: true)
32.        let textEntity = ModelEntity(mesh:textMesh,materials:[textMaterial])
33.        textEntity.generateCollisionShapes(recursive: false)
34.        planeAnchor.addChild(textEntity)
35.        self.scene.addAnchor(planeAnchor)
36.        self.installGestures(.all,for:textEntity)
37.    }
38. }
```

从上述代码可以看到，生成 3D 文字的过程与生成其他程序化虚拟模型对象的过程完全一致，唯一区别是生成 3D 文字网格的方法要求设置的参数更多，generateText()方法原型为

```
static func generateText(_ string: String, extrusionDepth: Float = 0.25, font: MeshResource.Font = .systemFont
(ofSize: MeshResource.Font.systemFontSize), containerFrame: CGRect = CGRect.zero, alignment: CTTextAlignment =
.left, lineBreakMode: CTLineBreakMode = .byTruncatingTail) -> MeshResource
```

generateText()方法参数众多，但实际除了 string 其余参数都可以使用默认值，各参数的意义如表 11-1所示。

表 11-1　生成 3D 文字网格的参数属性

参 数 名	描 述
string	需要 3D 渲染的文字，使用内置的 systemFont 可以渲染中文汉字与英文字符，如果使用其他字体渲染中文汉字需要确保字体支持
extrusionDepth	渲染的文字厚度，即在 Z 轴上的长度，以米为单位
font	渲染所用字体，渲染中文汉字需要字体支持，使用该属性可以指定字体大小。默认使用系统字体
containerFrame	该属性指定文字所占空间尺寸，类似于 Word 文字排版软件中的文本框指定文字所占尺寸，当指定该值时，如果文字渲染超出该尺寸则会以 lineBreakMode 属性指定的方式截断。默认为(0,0)，会以最合适的大小包裹所有文字

续表

参　数　名	描　　述
alignment	文字在 containerFrame 中的对齐方式,可以为 center(居中对齐)、justified(分散对齐)、left(左对齐)、natural(两端对齐)、right(右对齐)之一,该属性会影响缩放、旋转 3D 文字时的定位点
lineBreakMode	文字超出 containerFrame 范围时的截断方式,可以为 byWordWrapping(以单词/汉字为单位显示,超出部分不显示)、byCharWrapping(以字符/汉字为单位显示,超出部分不显示)、byClipping(剪切与 containerFrame 尺寸一致的内容长度,后半部分被截断)、byTruncatingHead(前面文字被截断,用省略号显示)、byTruncatingTail(后面文字被截断,用省略号显示)、byTruncatingMiddle(两端文字保留,中间文字被省略,用省略号显示)之一

generateText()方法生成的文字 3D 网格可以与其他程序化虚拟模型对象一样被赋予材质,包括纹理,也可以使用 ARAnchor 将其固定到场景中,生成 3D 文字的效果如图 11-1 所示。

图 11-1　在场景中锚定 3D 文字示意图

在 RealityKit 中生成的文字 3D 网格不可修改,因此,无法通过网格修改的方式更新渲染的 3D 文字,如果需要更新已生成的 3D 文字,则只能重新生成新的文字 3D 网格,典型的代码如代码清单 11-2 所示。

代码清单 11-2

```
1.   struct ARViewContainer: UIViewRepresentable {
2.     func makeUIView(context: Context) -> ARView {
3.       arView = ARView(frame: .zero)
4.       let config = ARWorldTrackingConfiguration()
5.       config.planeDetection = .horizontal
6.       arView.session.run(config, options:[ ])
7.       arView.createPlane()
8.       return arView
9.     }
10.    func updateUIView(_ uiView: ARView, context: Context) {
11.    }
12.  }
13.  var arView : ARView!
14.  var textMesh : MeshResource!
15.  var textEntity : ModelEntity!
16.  let textElement = TextElements()
17.  var textMaterial : SimpleMaterial!
```

```
18.  var planeAnchor : AnchorEntity!
19.  extension ARView{
20.     func createPlane(){
21.         planeAnchor = AnchorEntity(plane:.horizontal)
22.         let textMesh = MeshResource.generateText("中文汉字",
23.                                 extrusionDepth: textElement.extrusionDepth,
24.                                 font: textElement.font,
25.                                 containerFrame:CGRect(),
26.                                 alignment:.left,
27.                                 lineBreakMode:.byWordWrapping)
28.         textMaterial = SimpleMaterial(color: textElement.textColor,isMetallic: true)
29.         textEntity = ModelEntity(mesh:textMesh,materials:[textMaterial])
30.         textEntity.generateCollisionShapes(recursive: false)
31.         planeAnchor.addChild(textEntity)
32.         self.scene.addAnchor(planeAnchor)
33.         self.installGestures(.all,for:textEntity)
34.     }
35.     func changeText(_ textContent: String){
36.         textMesh = MeshResource.generateText(textContent,
37.                                 extrusionDepth: textElement.extrusionDepth,
38.                                 font:textElement.font,
39.                                 containerFrame:CGRect(),
40.                                 alignment:.left,
41.                                 lineBreakMode:.byWordWrapping)
42.         textEntity.removeFromParent()
43.         textEntity = ModelEntity(mesh:textMesh,materials: [textMaterial])
44.         textEntity.generateCollisionShapes(recursive: false)
45.         planeAnchor.addChild(textEntity)
46.         self.installGestures(.all,for: textEntity)
47.     }
48.  }
49.  struct TextElements{
50.     let extrusionDepth: Float = 0.05
51.     let font : MeshResource.Font = MeshResource.Font.systemFont(ofSize: 0.2)
52.     let textColor : UIColor = .red
53.  }
```

上述代码我们直接使用 changeText()方法重新生成新的文字 3D 网格,然后重新生成 textEntity 实体更新渲染的 3D 文字。在实际开发中,也可以通过扩展(extension)Entity 或者 ModelEntity 类,添加更新 3D 文字的方法达到更方便使用的目的。

11.2 3D 音频

在前面各章中,我们学习了如何定位追踪用户(实际是定位用户的移动设备)的位置与方向,然后通过摄像机的投影矩阵将虚拟物体投影到用户移动设备屏幕。如果用户移动了,则通过 VIO 和 IMU 更新用户的位置与方向信息,更新投影矩阵,这样就可以把虚拟物体固定在空间的某点上(这个点就是锚点),从而达到以假乱真的视觉体验。

3D 音效处理的目的是让用户进一步相信 AR 应用虚拟生成的数字世界是真实的,营造沉浸的 AR 体验。事实上,3D音效在电影、电视、电子游戏中被广泛应用,但在AR场景中,3D声音的处理有其特别之处,类似于电影采用的技术并不能很好地解决AR中3D音效的问题。

在电影院中,观众的位置是固定的,因此可以通过在影院的四周都加装上音响设备,通过设计不同位置音响设备上声音的大小和延迟,就能给观众营造逼真的3D声音效果。经过大量的研究与努力,人们根据人耳的结构与声音的传播特性开发出了很多技术,可以只用两个音响或者耳机就能模拟出3D音效,这种技术叫双耳声(Binaural Sound),它的技术原理如图11-2所示。

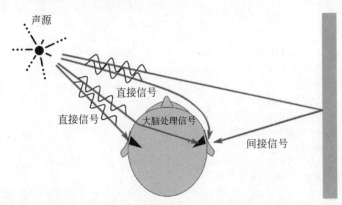

图11-2 大脑通过双耳对来自声源的直接信号与间接信号进行分析,可以计算出声源位置

在图11-2中,从声源发出来的声音会直接传播到左耳和右耳,但因为左耳离声源近,所以声音会先到达左耳再到达右耳,由于在传播过程中的衰减,左耳听到的声音要比右耳大,这是直接的声音信号,大脑会接收到两只耳朵传过来的信号。同时,从声源发出的声音也会被周围的物体反射,这些反射与直接信号相比有一定的延迟并且音量更小,这些是间接的声音信号。大脑会采集到直接信号与所有的间接信号并比较从左耳与右耳采集的信号,经过分析计算,从而达到定位声源的效果。在了解大脑的工作模式后,就可以通过算法控制两个音响或者耳机的音量与延迟来达到模拟3D声源的效果,让大脑产生出虚拟的3D声场效果。

11.2.1 3D声场原理

3D声场,也称为三维音频、虚拟3D音频、双耳音频等,它是根据人耳对声音信号的感知特性,使用信号处理的方法对到达两耳的声音信号进行模拟,以重建复杂的空间声场。通俗地说就是把耳朵以外的世界看作一个系统,对任意一个声音源,在耳膜处接收到信号后,三维声场重建就是把两个耳朵接收到的声音尽可能准确地模拟出来,让人产生听到三维音频的感觉。

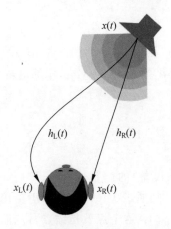

图11-3 通过信号处理的数学方法可以模拟3D音效

如前所述,当人耳在接收到声源发出的声音时,人的耳廓、耳道、头盖骨、肩部等对声波的折射、绕射和衍射及鼓膜接收到的信息会被大脑所接收,大脑通过经验对声音的方位进行判断。与大脑工作原理类似,在计算机中通过信号处理的数学方法,构建头部相关传输函数(Head Related Transfer Functions,HRTF),根据多组的滤波器计算人耳接收到的声源的"位置信息",其原理如图11-3所示。

目前3D声场重建技术已经比较成熟,人们不仅知道了如何录制3D音频,而且还知道如何播放这些3D音频,让大脑产生逼真的3D声场信息,实现与真实环境相同的声场效果。然而,目前大多数3D声场重建技术都假设用户是静止的(或者说与用户位置无关),而在 AR 应用中,情况却有很大不同,AR 应用的用户是随时移动的,这意味着用户周围的 3D 声音也需要调整,这一特殊情况导致目前的 3D 声场重建技术在 AR 应用时失效。

11.2.2　RealityKit 中的 3D 音效

ARKit 通过世界跟踪功能定位声源位置,然后根据用户与声源的相对位置和方向自动混音,将 3D 音频技术带入 AR 中。在 AR 场景中放置一个声源,当用户接近或远离时,声音音量大小会自动增加或减弱,当用户围绕声源旋转时,声音也会呈现沉浸式的 3D 效果。

在 RealityKit 中,使用 3D 音效的典型代码如代码清单 11-3 所示,稍后我们将对代码进行详细解析。

代码清单 11-3

```
1.   struct ARViewContainer: UIViewRepresentable {
2.     func makeUIView(context: Context) -> ARView {
3.       let arView = ARView(frame: .zero)
4.       let config = ARWorldTrackingConfiguration()
5.       config.planeDetection = .horizontal
6.       arView.session.run(config, options:[ ])
7.       arView.createPlane()
8.       return arView
9.     }
10.
11.    func updateUIView(_ uiView: ARView, context: Context) {
12.    }
13.  }
14.  var audioEvent : Cancellable!
15.  extension ARView{
16.    func createPlane(){
17.      do{
18.        let planeAnchor = AnchorEntity(plane:.horizontal)
19.        let boxMesh = MeshResource.generateBox(size: 0.2)
20.        let boxMaterial = SimpleMaterial(color:.red,isMetallic: true)
21.        let boxEntity = ModelEntity(mesh:boxMesh, materials:[boxMaterial])
22.        let audio = try AudioFileResource.load(named:"fox.mp3",in:nil,inputMode: .spatial,
       loadingStrategy: .preload,shouldLoop: false)
23.        //boxEntity.playAudio(audio)
24.        let audioController = boxEntity.prepareAudio(audio)
25.        audioController.play()
26.        boxEntity.generateCollisionShapes(recursive: false)
27.        planeAnchor.addChild(boxEntity)
28.        self.scene.addAnchor(planeAnchor)
29.        self.installGestures(.all,for:boxEntity)
30.
31.        audioEvent = self.scene.subscribe(
32.          to: AudioEvents.PlaybackCompleted.self
33.        ){ event in
34.          print("音频播放完毕")
35.        }
```

```
36.        }
37.        catch{
38.            print("加载音频出错")
39.        }
40.    }
41. }
```

编译运行 AR 应用,使用耳机(注意耳机上的左右耳塞勿戴反,一般会标有 L 和 R 字样)或者双通道音响体验 3D 音效,在检测到的平面放置虚拟立方体对象后,移动手机或者旋转手机朝向,体验在 AR 场景中声源定位的效果。

从代码清单 11-3 中我们可以看出,在 RealityKit 中使用 3D 音频分为 3 步:

(1) 加载音频。

(2) 设置音频播放参数。

(3) 将音频放置到 AR 场景中并播放。

下面我们针对这 3 个步骤进行详细学习。在 RealityKit 中使用音频,必须将音频加载为 AudioResource(或者其子类 AudioFileResource)类型对象才能正确播放,通常使用 AudioFileResource 类将音频从文件系统或者 URL 加载到内存中,该类有 4 个方法,可以同步/异步从文件/URL 中加载音频,如表 11-2 所示。

表 11-2　AudioFileResource 类加载音频方法

方　　法	描　　述
load (named：String, in：Bundle?, inputMode：AudioResource. InputMode, loadingStrategy：AudioFileResource. LoadingStrategy, shouldLoop：Bool）－> AudioFileResource	同步从程序 Bundle 中加载音频
loadAsync(named：String, in：Bundle?, inputMode：AudioResource. InputMode, loadingStrategy：AudioFileResource. LoadingStrategy, shouldLoop：Bool）－> LoadRequest < AudioFileResource >	异步从程序 Bundle 中加载音频
load (contentsOf：URL, withName：String?, inputMode：AudioResource. InputMode, loadingStrategy：AudioFileResource. LoadingStrategy, shouldLoop：Bool) －> AudioFileResource	同步从 URL 中加载音频
loadAsync(contentsOf：URL, withName：String?, inputMode：AudioResource. InputMode, loadingStrategy：AudioFileResource. LoadingStrategy, shouldLoop：Bool) －> LoadRequest < AudioFileResource >	异步从 URL 中加载音频

在 RealityKit 中加载音频与加载模型一样,每一种同步加载方法都有对应的异步加载方法。加载方法中的参数因加载方法不同而不同,基本的参数及其意义如表 11-3 所示。

表 11-3　加载音频方法中各参数的意义

方　　法	描　　述
named	从 Bundle 中加载时文件路径与名称
contentsOf	从 URL 中加载时的 URL 地址
withName	从 URL 中加载时的音频名称
in	从程序 Bundle 中加载时音频所在 Bundle 名称

方　　法	描　　述
inputMode	AudioResource. InputMode 枚举类型,指定 3D 音频类型,共有 3 个枚举值: nonSpatial(不使用 3D 音效)、spatial(使用空间音效)、ambient(环境音效,声音不会随距离发生音量变化,但声音可以反映方向变化,如用户围绕声源转动时,音效会发生变化)
loadingStrategy	AudioFileResource. LoadingStrategy 枚举类型,指定加载音频时的策略,共有两个枚举值: preload (预加载音频,在使用之前将音频加载到内存中)、stream(流媒体编码,边加载边播放)。通常在使用时,preload 适合短小、内存占用少、播放频度高的音频,而 stream 适合较长、播放频度低的音频
shouldLoop	布尔值,是否循环播放

在加载音频完成后,可以通过实体对象的 prepareAudio(_:)方法获取一个 AudioPlaybackController 类型的音频控制器,利用该控制器可以使用其 play()、pause()、stop()方法控制音频的播放,可以通过 isPlaying 属性获取音频的播放状态,还可以设置音频的播放增益(gain)、速度(speed)、混音(reverbSendLevel),及衰减(fade()方法)和音频播放完后的回调(completionHandler),可以满足音频使用的各类个性化需求。

通常在 AR 中使用 3D 音频,需要将音频绑定到实体对象(Entity)上,当实体对象放置在场景中时,实体对象所在的空间位置即为声源位置,RealityKit 会根据用户设备所在空间位置与声源位置进行 3D 音效模拟,营造沉浸式的声场效果。

利用 AudioPlaybackController 类可以很方便地控制音频的播放,而且可以重复地进行暂停、播放等操作,但如果只需要一次性地播放,也可以不使用该类,而直接使用 boxEntity. playAudio(audio),这种方法更简洁,当音频播放完后即结束,特别适合 3D 物体音效模拟,如子弹击中怪物时的音频播放。

在使用 AudioPlaybackController 类控制音频播放时,可以通过其 completionHandler 属性设置音频播放完后的回调函数。除此之外,也可以通过订阅 AudioEvents 事件进行后续处理,目前,音频只有一个 AudioEvents. PlaybackCompleted 事件,即音频播放完毕事件。

在订阅 AudioEvents 事件时有两点需要注意:一是保存事件订阅的引用,不然无法捕获事件,具体可参阅第 2 章相关内容;二是只有当 shouldLoop 设置为 false(即不循环播放)时,才会触发 AudioEvents. PlaybackCompleted 事件。

11.3　3D 视频

在 AR 中播放视频也是一种常见的需求,如在一个展厅中放置的虚拟电视上播放宣传视频,或者在游戏中为营造氛围而设置的虚拟电视视频播放,或者在识别的 2D 个人名片上播放自我介绍视频,因视频具有静态图像无法比拟的综合信息展示能力,采用视频比单纯使用图像表达上更充分,本节我们将学习如何在 AR 场景中播放视频。

在 AR 场景中播放视频与在普通应用中播放视频有很多相同之处,但也有很多不一样的地方,在 RealityKit 中播放视频,也同样使用 AVFoundation 流媒体框架,但需要将视频作为动态的纹理映射到虚拟物体表面,基本流程如图 11-4 所示。

使用 AVFoundation 流媒体框架播放视频使用到两个最基本的对象: AVPlayerItem 和 AVPlayer。其中 AVPlayerItem 为流媒体资源管理对象,它负责管理视频的基本信息和状态,如视频长度、当前状态、缓存进度等,每一个 AVPlayerItem 对象对应一个视频资源;AVPlayer 为视频播放控制操作对象,控制视频的播放、暂停、还原等。

图 11-4 在 RealityKit 中播放视频的基本流程

在理解 RealityKit 播放视频的原理与流程后，就可以编写出视频播放代码，为更好地组织代码，新建一个 VideoPlayController 类管理视频播放相关代码，如代码清单 11-4 所示。

代码清单 11-4

```
1.   import AVFoundation
2.   import Foundation
3.   import RealityKit
4.
5.   public class VideoPlayController {
6.      private var playing = false
7.      private var avPlayer: AVPlayer?
8.      private var avPlayerItem: AVPlayerItem?
9.      private var avPlayerLooper: AVPlayerLooper?
10.     private var videoMaterial: VideoMaterial?
11.     public var material: Material? { videoMaterial }
12.
13.     private func createAVPlayer(_ named: String, withExtension ext: String) -> AVPlayer? {
14.        guard let url = Bundle.main.url(forResource: named, withExtension: ext) else {
15.           return nil
16.        }
17.        let avPlayer = AVPlayer(url: url)
18.        return avPlayer
19.     }
20.
21.     private func createVideoPlayerItem(_ named: String, withExtension ext: String) -> AVPlayerItem? {
22.        guard let url = Bundle.main.url(forResource: named, withExtension: ext) else {
23.           return nil
24.        }
25.        let avPlayerItem = AVPlayerItem(asset: AVAsset(url: url))
26.        return avPlayerItem
27.     }
28.
29.
30.     init?(_ named: String, withExtension ext: String, useLooper: Bool = false) {
31.        playing = false
32.        let player: AVPlayer?
33.        if useLooper {
34.           let playerItem = createVideoPlayerItem(named, withExtension: ext)
35.           guard let avPlayerItem = playerItem else { return nil }
36.           let queuePlayer = AVQueuePlayer()
37.           avPlayerLooper = AVPlayerLooper(player: queuePlayer, templateItem: avPlayerItem)
38.           self.avPlayerItem = avPlayerItem
```

```
39.              player = queuePlayer
40.          } else {
41.              player = createAVPlayer(named, withExtension: ext)
42.          }
43.          avPlayer = player
44.          guard let avPlayer = player else { return nil }
45.          avPlayer.actionAtItemEnd = .pause
46.          avPlayer.pause()
47.          videoMaterial = VideoMaterial(avPlayer: avPlayer)
48.          videoMaterial?.controller.audioInputMode = .spatial
49.          //if(avPlayerItem?.status == AVPlayerItem.Status.readyToPlay){}
50.          NotificationCenter.default.addObserver(self,selector:#selector(VideoDidReachEndNotificationHandler(_:)),
     name: NSNotification.Name.AVPlayerItemDidPlayToEndTime, object: avPlayer.currentItem)
51.      }
52.
53.      public func reset() {
54.          guard let avPlayer = self.avPlayer else { return }
55.          avPlayer.pause()
56.          avPlayer.seek(to: .zero)
57.          playing = false
58.      }
59.
60.      public func sceneUpdate() {
61.          guard playing, let avPlayer = avPlayer else { return }
62.          if avPlayer.timeControlStatus == .paused {
63.            avPlayer.seek(to: .zero)
64.            avPlayer.play()
65.          }
66.      }
67.
68.      public func enablePlayPause(_ enable: Bool) {
69.          playing = enable
70.          guard let avPlayer = self.avPlayer else { return }
71.          if playing, avPlayer.timeControlStatus == .paused {
72.            avPlayer.play()
73.          } else if !playing, avPlayer.timeControlStatus != .paused {
74.            avPlayer.pause()
75.          }
76.      }
77.
78.      @objc func VideoDidReachEndNotificationHandler(_ notification:NSNotification){
79.          print("播放完了")
80.      }
81.
82.      deinit {
83.          NotificationCenter.default.removeObserver(self)
84.      }
85. }
```

在代码清单 11-4 中,首先根据是否需要循环播放可在构造函数中分别使用 AVPlayer 或者 AVPlayerLooper 构建视频播放控制器,然后设置视频播放完毕后的状态,最后利用视频资源作为材质创建 VideoMaterial 对象。除此之外,在代码中还新建了几个控制视频播放的方法以便调用。

代码清单 11-4 中第 48 行设置了视频播放时音频的播放方式,RealityKit 在播放视频时允许其音频以几种不同的方式播放,音频播放方式由 AudioResource. InputMode 枚举描述,具体如表 11-4 所示。

表 11-4　AudioResource. InputMode 枚举值

枚　举　值	描　　　述
nonSpatial	不考虑声源位置与方向,以背景音乐方式播放音频
spatial	3D 音效,考虑声源的位置与方向
ambient	只考虑声源的方向,不考虑声源位置,声音音量不会出现随距离变化的特性

在代码清单 11-4 中,我们也对视频播放完毕事件进行了处理,需要注意的是,播放视频时的事件处理方式与 RealityKit 中其他事件处理方式有些不一样,播放视频的事件使用了 AVFoundation 中更一般的事件机制,具体支持事件及一般处理方法可参阅 AVFoundation 相关资料。

> **注意**
>
> 视频播放完毕事件只有在视频以不循环播放类型播放时才会触发,另外,添加的事件监听应当在不需要时移除,如本例中在析构函数中移除。

除了可以播放本地视频资源,AVFoundation 也支持通过 HTTP 或者 HTTPS 播放网络流媒体资源,但需要注意的是,网络视频资源加载受网速、网络连接等因素影响,具有不确定性,在视频播放之前,务必先检查当前视频资源的可用性,如代码清单 11-4 中第 49 行的注释一样,以防止出现不可预知的问题(播放网络视频资源通常应当先缓冲,确保资源在播放前可用)。

视频加载并转换成视频材质之后,就可以像普通材质一样使用,示例代码如代码清单 11-5 所示。

代码清单 11-5

```
1.   videoPlayController  = VideoPlayController("video", withExtension: "mp4", useLooper:false)
2.   guard let vPlayController = videoPlayController,
3.      let planeMaterial = videoPlayController.material else {return}
4.   let planeAnchor = AnchorEntity(plane:.horizontal)
5.   let planeMesh = MeshResource.generatePlane(width: 0.3, height: 0.2, cornerRadius: 0)
6.   let planeEntity = ModelEntity(mesh: planeMesh, materials: [planeMaterial])
7.   planeEntity.generateCollisionShapes(recursive: false)
8.   planeAnchor.addChild(planeEntity)
9.   self.scene.addAnchor(planeAnchor)
```

RealityKit 播放视频的效果如图 11-5 所示。

通过本节的学习,我们知道了在 RealityKit 中播放视频实际上是使用了动态纹理映射的方式,VideoMaterial 与其他所有的材质类型一样,可以使用到任何物体表面、平面、曲面上,由于目前 RealityKit 并不支持 Shader,所以我们可以使用视频材质作为替代方案实现诸如发光、闪烁、描边等特效,更简单地使用 VideoMaterial 的代码如代码清单 11-6 所示。

图 11-5 在 RealityKit 中播放视频效果图

代码清单 11-6

```
1.  let planeAnchor = AnchorEntity(plane:.horizontal)
2.  let planeMesh = MeshResource.generatePlane(width: 0.3, height: 0.2, cornerRadius: 0)
3.  let asset = AVURLAsset(url:Bundle.main.url(forResource: "video", withExtension:"mp4")!)
4.  let playerItem = AVPlayerItem(asset:asset)
5.  let player = AVPlayer()
6.  let planeEntity = ModelEntity(mesh: planeMesh,materials: [VideoMaterial(avPlayer: player)])
7.  player.replaceCurrentItem(with: playerItem)
8.  player.play()
9.  planeEntity.generateCollisionShapes(recursive: false)
10. planeAnchor.addChild(planeEntity)
11. self.scene.addAnchor(planeAnchor)
```

在进行 AR 体验共享时,视频材质与其他材质一样,可以自动进行同步及播放,无须开发人员进行额外处理,在可播放视频格式类型方面,AVFoundation 支持的视频格式其都支持。

第 12 章

USDZ 与 AR Quick Look

ARKit 从一面世就因其稳定的跟踪、出色的渲染、便捷的传播特性而引领移动 AR 领域技术发展,在 iOS 操作系统的支持下,ARKit 实现了从 App、Web 到邮件、短信息各应用领域的全域覆盖,将 AR 带入了 iOS 设备的各个角落,其背后不仅有苹果公司强大的软硬件整合能力,还有 USDZ 文件格式和 AR Quick Look 的突出贡献。

12.1 USDZ 概述

ARKit 支持 USDZ(Universal Scene Description Zip,通用场景描述文件包)、Reality 两种格式的模型文件,得益于 USDZ 的强大描述能力与网络传输便利性,使得 iOS 设备能够在其信息(Message)、邮件(Mail)、浏览器(Safari)等多种应用中实现 AR 功能,AR 体验的共享传播也变得前所未有地方便。USDZ 从 USD (Universal Scene Description,通用场景描述)格式文件发展而来,是在 ARKit 中广泛使用的模型文件格式,而 Reality 文件格式则是由 Reality Composer 生成专用于 RealityKit 的优化、压缩格式文件。

12.1.1 USD

USDZ 格式文件从 USD 格式发展而来,USD 格式文件由皮克斯(Pixar)公司为提升图形渲染与动画效果、改善大场景动画制作工作流、方便 3D 内容交换而设计的一种通用场景描述文件,是一种专为大型资源管线设计、注重并行工作流和可交换性的文件格式。

由于 USD 文件的强大动画、流程管理能力,以及皮克斯公司对相关技术的开源,USD 格式逐渐成为行业领域下一代 3D 图形与动画制作的事实标准。USD 文件对几何网格(Geometry)、渲染(Shading)、骨骼(Skeletal)变形交换有强大支持能力,其灵活的架构易于适应未来不断变化的需求。USD 格式也包含一个强大的,重点关注速度、可伸缩性、协作性的组合引擎,并支持实时合成,对复杂场景有着良好的支持,因此越来越多的公司开始支持 USD 格式。

为不同的设计目的,USD 文件支持 3 种后缀格式:USDA、USDC、USD。

其中 USDA 格式是方便人类阅读和理解的纯文本格式;USDC 格式则是为高效存取数据设计的二进制文件格式;USD 可以是文本文件格式,也可以是二进制文件格式。USDA 与 USDC 格式可以相互转换。

12.1.2 USDZ

2018 年,苹果公司引入 USD 格式并将其修改成 USDZ,字母 Z 表示该文件是 Zip 存档文件,USDZ 格式在 USD 格式文件基础上进行了改进和优化,使其更适合于 AR 渲染展示、网络传播。USDZ 文件主要特性如下：

（1）USDZ 本质上是 USD 文件的另一种变体。

（2）USDZ 将某特定场景中的文件打包并压缩到一个单一文件中。

（3）USDZ 为网络传输共享专门进行了优化，构成了 iOS、iPadOS、macOS、tvOS 等系统都支持的 AR Quick Look 基础。

（4）USDZ 同样支持复杂场景的扩展。

（5）USDZ 数据采用 64 字节对齐方式，将所有文件打包到一个单一文件中，为提高性能并未对数据进行压缩。

USDZ 格式文件包体内包含两种类型的文件格式：一种是场景描述文件，可以为 USD、USDA、USDC、USDZ 中的任意一种；另一种是纹理资源文件，纹理支持 JPEG 和 PNG 两种格式。

> **提示**
>
> 由于 USDZ 格式文件是打包文件，因此可以直接将 USDZ 扩展名修改成 .zip，然后利用压缩软件解压，解压后可以看到所有包含的文件。Reality 文件同样遵循打包原则，因此也可以通过修改后缀解压并查看包体内文件。

12.2 USDZ 文件转换

USDZ 格式文件虽然功能强大、优势明显，但由于推出时间还不是很长，目前能支持转换到 USDZ 格式的 3D 模型制作软件还不多，常用的有 3 种工具可以将其他类型格式（如 .obj、.gltf、.fbx 等）转换成 USDZ 格式文件，相信随着时间的推移，3ds MAX、Maya 等模型制作软件以后都可以直接生成 USDZ 文件。

12.2.1 USDZ Tools

2019 年，苹果公司发布了一个转换 USDZ 格式文件的工具，称为 USDZ Tools，该工具基于 Python 语言，能以命令行的形式转换、验证、检查 USDZ 文件格式，该工具还包含皮克斯公司 USD 文件的一些库文件（library）及一些示例代码。

该工具可以从苹果公司官方网站上下载（https://apple.co/2C5362d），下载并解压后，在 USD.command 文件上右击，在弹出的菜单中依次选择"打开方式"→"终端"，如图 12-1 所示，这将打开 USDZ Tools 命令窗口。

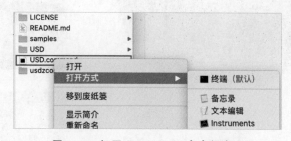

图 12-1 打开 USDZ Tools 命令行窗口

在打开的命令窗口中输入 usdzconvert -h，可以查看所有帮助信息，包括命令使用格式等。需要注意的是该工具只支持将 .obj、.gltf 两种格式的模型文件转换成 USDZ 格式。典型的使用命令如代码清单 12-1 所示。

代码清单 12-1

```
1.  xcrun usdz_convert robot.obj   robot.usdz
2.   – m bodyMaterial
3.   – diffuseColor body.png
4.   – opacity   body.png
5.   – metallic   metallicRoughness.png
6.   – roughness   metallicRoughness.png
7.   – normal normal.png
8.   – occlusion ao.png
```

从命令格式可以看出，USDZ 支持 PBR 渲染，并且是 metallic-roughness 工作渲染流。使用该工具转换模型文件时，我们只需要将相应的网格、纹理对照参考输入。这是最简单的转换配置，该工具还支持网格分组、支持材质分组、支持对 USDZ 文件的验证等，具体使用方法读者可以参看相应的文档。

12.2.2 Reality Converter

2020 年，苹果公司发布了一个转换 USDZ 格式文件的新工具，称为 Reality Converter，新工具摒弃了命令行的方式，提供了直观的窗口操作模式（该工具实际上源自 USDZ Tools），因此使用更方便。该工具支持将 .obj、.gltf、.fbx、.usdz 4 种格式文件转换到 USDZ 格式。

该工具也可以从苹果公司官方网站上下载（https://apple.co/2C5362d），下载并安装后，打开的程序界面如图 12-2 所示。

图 12-2　Reality Converter 窗口

从图 12-2 可以看到,Reality Converter 工具界面非常简洁,我们可以直接通过拖曳.obj、.gltf、.usd 文件到左侧的模型预览窗口中,当模型加载后,可以进行缩放、旋转、平移等常规操作,查看模型的各个角度及细节。

单击左上角 Models 按钮,会展开当前打开的所有模型,通过展开面板可以选择、关闭、切换管理多个模型(如果直接拖曳多个模型到左侧模型预览窗口中,可以通过 Models 切换预览的模型);单击 Frame 按钮允许以逐帧的方式查看模型动画(USDZ 支持动画);在右上角 Environment 面板中可以使用 6 种内置的环境贴图模式(Image Based Lighting,IBL 环境映射),基本可以模拟绝大部分使用场景的环境光照明,还可以设置环境贴图是否可见及曝光度(Exposure);在 Materials 材质面板可以设置 USDZ 支持的所有 PBR 贴图纹理,包括清漆(Clear Coat)纹理、清漆粗糙度(Clear Coat Roughness)纹理。Reality Converter 已经预设纹理贴图框,只需要将相应贴图纹理拖曳到对应纹理贴图框,如果模型材质有分组,可以选择分组单独设置贴图纹理;Properties 用于填写版权信息及设置模型尺寸所使用单位,建议使用国际单位米(Meters)。

Reality Converter 工具是一个所见即所得的工具软件,我们能即时地看到所做的更改产生的变化。在设置完所有内容后,在工具菜单栏中依次选择 File→Export 导出 USDZ 格式文件即可。

该工具还可以一键导出所有待转换的模型,或者直接分享到其他设备,使用也非常直观,在实际开发中,推荐使用该转换工具,读者可以查阅相关资料了解更详细信息。

12.2.3 USD Unity 插件

除使用苹果公司官方的转换工具外,Unity3D 引擎目前也可以通过使用 USD Unity 插件转换和导出 USDZ 格式文件,具体操作如下:

(1)打开 Unity 软件,在菜单中依次选择 Window→Package Manager,打开资源包管理器,然后在 Advanced 选项中选择 Show preview packages 选项,如图 12-3 所示。

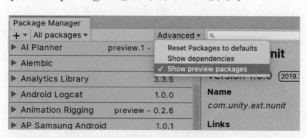

图 12-3 在 Package Manager 窗口中选择 Show preview packages

(2)在资源包管理器左侧加载的插件中找到 USD(或者通过在搜索框中输入 USD 进行插件筛选),选择并单击右下角的 Install 按钮安装该插件,如图 12-4 所示。

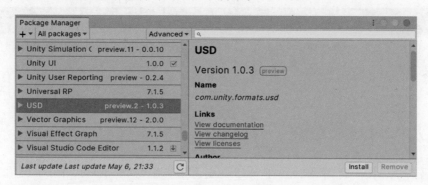

图 12-4 在 Package Manager 窗口中选择安装 USD 插件包

稍等片刻,Unity 会自动下载并安装该插件,为确保该插件正常工作,还需要设置场景颜色空间为线性 (Linear),并设置 Api Compatibility Level 为. NET 4. x 兼容,如图 12-5 和图 12-6 所示。

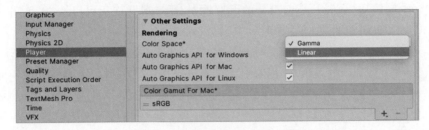

图 12-5   设置场景颜色空间为线性

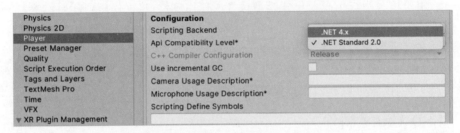

图 12-6   设置 Api 兼容为. NET 4. x

由于 USDZ 只支持 PBR 渲染 metallic-roughness 工作流,因此所有需要导出的模型材质渲染器 (Shader)必须为 Standard,在设置好相应纹理后,还需将模型导入属性面板(Inspector)中的 Model 选项卡 Meshes 下的 Read/Write Enabled 复选框勾选上,这样,在导出模型文件时才允许对几何网络进行修改。

最后,在 Unity 场景(Hierarchy)窗口中选择需要导出的模型,在菜单中依次选择 USD→Export Selected as USDZ 进行模型导出,如图 12-7 所示。

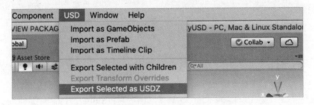

图 12-7   将模型导出为 USDZ 格式

在打开的文件保存对话框中选择好保存路径并保存即可导出模型为 USDZ 格式。

提示

使用 USDZ Unity 插件需要读者在计算上安装 Unity 软件并对 Unity 引擎操作有基本的了解,在具体操作时,可以查阅 Unity 相关文档。

12.3   AR Quick Look 概述

为更好地传播共享 AR 体验,苹果公司在 2018 年引入了 AR Quick Look,并在 iOS 12 及以上版本系统中深度集成了 AR Quick Look,因此可以通过 iMessage、Mail、Notes、News、Safari 和 Files 直接体验 AR,如

图 12-8 所示。AR Quick Look 提供了在 iPhone 和 iPad 上以最简单、最快捷的方式体验 AR 的方法,也可以非常方便地集成到应用开发中。

通俗地讲,AR Quick Look 更像是一个 AR 浏览器,它可以直接使用 AR 方式浏览 USDZ 和 Reality 格式文件,对外封装了所有的技术细节,并提供了非常简洁便捷的使用接口,简单到只需要提供文件路径。对集成该框架的应用,如 iMessage,直接单击 USDZ 文件就可以启动 AR 体验模式,在 AR Quick Look 检测到平面后会自动放置模型文件,并提供以下操作功能:

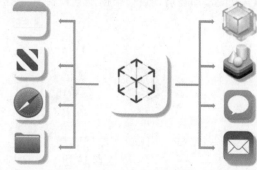

图 12-8 iOS 对 AR Quick Look 进行了深度集成

（1）移动。通过选择模型,单指拖动可以移动模型,AR Quick Look 支持水平平面和垂直平面检测,可以将模型从水平平面拖动到垂直平面上,反之亦然（在配备有 LiDAR 传感器的设备上,AR Quick Look 可以将模型拖动到任何已重建的场景几何表面）。

（2）缩放。可以通过双指捏合手势缩放模型,也可以通过双击模型将模型还原到 100% 大小（模型原始尺寸）。

（3）旋转。通过双指旋转手势进行模型旋转,双击模型将模型还原到原始方向。

（4）提升。通过两指向上滑动手势可以提升模型,让模型悬空。

（5）拍照。单击 AR Quick Look 界面上的圆形按钮可以拍摄当前 AR 场景照片,并自动保存到相册中。

（6）录像。长按 AR Quick Look 界面上的圆形按钮可以录制当前 AR 场景的短视频,并自动保存到相册中。

（7）分享。通过 AR Quick Look 界面右上角的"分享"按钮可以分享当前模型场景,如图 12-9 所示。

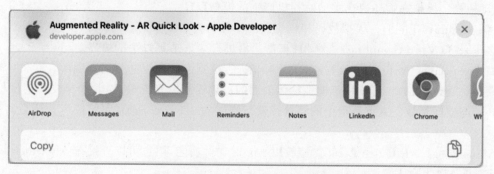

图 12-9 可以将 AR 体验分享给其他人

（8）3D 查看。可以切换浏览模式到 Object 以 3D 形式浏览模型。

（9）关闭。通过单击 AR Quick Look 界面左上角的 X 符号关闭 AR 体验并返回调用应用程序。

AR Quick Look 提供了 AR 和 3D 两种查看模型的方式,这两种方式所使用的手势完全一致,并且这些手势与 iOS 日常操作手势一致,大大降低了使用者操作 AR 的难度。

AR Quick Look 虽然是一个简单直观易用的框架,但其功能非常丰富,它支持当前 ARKit 的所有功能,并会根据运行时的设备硬件资源自动启用或者停用特定功能,在停用某功能后还会启用替代方案,这些功能全部自动化完成,无须开发者介入。

AR Quick Look 的功能特性如下:

（1）Anchors。AR Quick Look 支持水平平面、垂直平面、场景几何、2D 图像、3D 物体、人脸、人体类型 ARAnchor，即在启动后会根据配置检测识别这些类型并在检测成功后自动生成相应 ARAnchor，如图 12-10 所示。

水平平面锚定类型　　垂直平面锚定类型　　2D图像锚定类型　　人脸锚定类型　　3D物体锚定类型

图 12-10　AR Quick Look 自动检测识别物体生成 Anchor

（2）人形遮挡（Occlusion）。在受支持的设备上启用人形与人脸遮挡功能。

（3）物理与碰撞。支持物理模拟，如重力可使物体下坠、物体反弹与相互之间的碰撞。

（4）触发器和行为（Triggers & Behaviors）。支持事件和动画的触发，支持使用者与虚拟元素、虚拟物体与现实环境之间的交互。

（5）实时阴影。虚拟元素会投射真实感极强的实时阴影到检测到的表面上，阴影质量取决于设备硬件，在高端设备上会使用光线跟踪（Ray traced）方法产生高质量阴影，而在低端设备上则会使用投影阴影（Project Shadow）方法生成阴影。

（6）环境反射。AR Quick Look 会从用户的真实环境中实时采样当前环境信息，并使用 HDR（High Dynamic Range，高动态范围）、颜色映射（Tone Mapping）、色彩校正（Color Correction）等技术渲染虚拟元素以控制虚拟元素的反射、光照信息，营造真实可信的 AR 体验。

（7）相机噪声。模拟在低光照条件下相机产生的噪声并以此来渲染虚拟元素。

（8）运动模糊。模拟在物体快速移动时相机产生的模糊现象。

（9）景深（Depth of Field）。模拟数码相机焦点的聚焦与失焦现象。

（10）多重采样（Multi-Sampling）。对 3D 模型边沿进行多重采集以平滑边界。

（11）高光（Specular Anti-aliasing）。对高反射光进行抗锯齿处理以防止闪烁现象。

（12）清漆（Clear Coat）。清漆用于模拟物体表面的玻璃样高反光现象，BPR 渲染支持清漆材质。

（13）环境与空间音效。支持环境中的背景音效与物体的 3D 音效，能真实模拟声音随距离变化的衰减效果。

（14）Apple 支付。AR Quick Look 支持使用 Apple 支付功能，用户可以直接在 AR Quick Look 中下单支付而不用离开 AR 体验环境。

（15）在配备 LiDAR 传感器的设备上，由于 LiDAR 传感器对深度值的精确快速检测能力，AR Quick Look 还能实现场景遮挡、物理模拟，自动放置虚拟物体速度更快，用户体验更好。

（16）自定义功能。AR Quick Look 为满足开发者的需求，还支持简单的定制化开发。

> **提示**
>
> AR Quick Look 支持 ARKit 的所有功能特性，但有些特性需要特定的硬件设备，只有配备 A13 及以上处理器的机型才能支持上述的全部功能特性，在不支持的机型上，一些功能特性不会开启，也不会产生效果。

12.4　App 应用中嵌入 AR Quick Look

　　AR Quick Look 功能强大，但在应用中嵌入并使用它实现 AR 体验却非常简单，如其他所有 Quick Look 使用一样，简单到只需要提供一个文件名就可以达到目标。

　　AR Quick Look 支持 .usdz 和 .reality 两种格式文件，如果在 Xcode 工程中引入了 Reality Composer 工程文件（.rcproject），在 Xcode 编译时会自动将 .rcproject 文件转换成 .realtiy 格式打包进应用程序包中。

　　在应用中嵌入并使用 AR Quick Look 时需要遵循 QLPreviewControllerDataSource 协议并实现该协议定义的两个方法，如表 12-1 所示。

表 12-1　QLPreviewControllerDataSource 协议方法

方 法 名 称	描　　述
numberOfPreviewItems(in：QLPreviewController) —> Int	AR Quick Look 需要知道浏览的模型数目，通常返回 1
previewController(QLPreviewController, previewItemAt：Int) —> QLPreviewItem	提供给 AR Quick Look 具体需要展示的模型

　　在 previewController（）方法中，我们可以直接返回 QLPreviewItem 类型实例，也可以返回 ARQuickLookPreviewItem 类型实例。ARQuickLookPreviewItem 类继承自 QLPreviewItem 类，是专为 AR 展示定制的类型，该类提供了两个 AR 专用属性：allowsContentScaling 和 canonicalWebPageURL，其中 allowsContentScaling 为布尔值，用于设置是否允许缩放模型，这在一些实物展示类应用场合会比较有用，如家具展示，一般没有必要允许使用者缩放模型；canonicalWebPageURL 用于设置分享的文件 URL，如果设置了该值，在使用 AR Quick Look 分享时会分享该链接地址，而如果没有设置则会直接分享模型文件（.usdz 或 .reality 文件）。

　　下面模拟实际使用场景进行演示，为简单起见，我们只在主场景中设置一个按钮，当用户单击这个按钮时会调用 AR Quick Look 展示指定的模型，并设置是否允许缩放和分享链接属性。

　　（1）新建一个 SwiftUI View 文件，命名为 ARQuickLookView，如图 12-11 所示。

图 12-11　新建 SwiftUI 文件

编写如代码清单 12-2 所示代码。

代码清单 12-2

```
1.  import SwiftUI
2.  import QuickLook
3.  import ARKit
```

```
4.
5.   struct ARQuickLookView: UIViewControllerRepresentable {
6.      var fileName: String
7.      var allowScaling: Bool
8.      func makeCoordinator() -> ARQuickLookView.Coordinator {
9.         Coordinator(self)
10.     }
11.     func makeUIViewController(context: Context) -> QLPreviewController {
12.        let controller = QLPreviewController()
13.        controller.dataSource = context.coordinator
14.        return controller
15.     }
16.
17.     func updateUIViewController(_ controller: QLPreviewController,context: Context) {}
18.     class Coordinator: NSObject, QLPreviewControllerDataSource {
19.        let parent: ARQuickLookView
20.        private lazy var fileURL: URL = Bundle.main.url(forResource: parent.fileName,withExtension: "usdz")!
21.        init(_ parent: ARQuickLookView) {
22.           self.parent = parent
23.           super.init()
24.        }
25.        func numberOfPreviewItems(in controller: QLPreviewController) -> Int {
26.           return 1
27.        }
28.        func previewController(_ controller: QLPreviewController,previewItemAt index: Int) ->
     QLPreviewItem {
29.             guard let filePath = Bundle.main.url(forResource: parent.fileName, withExtension: "usdz")
        else {fatalError("无法加载模型")}
30.             let item = ARQuickLookPreviewItem(fileAt: filePath)
31.             item.allowsContentScaling = parent.allowScaling
32.             item.canonicalWebPageURL = URL(string: "https://www.example.com/example.usdz")
33.             return item
34.        }
35.     }
36. }
37.
```

在上述代码中,我们首先定义了 fileName、allowScaling 两个变量用于存储 ARQuickLookPreviewItem 属性信息,然后遵循了 QLPreviewControllerDataSource 协议并实现了该协议的两个方法。将该类独立出来是为了更好地组织代码、方便使用、简化主代码逻辑。

(2)在主场景中放置一个按钮,并设置当按钮单击时启用 AR Quick Look 并显示实例化的 ARQuickLookView 场景。代码如代码清单 12-3 所示。

代码清单 12-3

```
1.   import SwiftUI
2.   struct ContentView : View {
3.      @State var showingPreview = false
```

```
4.     var body: some View {
5.        VStack {
6.           Button("在 AR 模式中预览模型") {
7.              self.showingPreview.toggle()
8.           }
9.           .padding(.all)
10.          .background(Color.yellow)
11.          .sheet(isPresented: $ showingPreview) {
12.             VStack {
13.                HStack {
14.                   Button("关闭") {
15.                      self.showingPreview.toggle()
16.                   }
17.                   Spacer()
18.                }
19.                .padding()
20.                .background(Color.red)
21.                ARQuickLookView(fileName:"fender_stratocaster",allowScaling:true).edgesIgnoringSafeArea(.all)
22.             }
23.             .edgesIgnoringSafeArea(.all)
24.          }
25.       }
26.       .edgesIgnoringSafeArea(.all)
27.    }
28. }
```

在代码清单 12-3 中，由于 AR Quick Look 使用代码已封装到 ARQuickLookView 结构体中，因此在主代码中直接调用即可。编译并运行，在应用启动后，单击"预览"按钮会切换到 AR Quick Look 界面，效果如图 12-12 左图所示。

图 12-12　使用 AR Quick Look 浏览 AR 模型效果图

在界面设计不使用 SwiftUI 时,如使用 UIKit,调用 AR Quick Look 方法稍微有点不同,但同样也需要遵循 QLPreviewControllerDataSource 协议并实现该协议的两个方法。下面以 UIKit 为例进行 AR Quick Look 使用演示,新建一个 Swift 代码文件,命名为 ViewController,如图 12-13 所示。

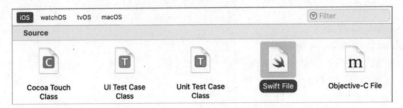

图 12-13　新建 Swift 类文件

编写代码如代码清单 12-4 所示。

代码清单 12-4

```
1.  import UIKit
2.  import QuickLook
3.  import ARKit
4.
5.  class ViewController: UIViewController, QLPreviewControllerDataSource {
6.      override func viewDidAppear(_ animated: Bool) {
7.          let previewController = QLPreviewController()
8.          previewController.dataSource = self
9.          present(previewController, animated: true, completion: nil)
10.     }
11.
12.     func numberOfPreviewItems(in controller: QLPreviewController) -> Int { return 1 }
13.
14.     func previewController(_ controller: QLPreviewController, previewItemAt index: Int) -> QLPreviewItem {
15.         guard let filePath = Bundle.main.url(forResource: "fender_stratocaster", withExtension: "usdz")
    else {fatalError("无法加载模型")}
16.         let item = ARQuickLookPreviewItem(fileAt: filePath)
17.         item.allowsContentScaling = true
18.         item.canonicalWebPageURL = URL(string: "https://www.example.com/example.usdz")
19.         return item
20.     }
21. }
```

运行代码,实现的效果与使用代码清单 12-3 中代码完全一样,如图 12-12 右图所示。

在 iOS 13 及以上版本系统中,AR Quick Look 还支持多模型展示,并支持环境光照明,这大大地拓宽了其使用领域,可以实现诸如家具布置、模型对比等功能。另外,AR Quick Look 与 Reality Composer 的结合,对设计人员非常友好,可以快速开发出 AR 应用原型。

提示

　　在写作本书时,使用 SwiftUI 设计开发的界面实现 AR Quick Look 浏览 AR 模型时没有显示 UI 图标,这应当是由于 AR Quick Look 对 SwiftUI 支持还不够完善引起的,随着 RealityKit 的演进,这个问题肯定会被解决。

12.5 Web 网页中嵌入 AR Quick Look

在支持 ARKit 的设备上,iOS 12 及以上版本系统中的 Safari 浏览器支持 AR Quick Look,因此可以通过浏览器直接使用 3D/AR 的方式展示 Web 页面中的模型文件,目前 Web 版本的 AR Quick Look 只支持 USDZ 格式文件。

苹果公司有一个自建的 3D 模型示例库,网址为 https://apple.co/2C5362d,当通过支持 ARKit 的 iOS 设备使用 Safari 浏览器访问上述页面时,可以看到每个可以使用 AR Quick Look 浏览的模型文件图片右上角都有一个虚立方体标记,如图 12-14 所示。

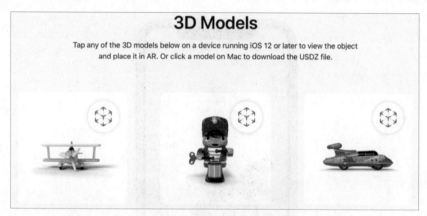

图 12-14   可以使用 AR Quick Look 的模型图片上均有标记

单击图片即可在浏览器中打开 AR Quick Look,使用体验与本地应用完全一致。AR Quick Look 嵌入与 Web 页面融合得非常好,过渡非常平滑。

在技术上,为了从 Web 页面中区分出可以使用 AR Quick Look 浏览的模型,苹果公司在 HTML 中的 <a></a>标签内加入了一个属性标识< a rel＝"ar"></a>,Safari 浏览器在检测到该属性标识后就会调用 AR Quick Look 打开链接中的内容而不是下载,在 AR 体验完后会直接返回到原浏览页面。

除了在<a></a>标签中加入属性标识,为避免歧义,苹果公司还规定,在<a></a>标签中必须有且仅有一个<img />标签用于显示与模型对应的图片(当然也可以使用任何图片),典型的代码如代码清单 12-5 所示。

代码清单 12-5

```
1.    < a rel = "ar" href = "model.usdz">
2.        < img src = "model - preview.jpg">
3.    </a>
```

在 W3C 标准中,<a></a>标签并不包含 rel＝"ar"属性标识,所以在<a></a>标签中加入 rel＝"ar"属性只是苹果公司自己的行为,也只能在 Safari 中得到合理的解析,在其他浏览器(如 Chrome、Firefox)中则无法识别,因此无法解析所连接的 USDZ 文件(通常情况下会直接被当作压缩文件下载),也无法调用 AR Quick Look,自然更无法使用 AR 体验。

为提高兼容性,我们可以通过 JavaScript 脚本检查所使用的浏览器类型,也可以使用代码清单 12-6 所示代码检查 rel＝"ar"属性的支持情况,以便根据不同的情况作不同的处理。

代码清单 12-6

```
1.  const a = document.createElement("a");
2.  if (a.relList.supports("ar")) {
3.    //AR 可用
4.  }
```

在 Web 页面中嵌入 AR Quick Look 支持 3D/AR 功能,很多时候都是为满足电子商务需要,为方便用户直接从 AR Quick Look 中支付、执行自定义操作,苹果公司扩展了 Web 中使用 AR Quick Look 的功能(需要 iOS 13.3 及以上系统),如图 12-15 所示。

图 12-15　在 Web 中浏览 AR 时可直接使用支付功能

12.5.1　选择支付样式

ARKit 预定义了 7 种支付样式,如图 12-16 所示,开发人员可以选择其中之一作为 AR Quick Look 中的支付显示类型。

图 12-16　ARKit 预定义的 7 种支付样式

支付显示按钮的使用方法是将显示样式作为模型文件的 applePayButton 参数传递,如代码清单 12-7 使用 plain 样式显示支付按钮。

代码清单 12-7

```
1.  < a rel = "ar" href = "https://example.com/biplane.usdz#applePayButtonType = plain">
2.      < img src = "model – preview.jpg">
3.  </a>
```

12.5.2 显示自定义文字按钮文件

除了显示支付图标按钮，也可以显示自定义的文字按钮，如图 12-17 所示。

图 12-17 自定义文字按钮

显示自定义文字按钮的方法是将文字作为模型文件的 callToAction 参数传递，代码清单 12-8 为显示"去购买"的示例。

代码清单 12-8

```
1.  < a rel = "ar" href = "https://example.com/biplane.usdz#callToAction = % e5 % 8e % bb % e8 % b4 % ad % e4 % b9 % b0">
2.      < img src = "model – preview.jpg">
3.  </a>
```

提示

附加于模型地址后的参数都需要以 URL 编码的方式对特殊字符进行编码，如空格的编码为％20，如不编码则会导致传输错误而无法解析，在使用汉字时，也需要对汉字进行 URL 编码。

12.5.3 自定义显示文字

我们还可以自定义当前显示商品的名称（checkoutTitle）、简要介绍（checkoutSubtitle）、价格（price），如图 12-18 所示。

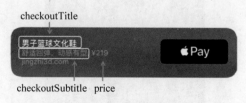

图 12-18 自定义商品名称、简要介绍、价格

使用方法是将文字信息作为模型文件的 checkoutTitle、checkoutSubtitle、price 参数对进行传递，参数之间通过 & 连接，如代码清单 12-9 所示。

代码清单 12-9

```
1.   < a rel = "ar" href = "https://example.com/biplane.usdz ♯ applePayButtonType = buy&checkoutTitle = ％ e7
     ％ 94 ％ b7 ％ e5 ％ ad ％ 90 ％ e7 ％ af ％ ae ％ e7 ％ 90 ％ 83 ％ e6 ％ 96 ％ 87 ％ e5 ％ 8c ％ 96 ％ e9 ％ 9e ％ 8b&checkoutSubtitle =
     ％ e8 ％ 88 ％ 92 ％ e9 ％ 80 ％ 82 ％ e5 ％ 9b ％ 9e ％ e5 ％ bc ％ b9 ％ ef ％ bc ％ 8c ％ e5 ％ a ％ a8 ％ e6 ％ 84 ％ 9f ％ e6 ％ 9c ％ 89
     ％ e5 ％ 9e ％ 8b&price = ￥ 219">
2.      < img src = "model – preview.jpg">
3.   </a>
```

如果 checkoutTitle、checkoutSubtitle 传输的文字过多，AR Quick Look 会直接截断文字，并使用省略号(…)表示文字过多未显示完。

12.5.4　自定义显示条目

上述显示样式是 ARKit 提供的标准参考样式，除此之外，我们也可以提供完全自定义的条目显示样式，通过先预定义一个 HTML 条目显示文件，在模型文件后使用 custom 参数传递该 HTML 文件路径，如代码清单 12-10 所示。

代码清单 12-10

```
1.   < a rel = "ar" href = "https://example.com/biplane.usdz ♯ custom = https://example.com/customBanners/
     comingSoonBanner.html">
2.      < img src = "model – preview.jpg">
3.   </a>
```

在上述代码中，我们预先制作了一个名为 comingSoonBanner.html 文件，预定义了相应的文字图片样式，然后作为 custom 参考传递。效果如图 12-19 所示。

图 12-19　完全自定义条目显示样式

需要注意的是,custom 提供的文件路径必须是绝对 URL 路径,出于安全考虑,只允许使用 HTTPS 协议传输 HTML 文件内容,并且 AR Quick Look 只显示 HTML 中的静态信息,任何脚本、事件都将被忽略。

12.5.5　自定义条目高度

在使用自定义条目时,可以通过 customHeight 定义条目的高度,AR Quick Look 支持 3 种高度,分别是 small(81 像素)、medium(121 像素)、large(161 像素),使用方法如代码清单 12-11 所示。

代码清单 12-11

```
1.  < a rel = "ar" href = "https://example.com/biplane.usdz # custom = https://example.com/my - custom - page.
    html&customHeight = large">
2.     < img src = "model - preview. jpg">
3.  </a>
```

AR Quick Look 会根据硬件设备屏幕尺寸和方向自动缩放宽度,自定义条目的最大宽度为 450 像素,如果省略 customHeight 参数,则默认使用 small 类型高度,其他不符合要求的自定义高度信息都将被忽略。

12.5.6　事件处理

在 12.5.1 节、12.5.2 节中,设置和显示了支付和自定义文字按钮,但并没有处理按钮单击事件。当用户单击支付或自定义按钮时,会触发一个< a ></ a >标签事件,我们可以通过定义< a ></ a >标签 ID 检测到该事件,如在代码清单 12-12 中,我们定义了一个 ID 名为 ar-link 的< a ></ a >标签。

代码清单 12-12

```
1.  < a id = "ar - link" rel = "ar" href = "https://example.com/cool - model.usdz # applePayButtonType = pay....etc">
2.  < img src = "model - preview. jpg">
3.  </a>
```

当用户单击支付按钮时,Safari 浏览器会触发< a ></ a >标签单击事件,这时可以通过检测 event. data 是否等于 _apple_ar_quicklook_button_tapped 判断单击是否来自 AR Quick Look,然后根据判断结果进行不同处理,事件处理如代码清单 12-13 所示。

代码清单 12-13

```
1.  const linkElement = document.getElementById("ar - link");
2.  linkElement.addEventListener("message", function (event) {
3.     if (event.data == "_apple_ar_quicklook_button_tapped") {
4.        //用户单击处理逻辑
5.     }
6.  }, false);
```

JavaScript 事件消息完全遵循 DOM 的处理规则,因此,除了代码清单 12-13 所示只侦听特定 ID 的方法,我们也可以直接定义一个全局的< a ></ a >事件监听器,然后使用. target 区分事件来自哪个特定的 ID 对象,这样就可以处理所有的< a ></ a >单击事件。

如果使用苹果支付,可以直接调用 Apple Pay JS API 的相关接口进入支付环节。如果处理的是用户自定义的按钮,一般应当将商品添加到购物车或者跳转到支付界面。

12.6 使用 AR Quick Look 的注意事项

AR Quick Look 功能非常强大,可以渲染出真实感极强的 AR 效果,如 PBR 材质、实时软阴影、运动模糊、景深、人形人脸遮挡等,但开发人员应当明白,营造这些出色效果的背后是强大的计算资源支持,如果过多过滥地使用材质、纹理、模型则会导致性能的快速恶化,应用出现卡顿、假死等。因此,在使用 AR Quick Look 时也需要进行一些限制与优化。

1. 优化模型和透明度

AR Quick Look 支持多模型展示,但通常而言,每一个模型渲染都需要一个 Drawcall,过多的 Drawcall 会导致 GPU 与 CPU 过载,因此,苹果公司官方的建议是控制模型数目(Meshes)在 50 个以内。另外,为优化性能,我们可以将共享相同材质的模型对象合并,尽量使用合并各种小纹理的大纹理集,而不是分散使用小纹理,因为纹理不同会导致模型网格无法合并。

AR Quick Look 使用投影阴影(Project Shadow)或者光线跟踪阴影(Ray-Traced Shadow),这取决于设备的硬件性能,阴影生成是一项非常消耗计算资源的操作,为减少内存使用、提高性能,通常要求所有渲染的模型多边形数保持在 10 万面以下。

透明度混合是逐像素进行的昂贵操作,会大大地增加片元着色器(Fragment Shader)的消耗,因此,若要通过减少应用程序着色器压力而提高性能,需谨慎使用透明度。

2. 控制纹理数量

AR Quick Look 支持完整的 PBR 渲染,包括清漆(Clear Coat)、清面粗糙度(Clear Coat Roughness)等 9 种纹理,大量纹理的处理不仅要消耗内存资源,还会消耗计算资源。为提升性能,纹理尺寸通常设置为 1024×1024 像素或更小,最好不要超过 2048×2048 像素。如果有多个小纹理,可以使用纹理坐标将它们合并为一个较大的纹理。同时,苹果公司官方建议每个模型文件的纹理数量尽量控制在 6 个以内。

在运行时,AR Quick Look 会自动为模型的纹理生成 Mipmap,AR Quick Look 还可能会根据设备硬件能力自动缩小纹理尺寸,以使内存使用控制在一定的范围内。

3. 在各种设备上测试

支持 ARKit 的设备多种多样,硬件性能也各不相同,为更好地兼容所有设备,在开发时应当先从一个保守的设备配置开始,以确保 AR Quick Look 在早期 iOS 设备(iPhone 6s 和第一代 iPad Pro)得到支持。AR Quick Look 也会自动检测设备并根据设备性能最佳化使用体验。

提示

Drawcall 是指 CPU 在准备好相应数据后调用图像编程接口命令 GPU 进行渲染操作的过程,过多的 Drawcall 不仅会导致 CPU 准备的数据量过大、次数过多,也会导致 GPU 渲染状态的快速切换从而使 CPU 与 GPU 过载;Fragment Shader 是 GPU 着色器中负责片元着色的着色程序,片元着色程序对每个片元进行独立的颜色计算并输出每个像素的颜色值;Mipmap 是一种通过生成不同尺寸纹理图片减少采样过滤操作的技术,该技术会增加 33% 的内存使用。

提 高 篇

本篇为 AR 应用开发高级篇,主要从高层次对 AR 开发中的原则及性能优化进行讲解,提升对 AR 应用开发的整体把握能力。本篇不仅讨论 AR 应用与普通应用的区别,也指出 AR 应用开发中应该注意的事项,提出在 AR 应用开发中应该遵循的基本原则,并对如何排查 AR 应用性能问题及基本性能优化原则进行比较深入的探究。

提高篇包括以下两章。

第 13 章　设计原则

AR 应用是一种全新形态的程序,有着与传统普通应用完全不一样的操作及使用方法,本章对开发 AR 应用的设计原则与设计指南进行学习,着力提高 AR 应用的用户体验。

第 14 章　性能优化

AR 是计算密集型应用,而且移动端的软硬件资源非常有限,本章主要对 AR 开发时的性能问题排查及优化技术进行学习,着力提升 AR 应用的性能。

第 13 章

设　计　原　则

AR是一种全新的应用形式,不同于以往任何一种通过矩形框(电视机、智能手机、屏幕)来消费的视觉内容,AR是一个完全没有形状束缚的媒介,环境显示区域完全由用户自行控制。这是一种新奇的体验方式,也给传统操作习惯带来了极大的挑战。

13.1　移动 AR 带来的挑战

由于专用 AR 眼镜设备还不够成熟并且价格过于高昂,基于移动手机和平板计算机的 AR 技术仍是目前的主流,也是最有希望率先普及的技术。得益于 Apple ARKit、Google ARCore、华为 AREngine 等框架,开发 AR 应用的技术门槛也越来越低,这对 AR 应用的普及无疑是非常重要的,但我们也要看到 AR 应用在带来更强烈视觉刺激的同时,对普通用户长久以来形成的移动设备操作习惯也形成一种挑战。因为 AR 应用与普通应用无论在操作方式、视觉体验还是功能特性方面都有很大的区别,目前用户形成的移动设备某些操作习惯无法适应 AR 应用,另外还需要扩展很多特有的操作方式,例如用户在空间手部动作的识别、凌空对虚拟对象的操作等,这些都是传统移动设备操作中没有的,并且更关键的是目前智能设备操作系统并不是为 AR 应用而开发的,因此从底层架构上就没有彻底地支持 AR,这对开发人员来说构成了一个比较大的挑战,所以,在设计 AR 应用时就应当充分考虑这方面的需求,用一种合适的方式引导用户采用全新操作手段去探索 AR 世界,而不应在这方面让用户感到困惑。不仅如此,这些挑战还包括以下几个方面。

13.1.1　用户必须移动

由于 AR 应用的特殊性,用户要么站起来移动、要么举着手机来回扫描以更好地体验 AR。这是 AR 与传统移动设备操作最大的不同,在 AR 之前,从来不会有应用要求用户站起来操作,这种操作在带来新奇体验的同时也会减少用户使用操作的时间,由于生物力学原因,没有人愿意为了使用某个 AR 应用而长时间站立。或许在使用初期大家还能忍受这种新奇体验给身体带来的不适,但作为一个 AR 应用而言,很难要求用户在长期使用与长期移动中取得平衡,而这在使用手机作为 AR 应用硬件载体时表现得尤为突出。

因此,就目前而言,这也是应用开发者在开发 AR 应用时首先要考虑的事情,如果开发的应用持续时间较长那就应该采取合适的方法来降低因为要求用户移动而带来的用户流失风险。

13.1.2　要求手持设备

就目前 AR 主要使用的手机和平板计算机设备而言,运行 AR 应用后要求用户一直手持设备而不能将设备放置在一边,如图 13-1 所示,这也是对长时间持续使用 AR 应用的一个考验。用户至少需要使用一只手来握持手机或平板电脑以便使用 AR,这是对用户的一种束缚,这意味着很多看起来很美好的东西其实并不适合做成 AR。

要求手持设备带来的另一个问题是加速用户的疲劳感,在用手机等移动设备看电影时,我们通常会找一个支架或者将移动设备放置在一个让自己感觉很舒适的地方,而这对 AR 应用并不适用,AR 应用启动后如果将移动设备长期放置在一个地方,那么 AR 的所有优势将全部转化为劣势。

另外,要求用户手持设备(除非借助于专门的支架设备)至少会占用用户的一只手,导致用户在进行其他操作时的便捷度大大降低。例如,修理师傅在使用一个演示发动机构造的 AR 应用修理发动机时,由于要用一只手一直握持设备,导致其修理的灵活性与效率下降。

图 13-1 用户操作 AR 应用示意图

13.1.3 要求必须将手机放在脸前

移动手机 AR 应用终归还是手机应用,需要将手机放在脸前。如果是短时的体验,这并没有不妥,但从长远来看,将手机时刻保持在脸前可能会让人感到厌烦,特别是当用户处在移动中时,如在街上行走。

其他非 AR 应用也要求用户将手机放在脸前,但是非 AR 应用不要求用户必须移动或者手持手机。移动实景导航类应用需要格外关注这个因素,将手机时刻保持在脸前不仅会导致用户疲劳,还会增加现实环境中的威胁风险。同时将手机放在用户脸前也意味着用户使用 AR 的 FOV(Field Of View,视场角)非常有限,这会降低 AR 的整体沉浸感。

13.1.4 操作手势

AR 应用中,用户往往不再满足于在屏幕上的手势操作而希望采用空间上的手势操作,同时,屏幕上的手势操作会降低用户的沉浸感,不过就目前来说,移动端还没有非常成熟的空间手势操作解决方案。幸运的是,机器学习可能是一个"足够好"的解决方案,一系列的人工智能模型,包括手势识别、运动检测,可以作为环境相关的模型输入,以确定用户空间手势并将手势翻译成机器动作。

> **提示**
>
> 屏幕手势操作就是目前常用的在手机屏幕上单击、滑动、双击等操作方式,这是用户已经习惯的操作方式,也有非常成熟的手势操作识别解决方案。空间手势操作是指用户在空中而非在手机屏幕上的操作,也叫虚拟 3D 手势操作。当用户手部在摄像头前时,算法可以捕获识别用户手掌和手指的变化,并且通过采用图形分析算法,过滤掉除手掌和手指外的其他轮廓,然后将此转换为手势识别模型,并进一步转换成操作指令。

13.1.5 用户必须打开 App

所有移动 App 应用都面临这个问题,如果不打开相应的 App,就不能进行相应操作,但对 AR 应用来说,这个问题变得更加严重。对用户而言,最自然的方式是在需要的时候弹出、显示、提示相应的信息,而不用去管其他细节,使用以手机为主的移动 AR 显然还做不到,但这个问题归根结底还是没有专门针对 AR 的硬件平台和操作系统,现行的操作系统是从 PC 的操作系统改造过来的,已经不能适应 AR、MR 技术的发展需求。

必须打开 App 与人的本性形成了相对的冲突,人在做某件事的时候通常都是功利性的,那就是这件事必须是能让自己受益,在使用手机的普通 App 应用时,弹出的提示、新闻的阅读通过轻轻一点就能返回用户满意的结果,而 AR 则不然。如果使用 AR 像使用摄像头拍照那样,需要用户启动一个 App 但却不总是能给用户以满足,那启动和关闭 AR 应用将是致命的,因为对于基于智能手机的 AR,让用户决定将放在口袋里的手机取出并使用 AR 体验,这本身就是一个挑战,而且就目前来看,AR 还不是一种必需品。

13.2 移动 AR 设计准则

在 13.1 节中,我们学习了当前移动 AR 在使用上对用户操作习惯形成的巨大挑战,对用户而言,如果一个应用不是必不可少的,但要求用户付出额外的操作或者让用户感到不适,那么用户很可能就会放弃该应用而选择替代方案。所以在设计 AR 应用时需要遵循一些准则以使我们开发的应用更有生命力。

13.2.1 有用或有趣

正如上面所述,说服一个人取出手机并启动 AR 应用程序本身就是非常大的挑战。要触发此类行为,该应用必须具备有用或有趣的内容来吸引用户。将一个 3D 模型放在 AR 平面上的确很酷,但这并不能每次都能达到触发用户启用 AR 应用的开启线,所以从长远来看,用户真正愿意用的 AR 必须要有用或者有趣,如在教学中引入 AR 能强化学生对知识的直观体验,能加深学生对事物的理解;或者如 Pokemon Go 能做得非常有趣并让人眼前一亮一样。

所以 AR 开发的创意是击败上述 AR 对用户操作带来挑战的有效手段,一个好的 AR 应用或许真的可以让用户站半天。因此,对 AR 开发设计人员来说,这是首先要遵循的准则,否则可能花费很长时间做出来的应用无人问津。

13.2.2 虚拟和真实的混合必须有意义

AR 字面意思也是增强现实,但只有将虚拟元素与真实环境融合时,增强现实才有意义,并且这种混合场景在单独的现实或单独的虚拟中都不能全部体现,也就是将虚拟对象附加到现实上后具有附加价值。如果附加上的虚拟对象对整体来说没有附加价值,那么这个附加就是失败的。例如将一个虚拟电视挂在墙上,透过智能手机的屏幕看播放的电影绝对没有附加价值,因为通过这种方式看电影不仅没有增加任何电影体验而且还会因为手机视场过小而感觉很不舒服,还不如直接看电视或者在手机上播放 2D 电影更有意义。

但如果开发一个食品检测 AR,能够标注一款食品的热量或者各成分含量,在扫描到一个面包后就能在屏幕上显示出对应的热量,这就符合我们刚才所说的有意义的准则,因为无论是现实还是虚拟都不能提供一眼就可以看到的热量值。

13.2.3　移动限制

移动 AR 通过设备摄像头将采集的现实物理环境与生成的虚拟对象进行合理地组合以提供沉浸式交互体验,如前所述,移动 AR 要求用户至少一只手一直握持设备,因此设计 AR 应用时对用户移动和设备移动要有良好的把握,尽量不要让用户全时移动并减少大量不必要的设备移动操作。

在交互方面,目前用户习惯的是屏幕操作,这就要求在做 AR 开发设计时,要对现实与虚拟对象的交互有很好的把握。交互设计要可视化、直观化,便于一只手操作甚至不用手去实现。移动 AR 设备是用户进行 AR 体验的窗口,还必须充分考虑用户使用移动 AR 的愉悦性,设计的 AR 应用要能适应不同的屏幕大小和方向。

13.2.4　心理预期与维度转换

大屏幕移动手机使用以来,用户已形成特定的使用习惯及使用预期,2D 应用操作时,其良好的交互模式可以带来非常好的应用体验。但 AR 应用与传统应用在操作方式上有非常大的差异,因此在设计时需要引导用户去探索新的操作模式,鼓励用户在物理空间移动,并对这种移动给予适当的奖励回报,让用户获得更深入、更丰富的体验。

这种操作习惯的转换固然是很难的,但对开发者而言,其有利的一点是现实世界本身就是三维的,以三维的方式观察物体这种交互方式也更加自然,良好的引导可以让用户学习和适应这种操作方式。如在图 13-2 中,当虚拟的鸟飞离手机屏幕时,如果能提供一个箭头指向,那么就可以引导用户通过移动手机设备追踪这只飞鸟的位置,这无疑会增强用户的体验效果。

图 13-2　为虚拟对象提供适当的视觉指引

13.2.5　环境影响

AR 是建立在现实环境基础上的,如果虚拟的对象不考虑现实环境,那将直接减弱用户的体验效果。每一个 AR 应用都需要拥有一个相应的物理空间与运动范围,过于狭小且紧凑的设计往往会让人感到不适。AR 有检测不同平面大小和不同平面高度的能力,这非常符合三维的现实世界,也为应用开发人员准确地缩放虚拟对象提供了机会。

一些 AR 应用对环境敏感,另一些则不是,如果对环境敏感的应用没有充分地考虑环境影响,那可能导致应用开发的失败,如图 13-3 所示,虚拟对象穿透墙壁会带来非常不真实的感觉,在应用开发时,应尽量避免此类问题。

图 13-3　虚拟对象穿透墙壁会带来非常不真实的感觉

13.2.6　视觉效果

AR 应用结合了现实物体与虚拟对象,如果虚拟对象呈现的视觉效果不能很好地与现实统一,那就会极大地影响综合效果,例如一只虚拟的宠物小狗放置在草地上,小狗的影子与真实物体的影子相反,这将会营造非常怪异的景象。

先进的屏幕显示技术及虚拟照明技术的发展有助于解决一些问题,可以使虚拟对象看起来更加真实,同时 3D 的 UI 设计也能加强 AR 的应用体验。3D UI 的操作如状态选择与功能选择对用户的交互体验也非常重要,良好的 UI 设计可以有效地帮助用户对虚拟物体进行操作,如在扫描平面时,可视化的效果能让用户实时地了解到平面检测的进展情况并了解哪些地方可以放置虚拟对象。

AR 应用需要综合考虑光照、阴影、实物遮挡等因素,动画、光线等视觉效果的完善对用户的整体体验非常重要。

13.2.7　UI 设计

UI 可以分为两类:一类是固定在用户设备显示平面的 UI,这类 UI 不随应用内容的变化而改变;另一类是与对象相关的标签 UI,这类 UI 有自己的空间三维坐标。我们这里主要指第一类 UI 设计,这类 UI 是用户与虚拟世界交互的主要窗口,也是目前用户非常适应的一种操作方式,但要非常小心,AR 应用 UI 设计需要尽量少而精,由于 AR 应用的特殊性,面积大的 UI 应尽量采用半透明的方式,如一个弹出的物品选择界面,半透明效果可以让用户透过 UI 看到真实的场景,营造一体化沉浸体验,而不应让人感觉 UI 与 AR 分离。同时,过多过密的 UI 会打破用户的沉浸体验,导致非常糟糕的后果,如图 13-4 所示。

13.2.8　沉浸式交互

在 AR 应用中,所谓沉浸式就是让用户相信虚拟的对象就是存在于现实环境中的对象而不仅仅是一个图标。这是 AR 应用与 VR 应用在沉浸式方面很大的不同,VR 天生就是沉浸式的,AR 由于现实世界的参与让沉浸变得困难。

由于上述原因,移动 AR 在设计交互时,包括对象交互、浏览、信息显示、视觉引导方面都与传统的应用设计有很大的不同。如在信息显示时根据对象的远近来决定显示信息的多少,这就会让用户感到很符合实

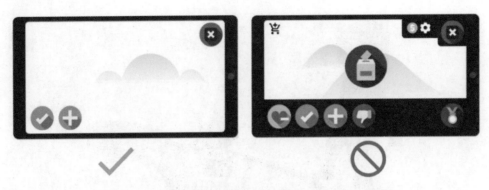

图 13-4　UI 元素过多过密会极大地影响 AR 应用沉浸感

际；通过考虑将虚拟对象放置在固定位置或动态缩放，可以优化可读性、可用性和用户体验；由于真实世界的三维特性，对虚拟物体的直接操作比对图片操作更符合 AR 应用，如图 13-5 所示。

图 13-5　对虚拟物体的直接操作比对图片操作更符合 AR 应用

13.3　移动 AR 设计指南

在 AR 应用开发中遵循一些设计原则，可以应对移动 AR 带来的挑战，并能为用户操作提供方便和提升应用的体验效果。总的来讲，AR 设计应当遵循表 13-1 所示原则。

表 13-1　移动 AR 应用设计指南

体 验 要 素	设 计 指 南
操作引导	循序渐进地引导用户进行互动
	图文、动画、音频结合引导，能让用户更快上手操作，可通过音频、振动烘托气氛，增强代入感
	告知用户手机应有的朝向和移动方式，引导图表意清楚，明白易懂
模型加载	避免加载时间过长，减少用户对加载时长的感知
	大模型加载提供加载进度图示，减少用户焦虑

续表

体 验 要 素	设 计 指 南
交互	增加趣味性、实用性，提高用户互动参与度
	避免强制性地在用户环境中添加 AR 信息
	综合使用音频、振动可以提升沉浸感
	操作手势应简单统一，符合用户使用习惯
状态反馈	及时对用户的操作给予反馈，减少无关的杂乱信息干扰
模型真实感	充分运用光照、阴影、PBR 渲染、环境光反射、景深、屏幕噪声等技术手段提高模型真实质感，提高模型与环境的融合度
异常引导	在运行中出现错误时，通过视觉、文字等信息告知用户，并允许用户在合适的时机重置应用

13.3.1 环境

VR 中的环境是由开发者定义的，开发人员能完全控制使用者所能体验到的各类环境，这也为用户体验的一致性打下了良好的基础，但 AR 应用使用的环境却千差万别，这是一个很大的挑战。AR 应用必须要足够"聪明"才能适应不同的环境，不仅如此，更重要的是 AR 的设计开发人员需要比其他应用开发人员更多地考虑这种差异，并且还需要形成一套适应这种差异的设计开发方法。

1. 真实环境

AR 设计者要想办法让用户了解使用该应用时的理想条件，还要充分考虑用户的使用环境，从一个桌面到一个房间再到开阔的空间，用合适的方式让用户了解使用该 AR 应用可能需要的空间，如图 13-6 所示。尽量预测用户使用 AR 应用时可能带来的一些挑战，包括需要移动身体或者移动手机等。

特别要关注在公共场所使用 AR 应用而带来的更多的挑战，包括大场景中的跟踪和景深遮挡的问题，还包括在用户使用 AR 应用时带来的潜在人身安全问题或者由于用户使用 AR 而导致出现一些影响他人正常活动的问题。

图 13-6 预估 AR 应用可能需要的空间

2. 增强环境

增强环境由真实的环境与叠加在其上的虚拟内容组成，AR 能根据用户的移动计算用户的相对位置，还会检测捕获摄像头图像中的特征点信息并以此来计算其位置变化，再结合 IMU 惯性测量结果估测用户设备随时间推移而相对于周围环境的姿态（位置和方向）。通过将渲染 3D 内容的虚拟摄像头姿态与 AR 提供的设备摄像头的姿态对齐，用户就能够从正确的透视角度看到虚拟内容。渲染的虚拟图像可以叠加到从设备摄像头获取的图像上，让虚拟内容看起来就像现实世界的一部分。

从前面章节我们知道,ARKit 可以持续改进对现实环境的理解,它可以对水平、垂直、有角度的表面特征点进行归类和识别,并将这些特征点转换成平面供应用程序使用,如图 13-7 所示。

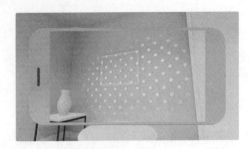

图 13-7　ARKit 检测环境并进行平面识别示意图

目前,影响准确识别平面的因素主要包括:

(1) 无纹理的平面,如白色办公桌、白墙。

(2) 低亮度环境。

(3) 极其明亮的环境。

(4) 透明反光表面,如玻璃。

(5) 动态的或移动的表面,如草叶或水中的涟漪。

当用户在使用 AR 时遇到上述环境限制时,需要设计友好的提醒以便变换环境或者操作方式。

13.3.2　用户细节

在长时间的使用过程中,用户已经习惯了当前的移动设备 2D 交互方式,往往都倾向于保持静止,但 AR 应用是一种全新的应用形式,在 AR 中,保持静止就不能很好地发挥 AR 的优势,因此,在设计时应当关注此种差异并遵循适当的设计原则,引导用户熟悉新的交互操作形式。

1. 用户运动

由于 AR 要求用户移动操作的特殊性,与传统的设备操作习惯形成相对冲突,这时开发人员就应该通过合适的设计引导用户体验并熟悉这种新的操作模式,例如将虚拟对象放置在别的物体后面或者略微偏离视线中央可触发用户进一步探索的欲望,如图 13-8 所示。另外,通过合适的图标提示用户进行移动以便完成后续操作也是不错的选择。

图 13-8　虚拟对象隐藏在别的物体后面或适当地偏离用户视线可触发用户探索的欲望

根据用户的环境和舒适度,用户手持设备运动可以分为 4 个阶段,如图 13-9 所示,这 4 个阶段包括:

(1) 坐着,双手固定。

(2) 坐着,双手移动。

(3) 站着,双手固定。

(4) 全方位的动作。

从(1)到(4),对运动的要求越来越高,从部分肢体运动到全身运动,幅度也越来越大。对开发设计者而言,不管是要求用户的运动处于哪个阶段,都需要把握和处理好以下几个问题:

(1) 设计舒适,确保不会让用户处于不舒服的状态或位置,避免大幅度或突然的动作。

(2) 当需要用户从一个动作转换到另一个动作时,提供明确的方向或指引。

(3) 让用户了解触发体验所需的特定动作。

(4) 对移动范围给予明确的指示,引导用户对位置、姿态或手势进行必要的调整。

(5) 降低不必要的运动要求,并循序渐进地引导用户做动作。

图 13-9 用户手持设备运动阶段示意图

在某些情况下,用户可能无法四处移动,此时设计者应提供其他备选方案。如可以提示用户使用手势操作虚拟对象,通过旋转、平移、缩放等对虚拟物体进行操作来模拟需要用户运动才能达到的效果,如图 13-10 所示,当然这可能会破坏沉浸体验。

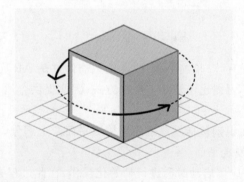

图 13-10 通过旋转虚拟对象来模拟用户围绕虚拟对象观察

在用户疲劳时或者处于无法运动的状态时,通过旋转、平移、缩放操作可以大大方便用户,开发人员应当考虑类似需求并提供解决方案。

2. 用户舒适度

AR 应用要求用户一直处在运动状态,并且要求至少用一只手握持移动设备,在长时间使用后可能会带来身体上的疲惫,所以在设计应用时需要时刻关注用户的身体状况。

(1) 在应用设计的所有阶段考虑用户的身体舒适度。

（2）注意应用体验的时长，考虑用户可能需要的休息时间。

（3）让用户可以暂停或保存当前应用进度，在继续操作时使他们能够轻松地恢复应用进程，即使他们变更了物理位置。

3. 提升应用体验

AR应用设计时应充分考虑用户的使用限制并符合一定的规则，尽量提前预估并减少用户使用AR应用时带来的不适。

预估用户实际空间的限制：室内和室外、实际的物理尺寸、可能的障碍物（包括家具、物品或人）。虽然仅仅通过应用无法知道用户的实际位置，但尽量提供建议或反馈以减少用户在使用AR应用时的不适感，并在设计时注意以下几个方面：

（1）不要让用户后退，或进行快速、大范围的身体动作。

（2）让用户清楚地了解AR体验所需的空间。

（3）提醒用户注意周围环境。

（4）避免将大物体直接放在用户面前，因为这样会强迫他们后退从而引发安全风险，如图13-11所示。

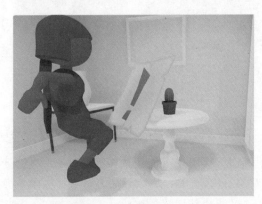

图13-11　将一个尺寸过大的虚拟对象放置在用户前面会惊吓用户并强迫用户后退

13.3.3　虚拟内容

扫描环境、检测平面、放置虚拟物体这是AR应用常用的流程，但因为AR应用是一种新型的应用形式，用户还不习惯也不清楚其操作方式，因此提供合适、恰当的引导至关重要。

1. 平面识别

平面识别包括发现平面和检测平面两个部分，在进行虚拟物体操作时还可能涉及多平面间的操作。

1）发现平面

AR应用启动时会进行初始化操作，在此过程中AR应用程序会评估周围环境并检测平面，但这时由于屏幕上并无可供操作的对象，用户对进一步的操作存在一定的困惑，为了减少可能的混淆，在设计AR时应为用户提供有关如何扫描环境的明确指引，如图13-12所示。通过清晰的视觉提示，引导用户正确移动手机，加快平面检测过程，如提供动画来帮助用户了解所需进行的移动，例如顺时针或圆周运动。

2）检测平面

在应用检测平面时，提供清晰、明确、实时的平面检测反馈，这个反馈可以是文字提示类，也可以是可视化的视觉信息，如图13-13所示，在用户扫描他们的环境时，实时反馈可以缓解用户的焦虑。

当用户检测到平面时，应引导用户进行下一步操作，建立用户信心并减少用户操作不适感，如通过以下

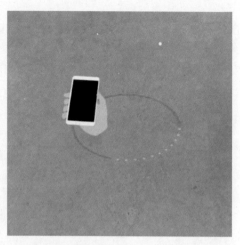

图 13-12 提供文字或动画引导用户扫描环境

图 13-13 对 AR 检测发现的平面进行可视化显示更符合人类发现事物的规律

方式引导用户进行后续操作：

（1）设计无缝的过渡。当用户快速移动时，系统可能会无法跟踪，在发现平面和检测平面之间设计平滑的过渡。

（2）标识已检测到的平面。在未检测与已检测的平面之间做出区分，考虑通过视觉上的可视化信息来标识已检测的平面。

（3）以视觉一致性为目标。为了保持视觉的一致性，每种状态的视觉信息也应具备大众的审美属性。

（4）使用渐进式表达。应当及时和准确地传达系统当前的状态变化，通过视觉高亮或文本显示可以更好地表达出平面检测成功的信息。

3）多个平面

ARKit 可以检测多个平面，在设计 AR 应用时，应当通过明确的颜色或者图标来标识不同的平面，通过不同颜色或者图标来可视化平面可以协助用户在不同的平面上放置虚拟对象，如图 13-14 所示。

为更好地提供给用户明确的平面检测指示，应遵循以下原则：

（1）高亮显示那些已检测并准备好放置物体的平面。

（2）在不同平面之间构建视觉差异，通常以不同颜色来标识不同平面，以避免在后续放置虚拟物体时发生混淆。

（3）仅在视觉上高亮显示用户正在浏览或指向的平面，但需要注意的是，不要一次高亮多个平面，这会让用户失去焦点。

（4）在发现平面的过程中缺乏视觉或者文字提示会导致用户失去耐心，通常需要将可用的平面与不可用的平面明确区分并以可视化的方式告知用户。

图 13-14　对已检测到的不同平面用不同方式标识可以方便用户区分

2. 物体放置范围

确定最佳放置范围有助于确保用户将虚拟对象放置在舒适的观察距离内，在该范围内放置虚拟对象能最优化用户的使用体验，避免将虚拟对象放置在屏幕边缘，除非有意引导用户移动。

1）场景分区

手机屏幕上有限的视场会对用户感知深度、尺度和距离带来挑战，这可能会影响用户的使用体验及与物体交互的能力，尤其是对深度的感知会由于物体位置关系而发生变化。如将虚拟物体放置得离用户太近，会让人感到惊讶甚至惊恐，此外，将大物体放置在离用户过近的位置时，可能会强迫他们后退，甚至撞到周围的物体，引发安全风险；而过远过小的虚拟物体则非常不方便操作。

为了帮助用户更好地了解周围环境，可通过将屏幕划分为 3 个区域来设置舒适的观看范围：下区、中区、上区，如图 13-15 所示。

图 13-15　对手机屏幕进行区域划分找出最佳位置

下区：离用户太近，如果虚拟对象没有遵照期望，放置得离用户过近，用户很难看到完整的对象，从而强迫用户后退。

上区：离用户太远，如果虚拟对象被放在上区，用户会很难理解"物体缩小与往远放置物体（近大远小）"之间的关系，导致理解与操作困难。

中区：这是用户最舒适的观看范围，也是最佳的交互区域。

注意，3个区域的划分是相对于手机视角的，与用户手持手机的姿态没有关系。

2）最大放置距离

在 AR 设计及操作时，应该引导用户在场景中最佳位置放置物体，帮助用户避免将物体放置在场景内不舒服的区域中，也不宜将虚拟对象放置得过远，如图 13-16 所示，过近或过远的区域都不建议使用。

图 13-16　设计时应该确保虚拟对象不要放置得过远或过近

使用最远放置距离有助于确保将对象放置在舒适的观察距离上，也可以保证用户在连续拖动时，保持物体的真实比例。

3）目标位置

目标位置是指最终放置物体的位置，在放置虚拟物体时应提供最终位置指引，如图 13-17 所示。

图 13-17　对虚拟对象最终放置提供可视化指引

在用户放置物体时通过可视化标示引导用户，阴影可以帮助指明目标位置，并让户更容易了解物体将被放置在已检测平面的什么地方。

3. 虚拟对象放置

如果不在真实环境中放置虚拟对象，AR 就没有意义，只有将虚与实结合起来才能带给用户耳目一新的体验。在真实场景中放置虚拟对象可以是自动的(即由程序控制放置),也可以是手动的(即由用户选择放置)。

1) 自动放置

自动放置是由应用程序控制在场景中放置物体,例如一旦检测到平面,程序就自动在检测到的平面上种花草,随着检测的进行,种花草的过程也一直在动态地进行,且这个过程不需要用户的参与,检测完成时所有检测到的平面上都种上了花草,如图 13-18 所示。

通常来说,自动放置适用于以下情况:

(1) 虚拟环境需要覆盖整个现实空间,例如一个魔法界面或者游戏地形。

(2) 非常少或者完全不需要交互。

(3) 不需要精确控制的虚拟物体放置位置。

(4) AR 应用模式需要,在启动应用时就自动开始放置虚拟对象。

图 13-18　自动在已检测的平面上种植花草

2) 手动放置

手动放置是由用户控制的放置行为,用户可以在场景中实施虚拟对象放置和其他操作,这可以包括锚定一个游戏空间或者设置一个位置来开启 AR 体验。

(1) 单击放置对象。允许用户通过单击场景中已检测到的平面位置,或者通过单击选中的虚拟物体图标来放置虚拟物体,通过单击选中的虚拟物体图标放置物体如图 13-19 所示。

图 13-19　通过单击选中的图标在已检测到的平面上放置虚拟对象

单击已检测的平面放置虚拟物体方式通常对用户来说是非常自然的,以下情况下更适合单击放置对象:

① 在放置之前,虚拟对象不需要进行明显的调整或转换(缩放/旋转)。

② 通过单击快速放置。

当需要同时将多个不同虚拟对象放置在场景中时,单击已检测到的平面放置多个不同虚拟对象并不适用,这时我们可以弹出菜单由用户选择放置的对象,而不是同时将多个相同的虚拟对象放置在平面上,图13-19底部显示的是可供选择的虚拟物体菜单列表。

(2)拖动放置对象。这是一种精度很高且完全由用户控制的放置物体操作,该操作允许用户将虚拟物体从库中拖动到场景中,如图13-20所示。

图13-20 拖放放置方式可以精确地控制虚拟物体的放置位置

通常用户不太熟悉这种拖放操作,这时应该给用户视觉或者文字提示,提供拖动行为的明确指引和说明,当用户事先并不了解放置操作手势时,拖动行为就无法很好地工作,显示放置位置的定点标识图标就是不错的做法。

拖动操作非常适合以下情形:

① 虚拟对象需要进行显著调整或转换。

② 需要高精准度的放置。

③ 放置过程是体验的一部分。

(3)锚定放置。锚定对象与拖动放置物体不同,通常需要锚定的对象不需要经常性地移动、平移、缩放,或者锚定的对象包含很多其他对象,需要整体操作。被锚定的对象通常会固定在场景中的一个位置上,除非必要一般不会移动。锚定对象通常在放置一些需要固定的对象时有用,例如游戏地形、象棋棋盘,如图13-21所示,当然,锚定对象也不是不可移动的,在用户需要时仍然可以被移动。在场景中静态存在的物体一般不需要采用锚定放置的方式,如沙发、灯具等。

图13-21 锚定放置虚拟物体到指定位置

(4)自由放置。自由放置允许用户自由对虚拟物体进行放置操作,但在未检测到平面时放置物体通常会造成混乱,如果虚拟对象出现在未检测到平面的环境中,则会造成幻象,因为虚拟对象看起来像是悬浮的,这将破坏用户的 AR 体验,并阻碍用户与虚拟对象进一步交互。因此在未检测到平面时,应当让用户知道该虚拟对象并不能准确放置到平面上,对用户的行为应当加以引导,如果有意想让虚拟对象悬浮或上升,应当为用户提供清晰的视觉提示和引导。

以下两种处理方式可以较好地解决用户自由放置对象时出现的问题:

① 禁止任何输入直到平面检测完成,这可以防止用户在没有检测到平面的情况下,将物体放置在场景中。

② 提供不能放置对象的视觉或文本反馈。例如使用悬停动画、半透明虚拟对象、振动或文本传达出在当前位置不能放置虚拟物体的信息,并引导用户进行下一步操作。

13.3.4　交互

模型的交互程度,需根据模型自身属性/产品的类型去定义,并非都需要涉及所有可交互类型,在进行与核心体验无关的交互时,可予以禁止或增加操作难度。如科普类模型固定放置在平面后,需要便捷地旋转以查看模型细节,但 Y 轴移动查看的需求不大,部分场景可考虑禁止沿 Y 轴移动的操作。

手势设计优先使用通用的方式,若没有通用的方式,则尽可能使用简单和符合用户直觉的方式进行设计。违反该原则可能造成用户的理解和记忆障碍,给用户操作造成困难。

1. 选择

选择是交互的最基本操作,除了环境类的虚拟对象,应当允许用户辨别、选择虚拟物体,以及与虚拟物体进行交互。

在用户选择虚拟对象时应当创建视觉指引,高亮或者用明显的颜色、图标标识那些可以与用户交互的对象,如图 13-22 所示。尤其是在有多个可供选择物体的情况下,明确指示反馈显得非常重要,同时还应保持虚拟物体原本的视觉完整性,不要让视觉提示信息凌驾于虚拟物体之上。

图 13-22　对可选择的虚拟对象提供一个清晰的视觉提示

2. 平移

AR 应用应当允许用户沿着检测到的平面移动虚拟对象,或从一个平面移动到另一个平面。

1) 单平面移动

单平面移动指只在一个检测到的平面内移动虚拟物体,在移动物体前用户应当先选择它,用手指沿屏幕拖动或实际地移动手机从而移动虚拟物体,这种方式相对比较简单,如图 13-23 所示。

图 13-23　在选择虚拟物体后可实施移动

2）多平面移动

多平面移动是指将虚拟对象从 AR 检测到的一个平面移动到另一个平面,多平面移动比单平面移动需要考虑的因素更多一些,在移动过程中应当避免突然旋转或缩放,要有视觉上的连续性,不然极易给用户带来不适。对于多平面间的移动需要注意以下几点:

（1）在视觉上区分多个平面,明确标示出不同的平面。

（2）避免突然的变化,如旋转或者缩放。

（3）在用户松开手指前,在平面上显示即将放置的位置以提示用户放置的平面,如图 13-24 所示。

图 13-24　在平面间移动物体时提前告知用户放置平面及放置点

3）平移限制

AR 应用应当对用户的平移操作进行适当的限制,限制最大移动范围。添加最大平移限制主要是为防止用户将场景中物体平移得太远,以至于无法查看或操作,如图 13-25 所示,在虚拟物体移动得过远时用红色图标标识当前位置不能使用。

图 13-25　添加平移限制可以防止用户将虚拟对象移动得过远过小

3. 旋转

旋转可以让用户将虚拟对象旋转到其所期望的方向,旋转分为自动旋转和手动旋转,旋转也应该对用户的操作给出明确的提示。

手动旋转:通过双指手势进行手动旋转,为避免与缩放冲突,要求双指同时顺时针或者逆时针旋转,如图 13-26 所示。

自动旋转:尽量避免自动旋转,除非这是体验中有意设计的一部分,长时间自动旋转可能会令用户感到不安,如果物体的方向被锁定为朝向用户,则在手动更改物体方向时应限制自动旋转。

图 13-26　双指同时逆时针旋转操作物体旋转

4. 缩放

缩放是指放大或缩小虚拟物体来显示大小,在屏幕上的操作手势应尽量与当前操作 2D 缩放的手势保持一致,这符合用户使用习惯,方便用户平滑地过渡。

1) 缩放

缩放常用捏合手势操作,如图 13-27 所示。

图 13-27　使用捏合手势缩放对象

2) 约束

与平移一样,也应当添加最小和最大缩放限制,防止用户将虚拟对象放得过大或缩得过小。允许较小的缩放比例用于精确的组合场景,考虑添加回弹效果来指示最大和最小尺寸。另外,如果物体已根据需要达到实际比例,则应当给用户以提示,如达到 100% 比例时添加一定的吸附效果。

3）可玩性

有时候,也可以不必拘泥于约束,夸张的缩放可能会带来意外惊喜,如放置在场景中的大型虚拟角色可以增加惊喜元素,并让人感觉更加有趣。另外,声音也可用于与缩放同步,以增强真实性,如当物体放大时,同时增大音量,配合模型缩放的音量调整会让用户感觉更加真实。

5. 操作手势

在手机屏幕上操作虚拟对象是目前 AR 成熟可用的技术也是用户习惯的操作方式,但有时复杂的手势会让用户感到困惑,如旋转与缩放操作手势,设计不好会对执行手势造成不便。

1）接近性

受手机屏幕的限制,精准地操控过小或过远的物体对用户来说是一个挑战。设计开发时应当考虑触控目标的大小,以便实现最佳的交互。当应用检测到物体附近的手势时,应当假设用户正在与它进行交互,即使可能并没有完全选中该目标。另外,尽管目标物体尺寸比较小,但也应当提供合理的触控尺寸,触控尺寸不应随着目标的缩小而缩小,如图 13-28 所示。

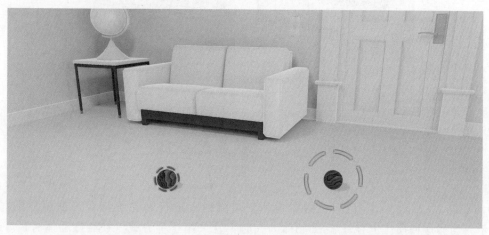

图 13-28　触控尺寸的大小在某些情况下不应随着虚拟对象的缩放而缩放

2）采用标准手势

为手势和交互创建统一的标准体系,当将手势分配给特定的交互或任务时,应当避免使用类似的手势来完成不同类型的任务,如通过双指捏合手势缩放物体时,应当避免使用此手势旋转物体。

3）融合多种两指手势

双指手势通常用于旋转或缩放对象,下面这些触控手势应归为两指手势的一部分:

（1）使用食指加拇指旋转。

（2）使用拇指加食指,用拇指作为中心,旋转食指。

（3）分别独立使用两个拇指。

13.3.5　视觉设计

视觉设计是一款正式应用软件必须重视的设计部分,一款软件能否有用户黏度,除了功能外,视觉设计也是很重要的因素。在 AR 应用中,应尽可能多地使用整个屏幕来查看与探索物理世界和虚拟对象,避免过多过杂的 UI 控制图标和提示信息,因为这将使屏幕混乱不堪从而降低沉浸体验。

1. UI

UI 设计应以沉浸体验为目标,目的是在视觉上融合虚拟与现实,既方便用户操作又与场景充分融合。创建一个视觉上透明的 UI 可以帮助构建无缝的沉浸式体验,切记不可满屏的 UI,这会极大地降低 AR 应用的真实感从而破坏沉浸式体验。

1)界面风格

在 UI 设计时应当尽量避免让用户在场景和屏幕之间来回切换,以免分散用户注意力并减少沉浸感。可以考虑减少屏幕上的 UI 元素数量,或尽量将这些控件放在场景本身中,如图 13-29 所示,应使用如左图所示的简洁菜单而不要采用铺满全屏的设计。

图 13-29　使用简单的菜单更适合 AR

2)删除

由于移动手机 2D 软件操作习惯,将物体拖动到垃圾桶上进行删除更符合当前用户的操作习惯,如图 13-30 所示。当然这种操作也有弊端,如物体太大时不宜采用这种方式。在删除物体时最好提供被删除物体消失的动画,在增强趣味性的同时也增强用户的视觉感受。

图 13-30　通过拖放的方式删除虚拟对象

3)重置

应当允许用户进行重置,在一定的情况下重新构建体验,这包括:

(1)当系统无响应时。

（2）体验是渐进式并且任务完成后。

重置是一种破坏性操作，应当先征询用户意见，如图 13-31 所示。

是否真的需要重置场景？

取消　确定

图 13-31　在特定的情况下允许用户重置应用

4）权限申请

明确应用需要某些权限的原因，如告诉用户需要访问其设备相机或 GPS 位置信息的原因。一般需要在使用某一权限时才提出请求，而不是在应用启动时要求授权，不然用户可能会犹豫是否允许访问。

5）错误处理

应用出现错误在某些情况下不可避免，特别是对于 AR 这类使用环境不可预测的应用。在出现错误时应当积极帮助用户从错误中恢复，使用视觉、动画和文本的组合，告知用户当前发生的问题，并为系统错误和用户错误传达明确清晰的解决操作措施。

标明出现的问题，用语要通俗易懂，要避免专业术语，并给出进行下一步操作的明确步骤，错误提醒的部分示例如表 13-2 所示。

表 13-2　错误提示示例

错 误 类 型	描　　　述
黑暗的环境	环境太暗无法完成扫描，请尝试打开灯或移动到光线充足的区域
缺少纹理	当前图像纹理太少，请尝试扫描纹理信息丰富的表面
用户移动设备太快	设备移动太快，请不要快速移动设备
用户遮挡传感器或摄像头	手机摄像头传感器被阻挡，请不要遮挡摄像头

2. 视觉效果

AR 应用界面设计在视觉上应该要有足够的代入感，但同样要让用户感觉可控，界面效果充分融合虚与实。

1）界面

界面是用户打开应用后第一眼看到的东西，虽然 AR 应用要求界面简洁，但杂乱放置、风格不一致的图标会在用户心中留下糟糕的第一印象。AR 应用界面设计时，既要设计身临其境的沉浸感，但也要考虑用户独立的控制感，如图 13-32 所示。

在设计用户界面时应时刻关注以下几个问题：

（1）覆盖全屏，除非用户自己明确选择，否则应避免这种情况发生。

（2）2D 元素覆盖，即避免连续的 2D 元素覆盖，因为这会极大地破坏沉浸感。

（3）连续性体验，即避免频繁地让用户反复进出场景，确保用户在场景中即可执行主要和次要任务，如允许用户选择、自定义、更改或共享物体而无须离开 AR 场景。

图 13-32　简洁一致的界面

2）初始化

在启动 AR 应用时,屏幕从 2D 到 AR 之间的转换,应当采用一些视觉技术清晰地指明系统状态,如在即将发生转换时,将手机调暗或使用模糊屏幕等效果,提供完善的引导流程,避免突然的变化。

允许用户快速开启 AR 应用,并引导用户在首次运行中按流程执行关键的任务,这将有助于执行相关任务并建立黏滞力。在添加流程引导提示时,需要注意的是:

（1）任务完成后即时解除提示。

（2）如果用户重复相同的操作,应当提供提示或重新开始重要的视觉引导。

依靠视觉引导,而不是仅仅依赖于文本,使用视觉引导、动作和动画的组合来指导用户,如在操作中用户很容易理解滑动手势,可以在屏幕上通过图标向他们展示,而不是仅仅通过纯文本指令性地进行提示,如图 13-33 所示。

图 13-33　提供多种方式的组合来引导用户操作

3）用户习惯

尽量利用用户熟悉的 UI 形式、约定及操作方式,与标准 UX 交互形式和模式保持一致,同时不要破坏体验的沉浸感,这会加快用户适应操作并减少对说明或详细引导的需求。

4）横屏与竖屏

尽量提供对竖屏和横屏模式的支持,除非非常特别的应用,都应该同时支持竖屏与横屏操作,如果无法做到这一点,那就需要友好地提示用户。支持这两种模式可以创造更加身临其境的体验,并提高用户的舒适度,如图 13-34 所示。

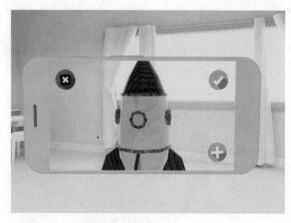

图 13-34　提供平滑的横屏与竖屏转换

在横竖屏适应及转换中还应该注意：

（1）相机和按钮位置，即对于每种模式，注意相机的位置及其他按钮的放置要尽量符合一般原则，并且不要影响设备的深度感知、空间感知和平面感知。

（2）关键目标位置，即不要移动关键目标，并允许对关键目标旋转操作。

（3）布局，即适当的情况下，更改次要目标的布局。

（4）单一模式支持，即如果只支持一种模式，应当向用户说明原因。

5）音频

使用音频可以鼓励用户参与并增强体验。音频可以帮助构建身临其境的 360°环境沉浸体验，但需要注意的是要确保声音增强这种体验，而不是分散注意力。在发生碰撞时使用声音效果或振动是确认虚拟对象与物理表面或其他虚拟对象接触的好方法，在沉浸式游戏中，背景音乐可以帮助用户融入虚拟世界。在 3D虚拟物体或 360°环境中增加音频，应当注意以下几个方面：

（1）避免同时播放多个声音。

（2）为声音添加衰减效果。

（3）当用户没有操控物体时，可以让音频淡出或停止。

（4）允许用户手动关闭所选物体的音频。

6）视觉探索

当需要用户移动时，可以使用视觉或音频提示来鼓励用户进行屏幕外空间的探索。有时候用户很难找到位于屏幕外的物体，可以使用视觉提示来引导用户，鼓励用户探索周边更大范围内的 AR 世界。例如，当飞鸟飞离屏幕时应该提供一个箭头指引，让用户移动手机以便追踪其去向，并将其带回场景，如图 13-35 所示。

图 13-35　使用声音或视觉提示鼓励用户进行空间探索

7）深度冲突

在设计应用时，应该始终考虑用户的实际空间，避免发生深度上的冲突（当虚拟物体看起来与现实世界的物体相交时，如虚拟物体穿透墙壁），如图 13-36 所示。并注意建立合理的空间需求和对象缩放，以适应用户可能的各种环境，可以考虑提供不同的功能集，以便在不同的环境中使用。

图 13-36　深度冲突会破坏用户体验的沉浸感

8）穿透物体

在用户使用中，有可能会因为离虚拟物体太近而产生穿透进入虚拟物体内部的情况，这会破坏虚拟物体的真实性并打破沉浸体验，当这种情况发生时，应当让用户知道这种操作方式不正确，距离过近，通常在摄像头进入物体内部时可采用模糊的方式提示用户。

13.3.6　真实感

通过利用阴影、光照、遮挡、反射、碰撞、物理作用、PBR 渲染（Physically Based Rendering，基于物理的渲染）等技术手段来提高虚拟物体的真实感，可以更好地将虚拟物体融入到真实世界中，提高虚拟物体的可信度，营造更加自然真实的虚实环境。

1. 建模

在构建模型时，模型的尺寸应与真实的物体尺寸保持一致，如一把椅子的尺寸应与真实的椅子尺寸相仿，一致的尺寸更有利于在 AR 中体现真实感。在建模时，所有的模型应当在相同的坐标系下构建，建议全部使用右手坐标系，即 Y 轴向上、X 轴向右、Z 轴向外。模型原点应当构建在物体中心下部平面上，如图 13-37 所示。另外需要注意的是，在 AR 中，模型应当完整，所有面都应当有材质与纹理，以避免部分面出现白模的现象。

图 13-37　模型原点位置及坐标系示意图

2. 纹理

纹理是表现物体质感的一个重要因素，为加快载入速度，纹理尺寸不应过大，建议分辨率控制在 2K 以内。带一点儿噪声的纹理在 AR 中看起来会更真实，重复与单色纹理会让人感觉假，带凸凹、裂纹、富有变化、不重复的纹理会让虚拟物体看起来更富有细节和更可信。

1）PBR 材质

当前在模型及渲染中使用 PBR 材质可以让虚拟物体更真实，PBR 可以给物体添加更多真实的细节，但 PBR 要达到理想效果通常需要很多纹理。使用物理的方式来处理这些纹理可以让渲染更自然可信，如图 13-38 所示，这些纹理共同作用定义了物体的外观，可以强化在 AR 中的视觉表现。

图 13-38　采用 PBR 渲染可以有效提升真实质感

2）法线贴图

法线贴图可以在像素级层面上模拟光照，可以给虚拟模型添加更多细节，而无须增加模型顶点及面数。法线贴图是理想的制作照片级模型渲染的手段，可以添加足够细节的外观表现，如图 13-39 所示，左图使用了法线贴图，细节纹理更丰富。

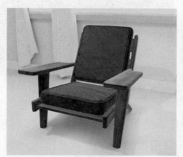

图 13-39　法线贴图能非常好地表现纹理细节

3）环境光遮罩贴图

环境光遮罩贴图是一种控制模型表面阴影的技术方法，使用环境光遮罩贴图，来自真实世界的光照与阴影会在模型表面形成更真实的阴影效果，更富有层次和景深外观表现。

3. 深度

透视需要深度信息，为营造这种近大远小的透视效果，需要在设计时利用视觉技巧让用户形成深度感知以增强虚拟对象与场景的融合和真实感，如图 13-40 所示，在远处的青蛙要比在近处的青蛙小，这有助于帮助用户建立景深。

图 13-40　深度信息有助于建立自然的透视

　　通常用户可能难以在增强现实体验中感知深度和距离,综合运用阴影、遮挡、透视、纹理、常见物体的比例,以及放置参考物体来可视化深度信息,可帮助建立符合人体视觉的透视效果。如青蛙从远处跳跃到近处时其比例、尺寸大小的变化,通过这种可视化方式表明空间深度和层次。开发人员可以采用阴影平面、遮挡、纹理、透视制造近大远小及物体之间相互遮挡的景深效果。

　　4. 光照

　　光照是影响物体真实感的一个重要因素,当用户真实环境光照条件较差时,可以采用虚拟灯光照明为场景中的对象创建深度和真实感,也就是在昏暗光照条件下可以对虚拟物体进行补光,如图 13-41 所示。但过度的虚拟光照会让虚拟对象与真实环境物体形成较大反差,进而破坏沉浸感。

图 13-41　适度的补光可以营造更好的真实感

　　使用光照估计融合虚拟物体与真实环境,可以比较有效地解决虚拟物体与真实环境光照不一致的问题,防止在昏暗的环境中虚拟物体渲染得太亮或者在明亮的环境中虚拟物体渲染过暗的问题,如图 13-42 所示。

图 13-42　真实环境光照与虚拟光照不一致会破坏真实感

5. 阴影

在 AR 中,需要一个阴影平面来接受阴影渲染,阴影平面通常位于模型下方,该平面只负责渲染阴影,本身没有纹理。使用阴影平面渲染阴影是强化三维立体效果最简单有效的方式,阴影可以实时计算也可以预先烘焙,模型有阴影后立体感觉会更强烈并且可以有效地避免虚拟物体漂浮感,如图 13-43 所示,左图添加了阴影效果,模型真实感大幅提升。

图 13-43　阴影的正确使用能营造三维立体感和增强可信度

6. 真实感

在 AR 体验中,应当想办法将虚拟对象融合到真实环境中,充分营造真实、逼真的物体形象。使用阴影、光照、遮挡、反射、碰撞等技术手段将虚拟物体呈现于真实环境中,可大大地增强虚拟物体的可信度,提高体验效果。

在 AR 场景中,虚拟物体的表现应当与真实的环境一致,如台灯应当放置在桌子上而不是悬浮在空中,而且也不应该出现漂移。虚拟物体应当利用阴影、光照、环境光遮罩、碰撞、物理作用、环境光反射等模拟真实物体的表现,营造虚拟物体与真实物体相同的观感,如在桌子上的球滚动下落到地板上时,应当充分利用阴影、物理作用来模拟空间与反弹效果,让虚拟物体看起来更真实。

真实感的另一方面是虚拟对象与真实环境的交互设计,良好的交互设计可以让虚拟对象看起来像真的存在于真实世界中一样,从而提升沉浸体验,在 AR 体验中,可以通过虚拟对象对阴影、光照、环境遮挡、物理和反射变化的反应来模拟物体的存在感,当虚拟物体能对现实世界环境变化做出反应时将会大大地提高虚拟物体的可信度,如图 13-44 所示,虚拟狮子对真实环境中灯光的实时反应可以显著提升其真实感。

图 13-44　虚拟对象对真实环境作出适当反应能有效地提升其真实感

第 14 章

性 能 优 化

性能优化是一个非常宽泛的主题,但性能优化又是必须要探讨的主题,特别是对移动应用而言,性能优化起着举足轻重的作用。同时,性能优化又是一个庞大的主题,要想深入理解性能优化需要对计算机图形渲染管线、CPU/GPU 协作方式、内存管理、计算机体系架构、代码优化有很好的掌握,只有在实践中才能逐步加深这个理解从而更好地优化性能。本章我们将对 RealityKit 开发 AR 应用中的一般性能优化内容与技巧进行阐述。

14.1 移动平台性能优化基础

性能优化是一个非常宽泛、涉及技术众多的大主题,从计算机出现以来,人们就一直在积极追求降低内存使用、提高单位指令性能的道路上一代一代前赴后继。虽然随着硬件技术特别是 CPU 性能按照摩尔定律飞速发展,PC 上一般应用代码的优化显得不再那么苛刻,但是对计算密集型应用而言,如游戏、实时三维仿真、AR/VR,优化仍然是在设计、架构、开发、代码编写各阶段都需要重点关注的事项。相对 PC,手机等移动设备在硬件性能上往往有比较大的差距,因为移动设备的 CPU、GPU 等设计架构与 PC 完全不同,移动设备能使用的计算资源、存储资源、带宽都非常有限,因此,在移动端的性能优化显得非常重要。

ARKit 开发的 AR 应用与游戏相似,是属于对 CPU、GPU、内存重度依赖的计算密集型应用,因此在开发 AR 应用时,需要特别关注性能优化,否则可能会出现卡顿、反应慢、掉帧等问题,导致 AR 体验变差甚至完全无法正常使用。

14.1.1 影响性能的主要因素

从 CPU 架构来讲,苹果公司移动设备采用的 ARM 架构与 PC 常见的 x86、MIPS 架构有很大的不同。从处理器资源、内存资源、带宽资源到散热,移动设备都受到更多的限制,因此移动设备的应用都要尽可能地使用更少的硬件及带宽资源。

从 GPU 架构来讲,iPhone 8 以前采用的是 PowerVR,现在则采用与 CPU 高度集成的自研 GPU,它们之间的技术也不太相同,在减少 Overdraw(多次绘制)方面也存在很大的差异。

从显示设备来讲,ARKit 需要应对 iPhone、iPad 及以后的多种 AR 眼镜类型、多种显示分辨率和刷新频率的设备。正是这些差异,使针对不同芯片、不同显示类型的移动设备性能优化更加复杂,也带来了更大的挑战。

对 AR 应用而言,需要综合利用 CPU、GPU 并让应用在预期的分辨率下保持一定的帧速,这个帧速至少要在每秒 30 帧以上才能让人感觉到流畅不卡顿。其中 CPU 主要负责场景加载、物理计算、特征点提取、运动跟踪、光照估计等工作,而 GPU 主要负责虚拟物体渲染、更新、特效处理等工作。具体来讲,影响 AR 应用性能的主要原因如表 14-1 所示。

表 14-1　影响 AR 应用性能的主要原因

类型	描　述	类型	描　述
CPU	过多的 drawcall 复杂的脚本计算或者特效	带宽	大尺寸、高精度、未压缩的纹理 高精度的帧缓存
GPU	过于复杂的模型、过多的顶点、过多的片元 过多的逐顶点计算、过多的逐片元计算 复杂的 Shader、显示特效	设备	高分辨率的显示器 高分辨率的摄像头 高刷新率的显示器

表 14-1 虽然很笼统,但从宏观上指出了主要制约因素,针对这些引起性能问题的因素就可以有针对性地提出措施,对照优化措施如表 14-2 所示。

表 14-2　性能优化的主要措施

类型	描　述
CPU	减少 drawcall,采用批处理技术 优化脚本计算或者尽量少使用特效,特别是全屏特效
GPU	优化模型、减少模型顶点数、减少模型片元数 使用 LoD(Level of Detail)技术 使用遮挡剔除(Occlusion Culling)技术 控制透明混合、减少实时光照 控制特效使用、精减 Shader 计算
带宽	减少纹理尺寸及精度 合理缓存
设备	利用分辨率缩放 对摄像头获取数据进行压缩 降低屏幕刷新率

表 14-2 所列优化项是通用的优化方案,但对具体应用需要具体分析,在优化之前需要找准性能瓶颈点,针对瓶颈点的优化才能取得事半功倍的效果,有效地提高帧率。由于是在独立的 CPU 上处理脚本计算、在独立的 GPU 上处理渲染,因此总的耗时不是 CPU 花费时间加 GPU 花费时间,而是两者中的较长者,这个认识很重要,这意味着如果 CPU 负荷重、处理任务重,则光优化 Shaders 不会提高帧速率,如果 GPU 负荷重,则光优化脚本和 CPU 特效也无济于事。而且,AR 应用在运行的不同阶段、不同的环境下表现也不同,这意味着 AR 应用有时可能完全是由于脚本复杂而导致帧速低,而有时又是因为加载的模型复杂或者过多而减速。因此,要优化 AR 应用,首先需要知道所有的瓶颈在哪里,然后才能有针对性地进行优化,并且要对不同的目标机型进行特定的优化。

14.1.2　AR 常用调试方法

当前 ARKit 应用因为不能直接在模拟器中运行,需要将程序编译后下载到真机上运行试错,相对来说没有调试其他应用方便,而且这个过程比较耗时。在对存疑的地方按下面的方法进行处理能加快调试过程,方便查找问题原因,对结果进行分析,以便更有效地进行故障排除。

1. 控制台

将代码运行的中间结果输出到控制台是最常用的调试手段,即使在真机上运行程序我们也可以实时不间断地查看所有中间结果,这对理解程序内部执行或者查找出错点有很大的帮助,通常这也是在真机上调试应用的最便捷、直观的方式。

2. 写日志

有时可能不太方便真机直接连接开发计算机进行调试(如装在用户机上试运行的应用),这时写日志就成为最方便的方式,我们可以将原本输出到控制台上的信息保存到日志中,再通过网络通信将日志发回服务器,以便及时地了解应用在用户机上的试运行情况。除了将日志记录成文本文档格式,我们甚至还可以直接将运行情况写入服务器数据库中,更方便查询统计。

3. 弹出

除了将应用运行情况发送到控制台进行调试,我们也可以在必要的时候在真机上弹出运行情况报告,这种方式也可以查看应用的实时运行情况,但这种方式不宜弹出过频,应以弹出重要的关键信息为主,不然可能很快就会耗尽手机应用资源。通过在代码的关键位置弹出信息,可以帮助分析代码运行流程,以便于确定代码的关键部分是否正在运行及如何运行。

14.2 移动设备性能优化

对3D游戏开发应用的优化策略与技巧完全适用于AR应用开发,如静态批处理、动态批处理、LoD、阴影与实时光照等优化技术全部都可以套用到AR应用开发中。但AR应用运行在移动设备端,这是比PC或者专用游戏机更苛刻和复杂的运行环境,而且移动设备的各硬件性能与PC或专用游戏机相比还有很大的差距,因此,对AR应用的优化比PC游戏要求更高。对移动设备性能进行优化也是一个广泛而庞大的主题,下面只取其中的几个代表性的方面进行一般性的阐述。

在AR应用开发中,我们应当充分认识移动设备软硬件的局限性,了解图形渲染管线,使用一些替代性策略来缓解计算压力,如将一些物理、数学计算采用动画或预烘焙的形式模拟、采用纹理模拟光照效果等,当前移动设备需要谨慎使用的技术及优化方法见表14-3所示。

表 14-3 当前移动设备需要谨慎使用的技术及优化方法

谨 慎 使 用	替代或优化技术
全屏特效,如发光和景深	在对象上混合 Sprite 代替发光效果
动态的逐像素光照	只在主要角色上使用真正的凹凸贴图(Bump Mapping);尽可能多地将对比度和细节烘焙进漫反射纹理贴图,将来自凹凸贴图的光照信息烘焙进纹理贴图
全局光照	尽量采用 Lightmaps 贴图,而不是直接使用真实的阴影;在角色上使用 Lightprobes,而不是真正的动态灯光照明;在角色上采用唯一的动态逐像素照明
实时阴影	降低阴影质量
光线追踪	使用纹理烘焙代替雾效;采用淡入淡出代替雾效
高密度粒子特效	使用 UV 纹理动画代替密集粒子特效
高精度模型	降低模型顶点数与面数;使用纹理来模拟细节
复杂特效	使用纹理 UV 动画替代,降低 Shader 复杂度

性能优化不是最后一道工序而是应该贯穿于AR应用开发的整个过程,并且优化也不仅仅是程序员的工作,它也是美工、策划的工作任务之一,如可以烘焙灯光时,美工应该制作烘焙内容而不是实时渲染。

14.3　性能优化的一般流程

对 AR 应用而言,引起掉帧的原因可能有上百个,模型过大过多、纹理过多、精度高、特效频繁、网络传输数据量过大等都有可能导致用户使用体验的下降。解决性能问题首先要找到引起性能问题的主要原因,通常遵循以下流程:

(1)收集所有性能数据。彻底了解应用程序的性能,收集来自多个渠道的性能数据,包括来自 Xcode 性能调试数据、测试人员测试体验反馈、使用用户对 AR 应用的反馈、AR 应用运行异常报告等。

(2)查找并确定引起性能问题的主要原因。利用上一阶段获取的数据信息,结合应用的性能目标与使用预期,找出影响性能问题的瓶颈。

(3)对主要性能问题进行针对性修改完善。针对查找到的问题,针对性地进行优化。

(4)对照性能表现反馈查看修改效果。对比修改后的性能数据与原始数据,以确定修改是否有效,直到达到预期效果。

(5)修改完善下一个性能问题。按照上述流程继续对下一个问题进行优化。

性能提升是一个循环过程,需要不断迭代完善直至满足要求,如图 14-1 所示。

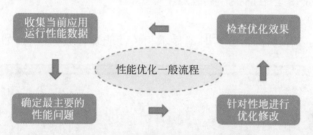

图 14-1　完全自定义条目显示样式

对 AR 应用而言,最少化资源使用有助于提高用户对应用的好感和提升用户的体验,具体而言:

(1)降低 AR 应用的启动加载时间,这不仅有助于提高用户体验,还能防止 iOS 系统对应用假死的误判。

(2)降低内存使用,这可以减少 iOS 系统在后台频繁地清理内存垃圾,提高响应速度。

(3)降低频繁的外存储器读写,这可以提高响应速度。

(4)降低电池消耗,对非必须的能源消耗大的特性在不使用时及时关闭,如 GPS 功能。

在 AR 应用开发完后,即使在测试机上没有出现性能问题,也应当运行一遍性能优化流程,一方面进一步提升性能,另一方面防止非正常情况下性能的恶化。

14.4　RealityKit 优化

在本书中,我们使用 RealityKit 加载渲染虚拟元素、实现特效,RealityKit 是专为 AR 应用开发量身打造的框架,该框架采用实体组件系统(Entity Component System,ECS)处理所有场景相关事务,在 CPU 上处理逻辑计算、物理模拟、动画、音效与网络同步,利用 Metal 框架在 GPU 上执行多线程渲染,整个执行流程如图 14-2 所示。

RealityKit 是一个非常高级的 AR 应用开发框架,自动处理了很多底层相关的事务,提供了简洁易用的接口,但凡事都有两面性,高级别的封装在带来更快捷、高效开发的同时也附带了灵活性的丧失,对性能优化而言,能控制处理的余地也相应变小了。

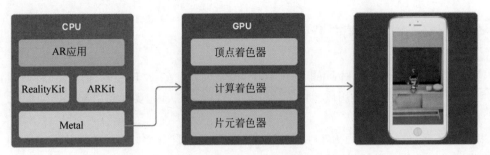

图 14-2　RealityKit AR 应用执行流程

利用 Xcode 和 RealityKit 自身提供的性能调试工具可以帮助我们定位性能问题原因并进行相应改进。定位性能瓶颈是处理性能问题最重要的一步，我们首先需要观察 AR 应用运行时的性能数据，RealityKit 提供了一个关于性能的统计 debug 选项，这些统计数据包括 CPU 利用、内存使用、ECS 执行等。查看这些应用性能信息，我们只需要设置 ARView 的 debugOpions 属性，如代码清单 14-1 所示。

代码清单 14-1

```
1.   arView.debugOptions.insert(.showStatistics)
```

使用该选项后，在 AR 应用运行时，会实时地显示相关性能统计数据信息，如图 14-3 所示。

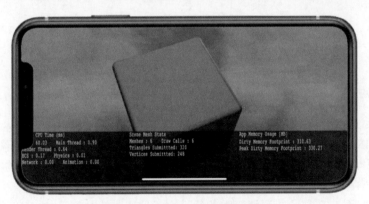

图 14-3　查看 AR 应用性能数据

为提高 AR 应用的流畅性和使用体验，RealityKit 默认刷新率为 60FPS（Frame per Second，帧每秒），限制了 AR 应用主循环与渲染循环时间为 16.6ms，即完成所有的计算和渲染周期最长时间为 16.6ms。RealityKit 性能调试统计数据提供了应用运行时的基本性能数据，通过这些数据，能进行初步的性能瓶颈分析。在图 14-3 中，如果主线程（Main Thread）执行时间超过 16.6ms，引起性能问题的瓶颈就在 CPU，如果主线程执行时间低于 16.6ms，但刷新率却持续性地低于 60FPS，则引起性能问题的瓶颈就在 GPU，利用这些信息能大致定位性能瓶颈。

提示

更详细的应用运行性能数据，我们可以使用 Xcode 的 Debug Gauges 和 Instruments 工具，结合程序框架 Logging 信息综合分析，这些数据能更准确、更全面地反映应用运行状况。

在图 14-3 中,实时的性能统计数据会显示于 AR 应用窗口之上,这些信息主要包括 3 大部分:执行时间信息、场景几何信息和内存使用信息。

1. 执行时间信息

性能统计信息最左侧一栏(Frame CPU Time)描述了 CPU 执行的时间信息,第一项为帧率,帧率直接影响用户的使用体验,其余为 CPU 执行特定任务所花费的毫秒数,具体如下。

FPS(Frame per Second):每一秒渲染的帧数,在 RealityKit 中的典型值为 60,如果 CPU 每个循环完成所有计算任务时间超过 16.6ms,必然导致 FPS 达不到 60,这就是常说的掉帧,发生掉帧时,应用运行就不流畅,FPS 低于 30 时就会出现明显的卡顿。

Main Thread:主线程主要负责处理 ECS、物理模拟、动画、网络传输及其他的计算任务,CPU 准备渲染数据也在主线程中完成。

Render Thread:CPU 创建命令缓冲(Command Buffer)、准备渲染数据、发送指令到 GPU 的线程。

ECS:执行场景中所有实体组件处理的时间数,包括物理模拟、网络传输、动画、更新所作的准备工作时间。

Physics:每一帧执行碰撞检测与物理模拟所花费的时间。

Network:执行接收与发送网络数据所花费的时间。

Animation:管理与执行动画所花费的时间。

2. 场景几何信息

性能统计信息中间一栏(Scene Mesh Stats)描述了 AR 场景中几何网格相关信息,利用这些信息可以评估场景的复杂性。

Meshes:场景中网格数,降低这个数量可以同时降低 ECS 和 Render Thread 时间。

Draw Calls:渲染场景所需要的 drawcall 数,降低这个数量可以降低 Render Thread 时间。

Triangles Submitted:每帧提交到 GPU 渲染的三角形数量。

Vertices Submitted:每帧提交到 GPU 渲染的顶点数量。

3. 内存使用信息

性能统计信息右侧栏(App Memory Usage)显示 AR 应用当前所使用的内存量信息。

Dirty Memory Footprint:每一帧应用使用的内存量。

Peak Dirty Memory Footprint:每一帧应用使用内存量的最大值。

RealityKit 提供的性能统计信息对我们了解 AR 应用运行状况非常有帮助,通过这些统计信息能初步定位性能问题,在了解主要性能瓶颈后,我们可以结合 Xcode 性能分析工具进一步详细定位问题点,然后有针对性地进行优化。

一个完整的 AR 应用需要 CPU 与 GPU 协同工作才能呈现出预期的效果,任何一方出现问题都会影响 AR 应用的流畅性和体验。因此,我们需要尽力降低 CPU 和 GPU 的使用,防止任何一方出现性能瓶颈,下面分别对 CPU 与 GPU 进行描述。

14.4.1　降低 CPU 使用

当 AR 应用受限于 CPU 时,应当认真检查 RealityKit 任务量,如 ECS、物理模拟、网络传输等,包括应用逻辑,找到消耗时间最长的部分然后有针对性地进行优化,这是总的优化 CPU 逻辑。

通过仔细观察 RealityKit 提供的性能统计信息,当应用的 Main Thread 时间消耗大于 16.6ms 时,FPS 就达不到 60,这时就需要想办法降低 CPU 的使用。但需要注意的是,即使 Main Thread 小于 16.6ms,也有可能导致 CPU 过载,在使用多线程渲染时,渲染线程(Render Thread)消耗时间过长会导致 Main Thread 闲置等待而引发掉帧。通常而言,为保持良好的用户体验,Main Thread 与 Render Thread 的理想状态都应该控制在 12ms 左右,稍留有一定的冗余,这有助于防止 CPU 突然过载时导致掉帧,如用户在某个时间点触发过多特效时。另外,当 AR 应用长时间密集计算而消耗大量硬件资源和电池时,iOS 系统有可能限制应用资源以防止过热,这种情况会引发应用假死或者崩溃。

1. 合并网格以降低 Render Thread 时间

渲染线程主要负责设置 drawcall 和命令缓冲、准备渲染目标数据、对缓冲数据进行编码并提交 GPU。RealityKit 会为每一个网格调用一次 drawcall,当场景中存在大量小模型网格时会急剧地增加渲染线程工作量,因此通常为降低渲染线程时间需要合并使用相同材质的模型数据。

在我们通过 ModelEntity 方式加载 USDZ 文件中的实体时,RealityKit 会自动进行模型的合并操作,但在使用前手动合并或者想办法使模型共享使用材质会更有利于降低渲染线程时间。

不过,合并模型网格也会带来负面效应,因为这会影响渲染管线中的视锥裁剪和其他优化,有可能会增加 GPU 负担。如合并后的网格一半在视锥体内,一半在视锥体外时,裁剪可能就不会执行,从而增加需要渲染的三角形和顶点数。所以,这是一个需要权衡折中的过程,例如将两个在空间中相隔很远的网格合并显然并不是一个合理的方案。

2. 展平资源以降低 ECS 时间

CPU 处理 ECS 有关组件更新、动画、物理模拟、音效等任务,在每一帧中都需要对所有相关的组件进行更新。如果 ECS 层级很深将会增加处理时间,因此控制 ECS 层级或者将实体层级展平(Flatten)有助于提高性能。

当 RealityKit 加载一个拥有很多层级的 USDZ 文件时,如果不需要获取其内部的结构信息,则可以使用 loadModel(named:in:) 或者 loadBodyTracked(named:in:)方法代替更简单的 load()方法,当使用前者进行加载时,RealityKit 会自动将其内部和兄弟节点的层级展平到一个单一的实体中。一个展平的实体更有利于使用和提高处理效率。

当然,展平后的实体将无法使用程序的方式访问内部层级,但很多时候,我们并不需要访问模型实体的内部层级,因此在大部分的情况下,展平有利于降低 ECS 时间。

3. 通过减少碰撞降低物理模拟时间

在 RealityKit 中,物理模拟的执行由 CPU 负责,在进行物理模拟时,很大一部分开销来自于碰撞检测。通过减少场景中需要进行碰撞检测的物体数量和简化碰撞形状有助于降低物理模拟的性能消耗。通常而言,减少碰撞检测的方法如表 14-4 所示。

表 14-4　减少碰撞检测的方法

序号	描　　述
1	减少参与碰撞的刚体数量
2	将刚体隔离到不同区域以减少碰撞体数量,如一个包含 200 个刚体的箱子将比每个包含 50 个刚体的 4 个箱子产生的碰撞体更多
3	在使用 generateCollisionShapes(recursive:)方法生成碰撞形状时,需要特别谨慎使用递归,因为这可能产生很多小碰撞体。如果可以,使用手动的方法生成简单的碰撞形状
4	选择合适的碰撞形状,一些形状,如带有复杂外形的碰撞形状会大幅度增加计算量,可以尝试不同的碰撞形状以查看对物理模拟时间的影响
5	使用 group 和 mask 对碰撞进行分组和分层,将碰撞检测隔离在不同的分组中

4. 减少同步数据以降低网络传输时间

RealityKit 使用的实体都带有同步组件,利用同步组件可以增强多人共享的 AR 体验,但需要明白的是,同步也需要耗费 CPU 时间。因此,应当最大化本地计算以减少不必要的数据同步,如果可以通过计算产生一个很小的需要同步传输的结果,应当尽量采用这种方式,而不是将所有原始数据传输到参与方由参与方进行计算。

在使用同步时,应当尽量减少需要同步的实体数量,每增加一个需要同步的实体就会增加一份CPU计算工作量,在RealityKit中,所有的实体都带有同步组件,在不需要同步时,可以通过如代码清单14-2所示代码手动关闭同步。

代码清单 14-2

```
1.  entity.synchronization = nil
```

在AR应用中,RealityKit会自动同步所有的内置组件属性,也会同步所有遵循Codable协议的开发人员自定义的组件属性,在不需要同步时,自定义组件应当将Codable协议移除。

控制参与AR共享的参与者数量,一般建议参与者不超过5个。

提示

Codable协议用于序列化和反序列化数据,通常在通过网络传输数据、使用外部存储器存储数据、提交数据到API或者服务器时采用序列化传输以减少错误和压缩数据量。

5. 降低音效的复杂性

3D音效能营造更好的沉浸体验,但如果发现音效消耗了太多的CPU时间,那就可以考虑通过如表14-5所示的方法降低音效的复杂性。

表 14-5　减少音效消耗时间的方法

序号	描　　述
1	减少声源,对某个特定的场景,声源越多消耗就越大,这时可以通过移除距离过远的声源或者合并声源的方法减少消耗
2	尽量使用非移动的声源,移动的声源需要频繁地更新声源的位置从而增大性能消耗
3	避免同时向场景中添加大量音频组件,这可能会导致CPU消耗激增。将带音频组件的实体初始化分开,或者在用户开始与环境交互之前进行初始化,避免同一时间初始化导致CPU开销瞬时增大

6. 优化资源管线

AR应用中会加载很多各种不同类型的资源,包括模型、音频、纹理等,在创建或者加载资源时,应当遵循如表14-6所示的原则。

表 14-6　加载资源应遵循的原则

序号	描　　述
1	尽量使用.reality格式的资源,因为.reality格式的资源相比.usdz格式资源进行了更好的优化
2	尽量避免在AR应用繁忙的时候加载资源,可以考虑使用预加载
3	尽量使用异步加载资源方式,如loadModelAsync(named:in:)方法,以避免阻塞主线程
4	能共享时尽量共享资源,如MeshResource,在可以共享时就不必要为每一个实体创建新的资源
5	如果可以,尽量将大资源分割成小资源集合分块加载,小资源加载更快而且弹性更好

14.4.2　降低 GPU 使用

在使用 RealityKit 开发 AR 应用时,RealityKit 会自动处理 CPU 与 GPU 之间的交互,开发人员不用关注 GPU 使用细节,但是 GPU 算力也是有限的,如果通过检查性能统计信息发现应用掉帧并且受限于 GPU,那么就应当考虑减少场景中虚拟元素的数量、简化渲染效果。一般而言,降低 GPU 使用的方法主要有以下几个。

1. 控制纹理使用

虽然 RealityKit 会自动处理大部分关于纹理相关的工作,如自动生成 Mipmap、自动进行纹理压缩。Mipmap 采用逐级渐远的方式生成纹理的各类低尺寸纹理,如图 14-4 所示。使用 Mipmap 可以提高不同距离上纹理渲染的速度,但会增加 33% 的内存使用量。

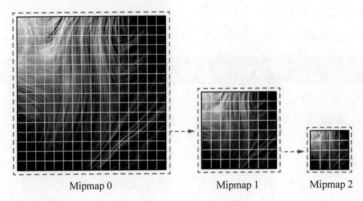

Mipmap 0　　　　　　　　Mipmap 1　　　Mipmap 2

图 14-4　Mipmap 示意图

RealityKit 可以自动进行纹理优化,这并不意味着在纹理使用上就可以随意而为之,大尺寸、高精度、非规则的纹理使用不仅会增加内存使用量,也会给 GPU 带来沉重的负担。在纹理使用上,通常采用如表 14-7 所示方法最小化内存使用、降低 GPU 消耗。

表 14-7　纹理优化技巧

序号	描　　　述
1	在可以接受的情况下尽量使用低尺寸的纹理,纹理尺寸一般不应该超过 2048×2048 像素,iPhone 和 iPad 上目前完全没有必要采用更高尺寸纹理。纹理尺寸应为 2 的幂次方(如 256×256、512×512),GPU 对 2 的幂次方尺寸纹理采样更高效
2	将 .usdz 格式文件转换成 .reality 格式文件可以自动压缩纹理从而加快 GPU 的处理
3	将小纹理打包成纹理集(atlas)可降低内存使用和优化 drawcall
4	对一个模型可以根据其距离使用不同尺寸的纹理(Mipmap)

降低纹理不仅对 AR 应用运行产生积极作用,降低纹理还可以减小应用包体积。通常未压缩的纹理占用的内存量可以由下面的公式计算:

$$内存占用量＝通道数×纹理宽×纹理长×4/3$$

通道数指纹理包含的 R、G、B、A 通道的数量,纹理宽×纹理长为单通道所有像素数,4/3 为常量因子,是考虑 RealityKit 对纹理产生的 Mipmap 内存占用量后对总内存占用量的影响。

如一张尺寸为 2048×2048 像素的包含 R、G、B、A 4 通道的未压缩 PNG 格式纹理占用内存总量约为 22MB。

2．控制顶点数量

优化模型，降低模型顶点数和面数，可以有效地降低场景渲染压力。在实际应用中，可以对用户关注的模型或者模型的局部使用高保真的模型质量，对用户不关注的背景模型或者模型的局部使用简单模型质量。控制不必要的模型展示，使用纹理贴图模拟模型细节而不是使用高精度的模型，如使用凸凹贴图、法线贴图模拟光照视觉效果。

降低顶点数量不仅会对 GPU 渲染带来积极的影响，也会降低内存使用和 CPU 消耗，特别是对使用了大量阴影的场景来讲，降低顶点数量可以有效地提升性能。苹果公司官方没有对模型顶点数量限制的具体建议，但对当前主流 iOS 移动设备而言，模型数应该控制在 50 个以内，模型顶点数应该控制在 50 万以内。

三角形数量不会影响景深或者运动模糊，但这些特效却会大量消耗 GPU 性能，因此需要在视觉效果与性能两者之间做一个平衡。

3．谨慎使用特效

在 RealityKit 中，很多特效默认都是自动开启的，无须开发人员设置，这些特效包括景深、相机噪声、环境光照、运动模糊等，而且基本都是后期全屏特效，需要消耗大量的 CPU、GPU 资源，在使用中，我们可以根据实际需求禁用一个或者多个特效。ARView.renderOptions 中包含当前 AR 渲染所使用的特效，我们可以通过它禁用/启用相关特效，以使用运动模糊为例，如代码清单 14-3 所示。

代码清单 14-3

```
1.  //禁用运动模糊
2.  arView.renderOptions.insert(.disableMotionBlur)
3.
4.  //启用运动模糊
5.  arView.renderOptions.remove(.disableMotionBlur)
```

事实上，RealityKit 会在 AR 应用启动时对硬件设备进行性能检查，根据设备性能自动开启或者禁用一部分特效。但我们也可以根据自己的需要覆盖自动设置结果，以达到优化应用性能的目的。禁用特效不仅可以降低 GPU 性能消耗，也能降低 CPU 性能消耗，在渲染结果能达到预期的情况下，应当尽量禁用不必要的特效。

目前，ARView.renderOptions 共包含 8 种特效控制属性，如表 14-8 所示，可以通过使用代码清单 14-3 所示方法对特效开启和关闭进行控制。

表 14-8 renderOptions 选项

特 效	描 述
disableMotionBlur	禁用运动模糊
disableCameraGrain	禁用相机噪声
disableHDR	禁用后期特效中的 HDR
disableGroundingShadow	禁止使用环境光遮挡和 AR 地面虚拟元素的阴影生成
disableDepthOfField	禁用景深
disableFaceOcclusions	禁用自动的人脸遮挡
disablePersonOcclusion	禁用自动的人形遮挡
disableAREnvironmentLighting	禁用环境探头的光照

4．减少阴影与透明度使用

透明混合需要对场景中的虚拟元素排序，在进行透明混合时，每个透明层都需要一次独立的片元着色

(Fragment Shader)计算,这是一个非常昂贵的操作。同样的道理,场景中的光源和阴影越多,片元着色器的工作量就越大,减少透明物体使用、减少光源数量和阴影生成能提高渲染速度。

5. 简化骨骼动画

骨骼动画(Skeletal Animation)和关节变换动画(Joint Transform)需要 GPU 对所有顶点进行变换,这也是一个耗时的操作,降低骨骼动画或者关节动画的复杂度有助于减轻 GPU 压力。

14.5　RealityKit 渲染测试

RealityKit 是一个高级 AR 开发渲染框架,拥有强大的虚实融合渲染能力,但其目前并不支持 Shader 及粒子特效,也不支持开发者自定义的渲染调试,开发者很难对其渲染过程进行干预、调试。鉴于此,在 ARKit 4.0 后,RealityKit 增加了渲染测试功能(Render Debugging),利用该功能可以分层输出网格属性、纹理贴图、光照效果,开发者可以清晰地看到各具体层的渲染情况,因此,可以验证模型法线、切线、UV 坐标的正确性,也可以验证 PBR 各贴图的正确性和效果,还可以查看 PBR 光照情况。

利用 RealityKit 提供的渲染测试功能,可以快速查看模型或者 PBR 贴图情况、定位渲染效果问题,加速渲染优化和问题排除过程。

为实现分层渲染输出的目的,在 RealityKit 中新增了一个 DebugModelComponent 组件及对应的 ShaderDebugMode 结构体。在实际使用中分层输出功能非常简单,典型的示例代码如代码清单 14-4 所示。

代码清单 14-4

```
1.  //输出模型法线渲染信息
2.  modelEntity.debugComponent = DebugModelComponent(shaderDebugMode: .normal)
```

DebugModelComponent.ShaderDebugMode 共定义了 16 种渲染输出层,可以对这些层进行独立渲染输出,具体值如表 14-9 所示。

表 14-9　shaderDebugMode 结构体值

调 试 类 型	枚 举 值	描 述
顶点属性类	Normals	模型法线
	Tangents	模型切线
	Bitangents	模型副切线
	Texture Coordinates	UV 坐标
材质参数类	Base Color	漫反射颜色
	Final Color	最终合成颜色
	Final Alpha	最终透明度值
	Metallic	金属高光
	Ambient Occlusion	环境遮挡
	Specular	高光
	Emissive	自发光
	Roughness	粗糙度
	Clearcoat	清漆
	Clearcoat Roughness	清漆粗糙度
PBR 输出类	Lighting Diffuse	漫反射光照
	Lighting Specular	高光反射光照

利用 RealityKit 渲染测试功能分层渲染输出效果如图 14-5 所示，从左到右依次使用了 Base Color、Ambient Occlusion、Nomals 测试分层。

图 14-5　分层渲染输出效果

14.6　性能优化与设备兼容性

ARKit 支持的 iPhone 设备从 iPhone 6s 到最新的 iPhone 12，iPad 设备从 iPad mini 到 iPad Pro，硬件设备各不相同，在发布应用时，应当进行充分的兼容性测试，并根据设备性能采用不同的技术规划，如表 14-10 所示。

表 14-10　设备兼容技巧

序号	描　　述
1	根据设备软硬件性能启用/禁用特效，将景深、运动模糊等对硬件资源消耗巨大的操作限制在特定的机型中
2	在低性能设备上使用低模和低精度纹理，在高性能设备上使用高模和高精确纹理
3	设定不同的技术路线，根据应用运行的设备动态决定采用的技术方案
4	根据设备硬件性能决定应用功能的开启与关闭

扩大应用的兼容范围能覆盖更多的使用人群，除采用表 14-10 所示技巧扩大兼容设备外，为提升应用的使用体验，在低性能设备上还可以考虑降低渲染分辨率，方法如代码清单 14-5 所示。

代码清单 14-5

```
1.  //获取当前的渲染值
2.  let defaultScaleFactor = arView.contentScaleFactor
3.
4.  //根据需要修改该参数
5.  arView.contentScaleFactor = 0.75 * defaultScaleFactor
```

　　RealityKit 在简化 AR 应用开发的同时也丧失了一定的灵活性，在性能优化方面，开发人员并不能深入地控制所有渲染过程，也就无法对特定类型的功能进行针对性的优化。但是，性能优化是一个需要开发人员时刻关注的议题，不仅局限于本章所讨论的内容，还包括诸如代码性能优化、UI 优化等很多方面。在出现性能问题时，最重要的是从多种渠道得到应用性能表现数据，分析问题、定位原因、对照改进，直到满足预期的性能需求。

参 考 文 献

[1] 汪祥春. 基于 Unity 的 ARCore 开发实战详解[M]. 北京：人民邮电出版社,2020.

[2] 汪祥春. AR 开发权威指南——ARFoundation[M]. 北京：人民邮电出版社,2020.

[3] Language C,Bandekar N. ARKit by Tutorials[M]. Birmingham：Packt Press,2019.

[4] ARKit[EB/OL]. https：//developer. apple. com/documentation/arkit/,2019.

[5] ARKit[EB/OL]. https：//developer. apple. com/documentation/realitykit/,2019.

[6] Augmented reality design guidelines[EB/OL]. https：//designguidelines. withgoogle. com/ar-design/,2018.

[7] Unity. Practical guide to optimization for mobiles[EB/OL]. https：//docs. unity3d. com/Manual/MobileOptimizationPracticalGuide. html,2018.

[8] Luna F D. Introduction to 3D game programming with DirectX 12[M]. Herndon：Mercury Learning and Information,2016.